U0144806

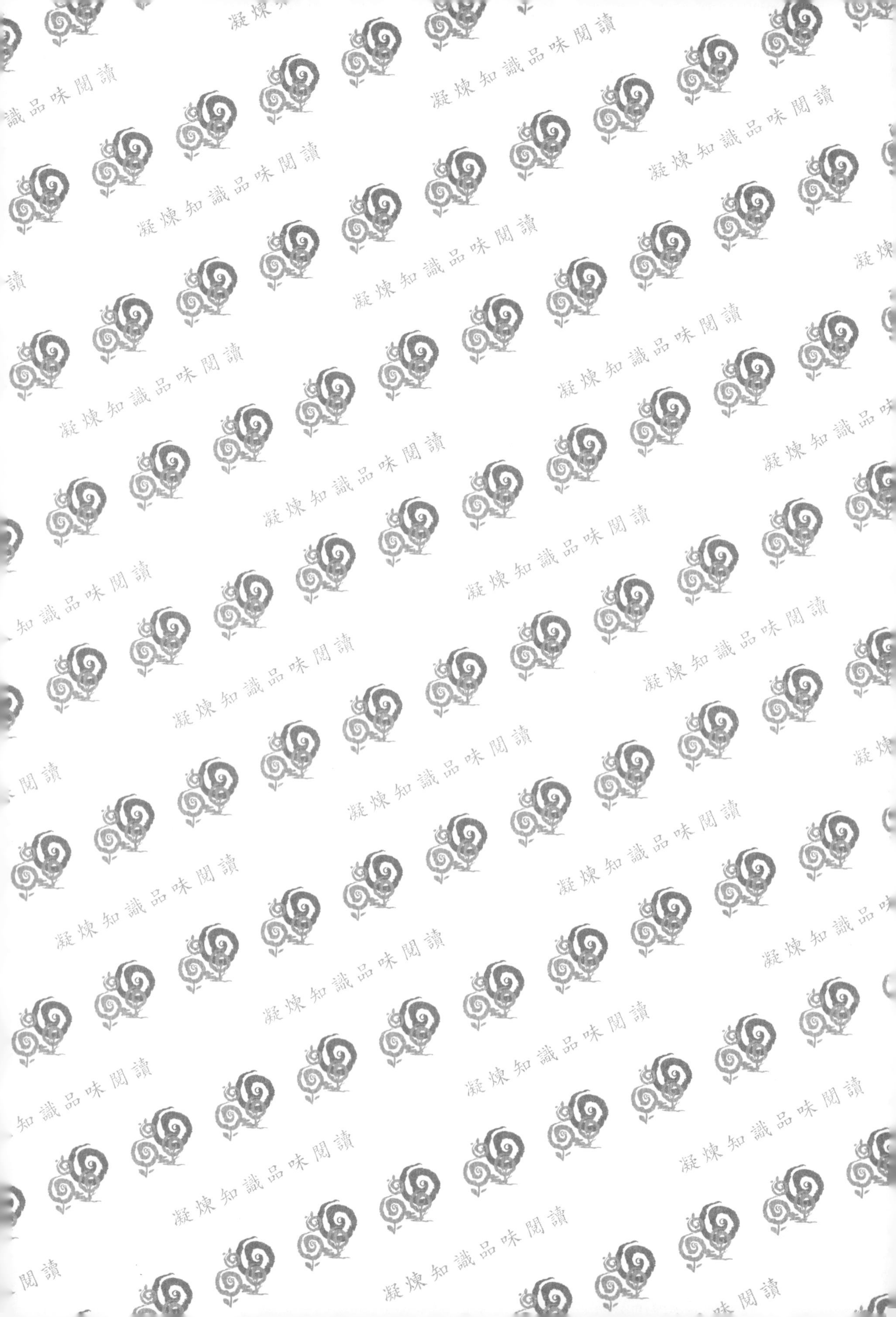
凝煉知識品味閱讀

凝煉知識品味閱讀

# Direct Laser Deposition
# 直接雷射沉積技術

蕭威典 · 著

五南圖書出版公司 印行

# 序

直接雷射沉積技術是目前較爲新興的技術，國內外技術已逐漸成形，爲 3D 列印技術的衍伸技術之一。已有許多使用者，憑藉著自己的想法，組裝自己理想中的直接雷射沉積設備。本書的編寫，希望能提供國內學校及研發單位，機械與材料領域的學生及研究學者有用的參考資料。另外，有 3D 列印、積層製造、雷射製造、機械加工及材料開發需求的技術人員，以及新興市場關注及新產品開發的人士，希望此書的內容及資料，能在工作上有所助益。

直接雷射沉積技術的應用可以簡單區分爲三種，一種是在物件表面上堆疊塗層，作爲表面改質的應用；另一種是附加在其他金屬元件上，可以添加新功能表面或局部外型修補，可應用於維修或再製造；第三種是直接成形製作成爲 3D 元件。直接雷射沉積技術可歸類爲積層製造的一種製作方式，適用於表面披覆、熔覆、修補、表面重熔與 3D 列印於各種機械零組件上。此技術爲雷射技術性能提升後所產生的新興技術，藉由雷射熔融金屬、合金或瓷金粉末材料形成塗層或所需要的三維形體，直接雷射沉積技術的高能量雷射加熱源，熔融材料堆積形成鍵結強度極佳的沉積層，材料的利用率高，具有在各項工業領域建構大型組件與塗層的優點。

本書內容介紹直接雷射沉積技術的原理與製作相關概念，從技術的製作概念介紹，到技術的優點與技術發展。直接雷射沉積技術具有 3D 直接成型的優點，本書於第 2～4 章節介紹技術相關原理、特性與前後處理方法；第 5～8 章節介紹沉積層的材料特性、選用與品質等；第 9 章節內容，比較此技術與其他製作方法的差異性；第 10 章節介紹技術的相關應用；第 11 章節介紹技術相關的安全注意事項。

希望藉由本書內容的整理與揭露，有助於國內產業在新產品開發，以及元件修補應用上更多的選擇。由於筆者的寫作與知識水平有限，難免有不足之處，懇請讀者批評與指正。

關鍵詞：雷射、沉積、金屬、3D、列印、塗層。

編著者 謹識

# 目錄

CONTENTS

# 4 前處理與後處理



# 5 沉積層性質與結構



# 6 沉積用材料

# 目錄

## 7 粉末輸送



## 8 品質檢測



## 9 相關技術的發展

# CONTENTS

# 圖目錄

# CONTENTS

# 圖目錄

# CONTENTS

# 表目錄

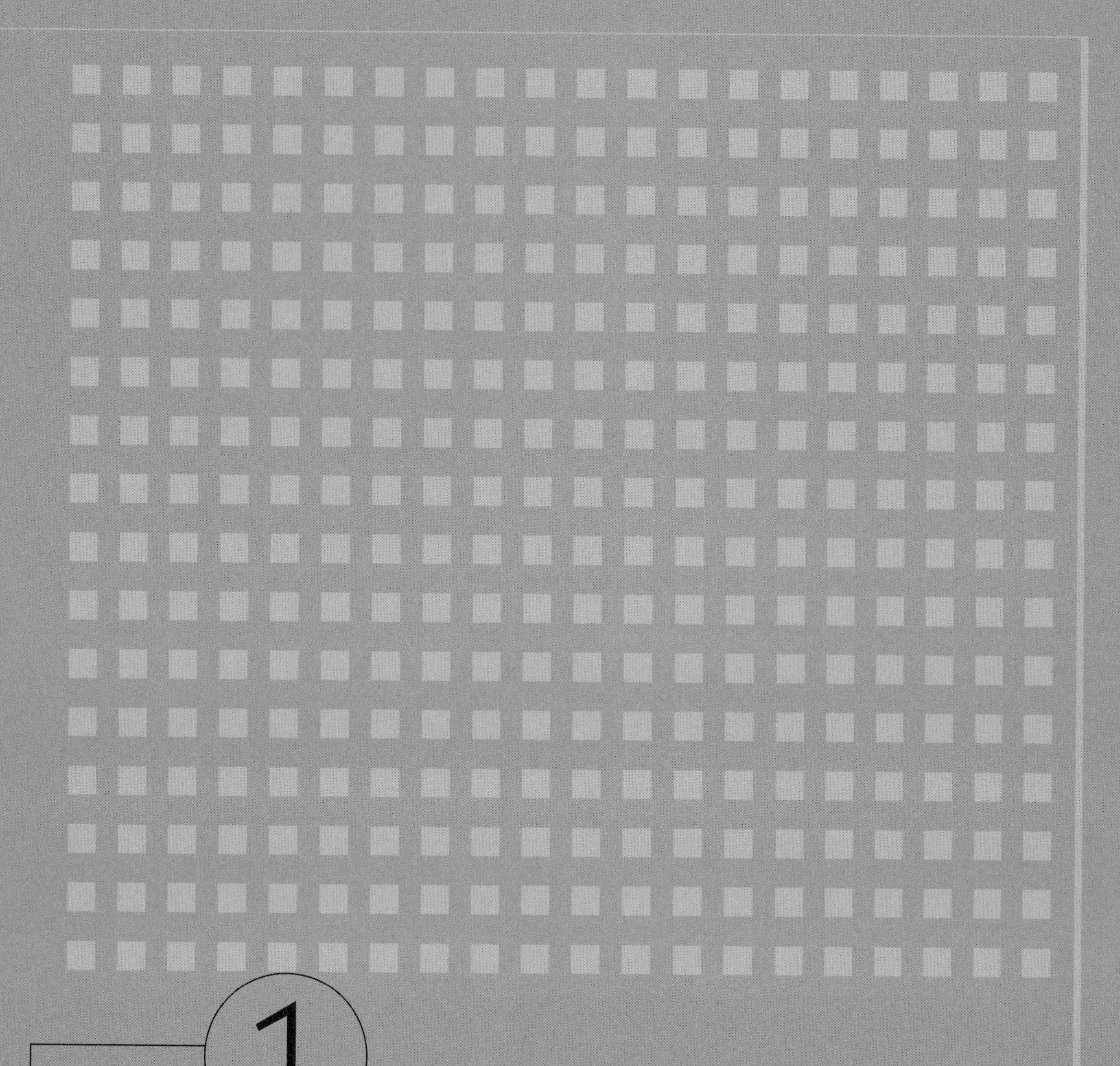

1

# 前言

直接雷射沉積（Direct Laser Deposition, DLD）技術可以透過逐層堆疊的方式，建構沉積層或成形三維（Three-Dimensional, 3D）形體的元件，屬於 3D 列印的一種建構方式，主要應用於金屬材料元件的製造，或是沉積熔覆層的製作。可應用於表面披覆、熔覆、修補、表面重熔與 3D 列印於各種機械零組件上。直接雷射沉積在 3D 列印技術的歸類，可以歸類爲直接能量沉積（Directed Energy Deposition, DED）技術的一種。直接雷射沉積技術又可以稱爲雷射金屬沉積（Laser Metal Deposition, LMD）技術，在金屬表面熔覆應用時，又稱爲雷射熔覆（Laser Cladding, LC）技術。直接雷射沉積技術可以應用於金屬元件的修復，使用雷射作爲聚焦熱源，熔融粉末或線狀材料，利用熔融材料堆疊成爲所需要的形體或塗層。

直接雷射沉積製作方式是利用雷射光直接加熱熔融材料，堆疊成爲所需的表面層或元件型體的加工方式 [1, 2]，此技術製造方式屬於直接能量沉積技術的一種，如圖 1-1 直接雷射沉積的示意圖所示。直接雷射沉積技術廣泛用於修復金屬或合金所製成的元件，並且可以提供元件表面功能性的塗層保護，沉積層與基材之間具有相當良好的冶金結合強度。相較於傳統的銲接方式而言，直接雷射沉積技術可以控

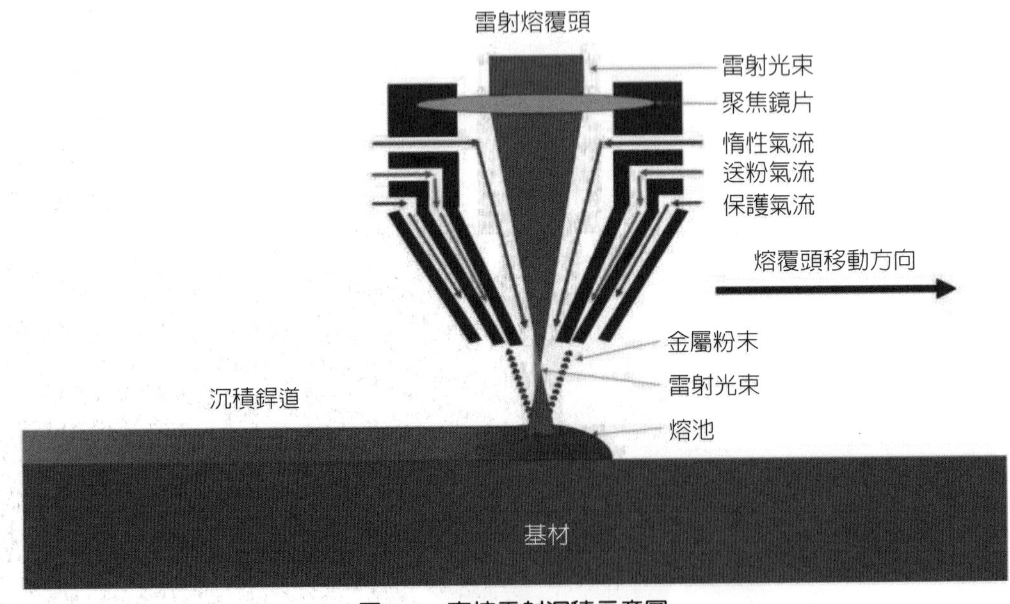


**圖 1-1　直接雷射沉積示意圖**

制雷射能量的輸出，減少熱影響區的影響範圍，熱影響區的影響範圍約可以控制在 500～1000 μm 左右。直接雷射沉積技術控制減少熱影響區的範圍，可以在沉積較高硬度的塗層時，例如將硬度 500～600 Hv 的金屬材料沉積在硬度 300 Hv 左右的基材上時，仍然可以保有相當良好的機械強度。

3D 列印又稱作爲積層製造，3D 列印技術提供製造複雜形狀，以及製作功能梯度材料元件的機會，元件在 3D 列印成型後可應用於各種不同的工程環境中使用。在過去研究中，對直接雷射沉積的廣泛探索結果顯示，此技術具有相當大的潛力可用於金屬元件的快速原型製造，並且可以製作複雜形狀的元件，可以針對元件進行高附加價值的修復，或是在表面製作硬面層。3D 列印技術近年來的研究發展成果顯示，相關的研發與應用明顯呈現成長的趨勢 [1]。直接雷射沉積是一種製造金屬和功能元件的製造技術，是一種逐層堆積的積層製造技術，直接雷射沉積藉由同時送入粉末或線材原料並加熱熔融這些原料。在此沉積過程中，透過高功率的雷射加熱源基板或沉積層形成熔池，同時將粉末送入熔池中。

直接雷射沉積金屬 3D 列印技術的製作過程，首先需要在切層軟體中切割實體模型以創建雷射移動的路徑，再將數據傳送至直接雷射沉積的移動控制器上，例如機械手臂或五軸加工機等，然後使用雷射加熱源依切片數據的規劃，移動雷射沉積加工頭，逐層堆疊並建構元件的形體 [2]。由於目前的直接雷射沉積金屬 3D 列印技術成形後的表面較爲粗糙，因此有些研究針對此種狀況進行改良，現有技術藉由金屬 3D 列印技術與傳統加工製造技術進行整合的製作方式，稱爲加減法混合加工，可以改善加工後表面的尺寸精度與表面粗糙度 [4]。最常見的加減法混合加工，是金屬 3D 列印技術和銑削技術的結合，目前開發的加減法混合加工過程，主要是利用 5 軸加工機台進行加減法混合的 3D 列印加工。

3D 列印過程所使用的工具路徑，需藉由 3D 電腦輔助繪圖及切片路徑程式生成每層的軌道路徑。在此方法中，粉末的輸送可以使用單噴嘴或多噴嘴配置的熔覆頭來進行。不同的廠商所生產的直接雷射沉積技術，會將自己所生產的直接雷射沉積設備標記爲自家廠牌的技術名稱，表 1-1 所示爲目前常見的與直接雷射沉積技術名稱相關的名稱。

表 1-1 與直接雷射沉積相關的名稱

| 技術名稱 | 英文名稱 | 縮寫 |
|---|---|---|
| 直接雷射沉積 | Direct Laser Deposition [1, 6] | DLD |
| 雷射金屬沉積 | Laser Metal Deposition [7, 8] | LMD |
| 直接金屬雷射沉積 | Direct Metal Laser Deposition [9] | DMLD |
| 雷射熔覆 | Laser Cladding [10] | LC |
| 直接金屬沉積 | Direct Metal Deposition [11, 12] | DMD |
| 直接光製造 | Direct Light Fabrication [6] | DLF |
| 雷射直接鑄造 | Laser Direct Casting [13] | LDC |
| 雷射成型 | Laser Forming [14] | Lasform |
| 雷射工程淨成形 | Laser Engineer Net Shaping [6] | LENS |
| 雷射沉積銲接 | Laser Deposition Welding [6] | LDW |
| 粉末熔融銲接 | Powder Fusion Welding [6] | PFW |
| 雷射輔助直接金屬沉積 | Laser-Aided Direct-Metal Deposition[15] | LADMD |
| 雷射基多向金屬沉積 | Laser-Based Multi-Directional Metal Deposition [13] | LBMDMD |
| 雷射輔助製造技術 | Laser Aided Manufacturing Process[16] | LAMP |
| 雷射快速成形 | Laser Rapid Forming [17] | |
| 金屬熔融沉積 | Fused Deposition of Metals [18] | |
| 雷射金屬成形 | Laser Metal Forming [19] | |
| 雷射金屬沉積成形 | Laser Metal Deposition Shaping[20] | |

在積層製造技術中，直接雷射沉積具有獨特的地位，因爲它具有製造功能梯度材料元件的潛力，並且也可以製作純金屬元件，另外亦可以修復或包覆其他傳統技術所無法修復元件的能力。此種直接成形 3D 元件製造和修復的能力，有利於高附加價值的應用，例如在航空、太空、生醫或國防工業中的應用等。

直接雷射沉積技術除了上述的優點之外，各種的合金材料的成形，可以透過不同的粉末材料，同時進料到雷射束加熱所產生的熔池中，堆積成形以獲得適當的合金結構。透過調節噴嘴進料速率，可以讓粉末在熔池中產生適當的合金化反應，可以用來調控適當的微結構特徵與化學組成。另外，透過在 3D 列印過程中製程參數或原材料的改變，可以生產功能梯度變化材料的元件。相對於其他積層製造技術，直接雷射沉積技術呈現出更高的沉積速率和相對範圍較廣的原料選用。除了製造金屬元件外，直接雷射沉積技術是修復高價值元件的理想工具，主要是因爲元件上的熱影響區相當小、密度高、具有冶金結合強度、元件變形小及裂縫影響最小等優點，且直接雷射沉積技術可以準確地沉積在所需的位置上，渦輪葉片、發動機氣缸蓋和氣缸體等應用，已有許多直接雷射沉積技術常見的修復應用實例。儘管有這麼多的優點已被揭露出來，直接雷射沉積技術仍有一些缺點，包括粉末覆著效率低及最終粗糙表面等，是這製程主要的缺點。此外，大部分研究顯示，直接雷射沉積的元件，其製程中的加熱過程對微觀結構的均勻性和元件的最終機械性有顯著影響，需特別進行調控，以得到較佳品質的產品 [21, 22]。

## 1.1 製作概念

3D 列印又稱作爲積層製造，已成爲一種環保的綠色製造技術，它帶來了許多好處，包括節省能源、減少材料消耗及提高生產效率。這些優點主要可以歸因於，透過準確地能量傳遞在指定目標區域，進行精準的連續材料沉積。雷射是積層製造中最有效的能源，因爲雷射束可以立即將大量能量轉移到微小尺度，聚焦局部區域，並熔融後固化材料，因此可以實現高精度和高輸出製造的構想。目前此技術的應用，可以適用於各種金屬材料，或是金屬陶瓷複合材料。

3D 列印不需要過多的製造程序，即可以製作出所需的產品，最終用戶可以直接生產終端產品，因此引起了極大的關注。積層製造相對於傳統的切削材料的成形製造方式具有許多優勢，例如在不進行後續零件組裝過程的情況下，以最少交貨的時間，以及減少材料的浪費狀況下生產複雜的物件。而部分複雜形狀的物件，依傳統的加工方式並無法達成，只能藉由積層製造的方式實現最佳的設計。舉例來說，例如輕量化且帶有內部冷卻通道的空心物體或模具等，在傳統的加工方法是較難製作達成所需的形體，可以藉由 3D 列印的方式完成製作。

儘管積層製造技術作爲新一代加工替代技術已引起了廣泛的關注，並且也已經應用於各個領域，但是仍然需要更多的進步與改進，使此技術可以在列印材料、列印精度和生產量方面更加精進，並且擴展應用與使用範圍。積層製造的製造過程通常由 3D 建模、數據處理、3D 列印成型和後處理組成。在這些過程中，最終產品的性能通常由 3D 列印成型過程控制。在材料沉積期間，需將能量有效地轉移到指定位置的材料上，使其熔化、軟化或固化。然後，重複逐層沉積過程製作逐層累積的結構層，逐步完成所需零件外型的構造。

近年來，各產業爲了因應新時代的加工需求，開發了許多各種不同新型態的加工技術，其中雷射相關應用的加工技術，包括在銲接、切割、修補、熱處理、抗磨塗層與積層製造等工程應用的領域，應用範圍涵蓋航空、太空、軍事、汽車、造船、模具與生醫等產業 [23, 24]。雷射技術在不斷地演進與改良後，現在的高能雷射技術可以快速地、準確地加熱飛行中的粉末顆粒，並且同時熔融基材表面形成熔池，快速堆疊形成所要的堆積層或 3D 形體。直接雷射沉積技術製作三維形體的製作技術，屬於積層製造技術的一種，此技術製造的 3D 金屬元件，提供了工業上生產更爲複雜零件的可行性，此技術藉由層與層的堆疊方式，逐步堆疊出複雜結構型體的 3D 元件的製作方式，可以製程結合兼具實用性與美學特性的獨特組合設計方式。

直接雷射沉積製作方式利用雷射光直接加熱熔融材料，堆疊成爲所需的表面層或元件型體的加工方式 [2]，如圖 1-1 直接雷射沉積的示意圖所示。直接能量沉積技術除了利用雷射源作爲加熱工具外，亦可以利用其他加熱源加熱，例如以電子束爲加熱源的電子束直接能量沉積（Electron Beam Directed Energy Deposition）[25]。此技術可以在不使用附加設備和工具的情況下創建複雜的元件和結構，減少在傳統機械加工法過程中所造成不必要的材料浪費，減少材料的消耗。藉由設備模組化的相關系統設計，現行的直接雷射沉積技術所使用的設備。可以依據不同的使用者需求進行組合，搭配不同的移動控制系統進行整合，例如移動床台、機械手臂、旋轉台、旋轉台 傾斜軸與車床等的移動系統搭配。在軟體部分可以藉由電腦輔助設計相關軟體的協助，加速相關產品的製作流程及自動化準備工作 [13, 26]。

直接雷射沉積常見的送料方式爲噴粉式，噴粉式直接雷射沉積製作 3D 元件的積層製造方式，使用雷射熱源將沉積的材料熔融於基材上構建三維的元件。此種沉積的方式類似於電漿轉移弧銲接（Plasma Transferred Arc, PTA）和雷射銲接（Laser Welding）的製作方式，具有在航太領域構建大型組件的潛力。此技術最主要的優點是製作過程中的熱量相對較低，藉由雷射能量的精確控制可以準確地加熱局部區域，過程中可以減少雷射對零件的失焦和熱損。微結構控制部分，可藉由雷射光束穩定的調節，使製程具有高度可重複性，所以可靠性高。直接雷射沉積技術的應用一般可以簡單地區分爲三種方式，第一種是在物件表面上堆疊塗層，作爲表面改質的應用；第二種是附加在其他元件上添加新功能或元件，可應用於維修或再製造；第三種是直接製作 3D 元件。

藉由金屬粉體材料的結合列印成爲 3D 元件的最簡單方法，是透過雷射束將粉末熔融後形成液態金屬熔池，在液態金屬凝固後將材料融合在一起，形成 3D 結構。直接能量沉積、選擇性雷射熔融（Selective Laser Melting, SLM）、雷射銲接（Laser Welding, LW）或雷射熔覆（Laser Cladding, LC）等雖然製作方式相當接近，但是這幾種製作方式被歸類爲不同的製作技術，主要是因爲製作程序與目標物的需求不同，製作過程所使用的堆疊方式不同、製作參數不同、組織結構與結合強度等亦有所差異。但它們的共同之處在於它們以相同的方式熔化金屬材料，在形成液體後於所需的軌跡中固化形成所要的形體。在使用相同材料的情況下，藉由直接雷射沉積或選擇性雷射熔融製造的元件，具有不同的機械性能，這些差異主要來至於技術本身的方法與參數差異，例如冷卻速率、雷射掃描速度或熔池尺寸等。沉積過程中冷卻速率影響到熱能輸入後材料的凝固溫度與速度，以及熔池尺寸和周圍材料將熱量從熔池區域輸送出去的能力。選擇性雷射熔融技術的熔池尺寸約在微米尺度範圍，而直接雷射沉積技術熔池尺寸約在毫米範圍，尺寸的差異相當大，雖然說這項因素並不是影響機械性能的關鍵，但是顯現出兩種技術的主要差異處。選擇性雷射熔融、直接雷射沉積，雷射銲接或雷射熔覆等都具有大致相似的主要製程參數，包括雷射功率、雷射直徑、粉末送料速度、移動掃描速度、移動間距與 Z 軸增量等，這些是影響零件熱影響區的最重要參數，將對熔池形狀、層與層間的生長及元件最終冶金和機械性能產生影響。因此，直接雷射沉積技術的材料特性大致上應該與銲接技術的材料特性相同，但由於在積層製造過程存在部分的差異，因此最終的元件性質亦有所差異。積層製造是一個獨特的複雜過程，在此過程中元件是逐層構建的，並且層與層的熱影響可能涉及多重凝固和重熔的循環，包含多種固態相變。因此對應這些可處理的材料，在多次凝固和重熔循環及多重固態相變的影響下，將產生額外的變化。在 3D 列印過程中，需考慮單層厚度建置對直接雷射沉積的影響，根據早期的研究指出，單層高度受許多參數的影響，包括三個主要參數，雷射功率、粉末進給速率與雷射掃描速度等，將影響到單層高度之間的關係。

大部分可以在熔池中維持穩定狀態的粉末材料，或是粉體混合物材料等，都可以用於直接雷射沉積技術的製造。但是，具有高導熱率和反射率的金屬，是較難加工的，例如金、鋁和銅等的金屬材料，以及這些材料的合金等。在直接雷射沉積的加工過程中，金屬材料容易在製作過程產生氧化現象，而氧化物的生成，有可能會影響熔覆層間的結合性。因此黏結性變差的材料，通常較不適合利用直接雷射沉積技術進行加工。一般來說，可成功利用積層製造的方式製作的元件，材料需要有適當的液固潤濕特徵，此特徵對於直接雷射沉積技術是相當重要的影響因素。除此之外，材料的熱膨脹、抗衝擊和相變等因素，亦會影響到直接雷射沉積技術的元件製作。要製作品質良好的 3D 元件，需要最佳的工作參數，這些參數主要取決於材料的來源，因此了解這些材料製作的參數及成分是相當重要的，選用適當的製作條件及材料配方，可以製作出適合直接雷射沉積技術所生產的積層製造產品。

## 1.2 技術優點

直接雷射沉積的方式是將材料熔融後逐層堆積成型，初始附著的第一層，需要有可以附著的基材，以利於直接雷射沉積的製作，圖 1-2 所示為直接雷射沉積製作過程的外觀。直接雷射沉積與其他的 3D 列印技術相比，好處是可以直接在元件上進行修補，或是在其他元件上製作外加 3D 形體的結構，此製程製作時的材料利用

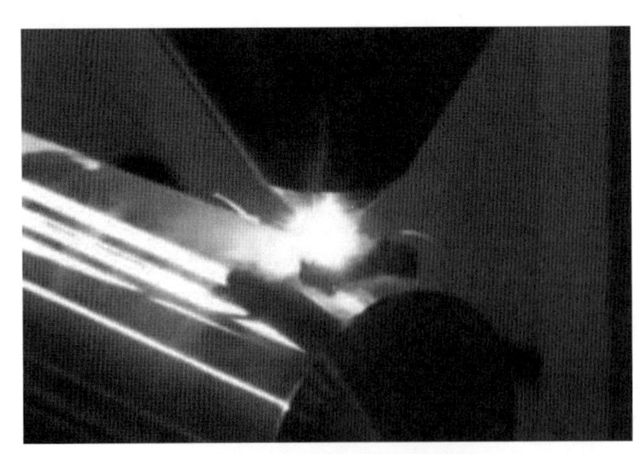

**圖 1-2　直接雷射沉積過程**

率高。直接雷射沉積技術與傳統的機械加工生產製造方法相比，傳統的製造方法在生產過程中浪費掉的材料可能高達 50% 以上，直接雷射沉積的方式，可以節省昂貴材料成本，避免材料的浪費。航太、半導體、LCD、模具、發電及生醫等產業材料的成本高，元件的製作成本亦相當高，因此藉由直接雷射沉積的方式製作元件，可以降低材料及生產成本，亦可以在元件局部損壞時進行修補，可以降低生產製造或運作時的成本。

和直接雷射沉積技術相近的技術爲選擇性雷射熔融技術（Selective Laser Melting, SLM），選擇性雷射熔融技術相較於直接雷射沉積技術可以製作極爲精細且複雜結構的元件，此部分是直接雷射沉積技術所無法達成的。然而，選擇性雷射熔融技術因爲受到機台尺寸的限制，因此不易製造大尺寸產品，且生產效率低，因而應用受到了限制。另外，選擇性雷射熔融技術無法在元件上進行修補，或是進行塗層披覆，直接雷射沉積技術具有此方面的優勢。

直接雷射沉積技術藉由壓縮氣體將粉末材料送入雷射光束加熱區，粉末材料與基板在加熱後熔融或部分熔融，使粉末堆疊成形所要的形體。與現有的其他積層製造技術相比，直接雷射沉積技術的設備和技術具有幾個優點，直接雷射沉積技術製造實際零件和產品具有很高的生產率，材料的堆積效率可高達 1～5 公斤／小時。且直接雷射沉積技術的設備可以模組化裝配，允許客戶依據自己的需求裝置進行組裝與改造。在粉末材料的選用部分，直接雷射沉積技術除了可以製造高品質的金屬材料元件外，還可以使用金屬陶瓷複合材料作爲應用，粉末送入的方式還可以藉由混合物的方式送入。

## 1.3 技術發展

近年來受到積層製造技術快速發展的影響，相關的製造技術、軟體、移動系統等，受到了鼓舞，因此技術所衍生的相關技術概念也快速地發展與成長。與傳統的機械加工製造方法相比，直接雷射沉積技術可從基礎的材料表面附加塗層或生成元件，而不是像傳統的機械加工製造方式，例如銑切、車削與研磨等，從基礎的材料中移除材料。

早期的直接雷射沉積概念出現在大約 1980 年，由 Brown 等人透過組合雷射與粉末或線材的分層積層沉積開始，直接雷射沉積技術從此時開始慢慢得到關注 [13, 27]。後續，有其他的研究，透過直接雷射沉積技術的方式，用以修復金屬元件。1990 年代後期，美國 Sandia 國家實驗室的研究人員創造了雷射淨成型（Laser Engineered Net Shaping, LENS）技術，LENS 技術採用多噴嘴型粉末型直接雷射沉積的方式，可以更有效地輸送粉末，爲直接雷射沉積技術應用第一個成功的商用設備 [28, 29]。圖 1-3 所示爲 Optomec 公司所生產 LENS 設備的直接雷射沉積過程。在 2000 年以後，開始出現了各種其他直接雷射沉積技術相關的商用設備，在商業化、市場和研究方面都獲得了不同程度的成功模式，這些商品化成功的公司，包括美國 Optomec、RPM，德國 TRUMPF、OR Laser 及法國 Beam 公司等。

**圖 1-3　LENS 設備直接雷射沉積過程**

直接雷射沉積技術是以雷射加熱技術爲基礎的製造技術，所製造而成的塗層或元件，其材料的機械性能、可靠性與耐久性等，受到雷射加熱技術的影響。近年來新的二極體雷射及光纖雷射技術，已可以符合目前直接雷射沉積技術的需求，無論是在雷射的功率、雷射束直徑及移動掃描速度等，已可以提供直接雷射沉積製造的需要。

積層製造技術的快速發展亦帶動了軟體及輔助工具的發展，使直接雷射沉積技術可藉由快速生成輔助軟體與工具的協助，減少直接雷射沉積製作過程的反複試驗。直接雷射沉積技術藉由雷射的粉末材料熔融後沉積的方式，透過移動系統的控制，控制沉積材料的位移，逐層的堆疊材料成型塗層或元件。製作的初始過程可以藉由軟體的輔助導入 3D 模型數據轉換，再藉由移動控制系統產生相對位移，以逐層的方式堆疊製作所需的塗層或元件。繪製的 3D 模型數據藉由軟體的轉換，可將繪製後的 3D 立體圖形轉換爲移動系統控制的分層移動路徑，目前常用的分層移動路徑以標準曲面細分語言（Standard Tessellation Language, STL）爲主，此語言由 3D Systems 軟體公司在 1987 年所創立，該公司於 2009 年進行 STL 檔案格式的升級。

直接雷射沉積技術製造過程初期製作的方式採用開放性迴圈（Open-Loop）的設計方式爲主，製作過程中的即時製作資訊並未回饋給控制程式，因此無法對製作過程的變化做即時的回應。現在較新的做法是藉由即時訊號的回饋機制，回饋給控制程式做必要的製程參數改變，以得到較佳的製程參數控制，可以確保更好的元件品質。透過非破壞性監測系統的安裝可以建立回饋控制機制，該監測系統亦間接地測量元件品質。目前常用的監控方式，是透過紅外熱成像系統的使用，以得知製作過程中沉積層的熔融狀況，並且可以觀察製作過程中因爲局部熱影響所造成的殘餘應力或變形的狀況產生，透過即時監控所獲得的數據，可回饋給控制程式用於即時調整積層製造參數，自動糾正製造過程的參數設定。

積層製造後的產品，可以透過後加工的方式，提高元件尺寸和形狀的正確性和完整性，確保元件可以符合使用端的客戶需求。另外，亦可以透過後處理的程序，例如去除多餘的材料、拋光、研磨或熱處理等，對產品進行後續的改善處理。藉由積層製造後的處理程序，最終元件的成形形狀、密度與機械性能等，可以得到較爲合適的調控。

# 2

# 沉積原理

直接雷射沉積技術利用雷射束加熱材料表面，使材料表面在雷射束加熱後產生熔池，此熔池是材料在熔融後所形成的液體狀態的熔融小池，熔池的形狀和大小與雷射束聚焦的光斑大小相近。光斑較寬的雷射束，所形成的熔池的大小也會較寬；提高雷射束功率，則會提高熔池的深度。雷射束在加熱材料形成熔池後，將粉末材料送入熔池中，形成沉積層，堆疊形成所需的形體。此技術在開發的過程中，因為各種堆積過程或應用的差異，而有不同的名稱出現。直接雷射沉積技術常用的送料方式，以噴粉式的 3D 列印方法為主，藉由雷射束熱源的加熱熔融粉末材料，將熔融的材料沉積在基底材料上，建構三維的元件，直接雷射沉積成型過程如圖 1-1 的示意圖所示。

直接雷射沉積技術所使用的設備，可以各別為客戶不同的需求量身設計，打造客製化訂製的系統。直接雷射沉積設備一般來說是由粉末進料器、雷射源、保護氣體、粉末噴嘴和移動控制系統所組成。其中，雷射源、雷射沉積頭、粉末進料系統及移動控制系統等，都可以配合不同的使用需求進行調整，雷射源可以選用不同的雷射產生器，例如二氧化碳雷射、Nd:YAG 雷射、Yb 光纖雷射或二極體雷射等，雷射功率範圍可以依不同需求進行搭配；雷射沉積頭則可以依照雷射產生器與雷射功率作選用，並且可以附加其他功能的選配件，例如影像觀察與溫度量測等的配件；移動控制系統部分可以搭配移動床台、機器人或旋轉台等。直接雷射沉積過程中的重要參數包括雷射功率、粉末進給速率、掃描速度及雷射束光斑尺寸等，每種材料有各別所需的製作參數，包含所有應用和幾何都可能需要適當的設計。

直接雷射沉積技術過程中，粉末、雷射束和保護氣體的運作原理，以及如何在工件上形成熔池概念，可以參考圖 1-1 的示意圖。當直接雷射沉積在製作薄壁結構的元件時，通常需要單軌跡的堆疊沉積成為薄壁結構體，每一軌跡所形成的熔池與凝固後的形體，直接影響成形結構的穩定性及結構強度，圖 2-1 為單軌跡堆疊後的橫截面示意圖。當直接雷射沉積在堆疊單軌跡的沉積層時，在每層堆疊時具有相對應的高度，後續的堆疊形成新高度的沉積層，每個沉積層具有個別的軌道寬度和表面粗糙度。沉積層軌道寬度和重新熔化深度有關，過熔融與熔融不完全時，將影響到後續的堆疊狀況。在堆疊過程中，如果可以適當地控制重熔區域的熔融狀態，使熔融材料的表面張力達到平衡狀態，則可以獲得結構較為完整的圓形橫截面，如圖

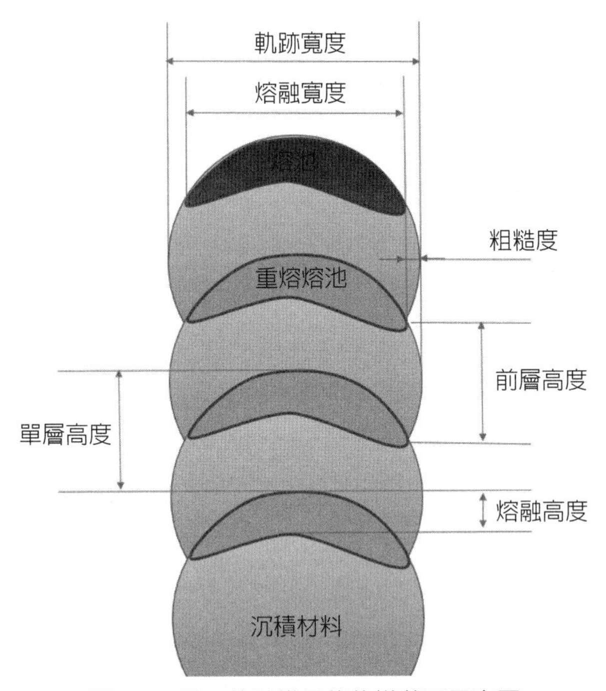


**圖 2-1　單一軌跡堆疊後的橫截面示意圖**

2-1 示意圖所示。適當的控制重熔區域的熔融狀態，可以堆疊沉積良好的薄壁結構體，使沉積層穩定地向上延伸，如圖 9-2 的 3D 元件所示。

直接雷射沉積方法所製造的元件，其品質主要受製程參數的影響，適當的製程參數可以得到良好品質的產品，因此在製作過程中製程參數的控制是相當重要的課題。在直接雷射沉積製造過程中，製程參數可以藉由系統進行調控，包括雷射的光功率、掃描速度和粉末進料速率等，可以在運行過程中進行改變的核心製程參數，這些參數對技術的最終元件產品的影響最爲顯著。從以前的研究結果可以歸納出，不同製程參數對直接雷射沉積層的寬度與厚度有直接的影響，單層寬度與厚度部分幾乎受到所有製程參數的影響，其中影響單層寬度與厚度最爲顯著的參數爲掃描速度、雷射功率和光斑尺寸等。在雷射功率影響單層沉積寬度的部分，寬度隨雷射功率的增加而增加；但在雷射功率過高時，過多的能量加熱熔化金屬粉末與基材會導致粉末的熔池變小，因而降低了單層厚度。雷射功率直接影響沉積軌跡的效率、表面光度、高度和寬度，當雷射功率增加時，沉積層軌跡的寬度也增加，更多的能量使得沉積在基板上的所有粉末顆粒可以完全熔化，因此也改善了表面光度。但是當粉末進料速率、掃描速度和雷射光斑尺寸固定的狀況下，則沉積高度會降低。在製造所需元件的製作過程中，保持沉積軌跡厚度和寬度的良好平衡，且同時還要獲得良好的表面粗糙度，這是製作過程中較難控制的製程問題。

當雷射熔覆頭在基板表面停留過長時間時，此種低的掃描速度會導致熱量的累積提高融覆部位溫度，因而造成雷射熔覆頭溫度過高；掃描速度較快時，則此種情況較不明顯，但是也可能造成熔融不完全的狀況產生。雷射熔覆頭的移動速度也影響到熔池的形狀，低速移動的雷射熔覆頭提供熔池較接近圓形形狀，高速移動提供熔池較接近淚滴形狀。圓形形狀的熔池爲較佳的直接雷射沉積熔融狀態，淚珠形狀的熔池可能導致沉積軌跡的中心形成不良的微結構與裂縫 [9]。

由於掃描速度和粉末進料速率決定了送入熔池的粉末量，粉末進料速率決定了直接雷射沉積過程中單層高度，一般來說單層高度隨著粉末進料速率的增加而增加。雖然說單層高度幾乎受到所有製程參數的影響，但是影響單層寬度的最主要因素則爲掃描速度、雷射功率和光斑尺寸，過多的粉末進料速率將會導致單層沉積層的粗糙度、高度和寬度增加。粉末進料速率也影響基板所吸收的雷射能量，因爲粉末顆粒在飛行過程中也會吸收部分雷射能量，因此會影響到熔池的熔融狀態，製作過程中需要在兩者之間取得適當的平衡。

直接雷射沉積技術製造元件時的材料選用，可以使用在直接雷射沉積過程中可穩定維持熔池狀態的材料，包括金屬、瓷金或混合物的粉末材料等。然而具有高導熱與反射率的金屬材料是較難藉由直接雷射沉積技術進行加工的，例如金、銀、銅和鋁及其合金等。加工過程中容易氧化的材料，亦會增加直接雷射沉積製程的困難度，材料的液固潤濕特性，對於直接雷射沉積技術來說也是相當重要的影響因素。要製造品質良好的元件，需要最佳的製程參數搭配，這些參數和材料的來源習習相關，因此需了解材料參數的重要性及材料的適當性，才可以製作良好品質的產品。

## 2.1 雷射金屬積層製造

利用雷射技術製作 3D 元件，是積層製造的一種方法，主要是利用雷射源的加熱技術，所衍伸出來的積層製造技術。利用雷射金屬積層製造所製作而成的元件，其材料的機械性能、可靠性與耐久性等，需靠後續的材料性質測試，進行相關的驗證。由於金屬元件的積層製造，最終機械性能與熱累積的過程所產生的微觀結構有關，因此積層製造的元件具有與其他製造方法，不同的異向性的特性。為了控制過程中因微結構變化所影響的機械性能，必須在逐層製造過程中，了解並且預測製程參數與溫度梯度關聯性，製作過程中的局部凝固現象與殘餘應力，也是極為重要的參數。如果這些數據可以根據相關製程參數，例如雷射功率、掃描速率等，有效地建模，則雷射積層製造，即可以成為由現場診斷和反饋控制支配的自動化操作，可提供具有定製化機械性能的優良元件。因此，目前有許多學者，將研究工作集中在確定技術參數和設計模式，對雷射積層製造元件的微結構和機械性能的影響。直接雷射沉積（Direct Laser Deposition, DLD）是此類雷射積層製造技術的一種，藉由噴射粉末進入雷射熔融區域，而堆疊組成所需之元件。

熱傳導是直接雷射沉積的驅動力，直接或間接地影響金屬元件品質和結構完整性，直接雷射沉積製作過程主要是由材料熔融與凝固過程決定組織的微結構。直接雷射沉積的成功與否，在於透過熱能的傳遞，實現了材料的逐層結合。從局部的沉積到形成元件，工作過程中存在許多熱和流體現象的影響，包括：熔池的引發、粉末的熔融、熔池的過熱和凝固等，以及熔池流體力學、潤濕行為、邊界熱傳導、對流與熱輻射等，另外內部的熱傳導，包括熔池到基板等，熱量產生與破壞等，都會影響到最終的產品品質。由於熔池的熱和流體行為與元件內部的熱傳遞，可以提供對最終元件品質的重要參考，因此了解並且最佳化直接雷射沉積技術的製程參數，有利於掌握建構元件過程中所發生的熱和流體現象。

直接雷射沉積過程中熱傳導的重要性，可以透過即時熱能的溫度監控與偵測等的非破壞性評估（Non-Destructive Evaluation, NDE）的方式進行，有助於預測積層製造後元件的性能。直接雷射沉積過程中控制熱行為的產生，可以確保製作後產品的品質，並且可以提高製程的再現性。直接雷射沉積過程的熔池監控，除了可以測量製作過程中加熱區的特性外，並且也可以偵測元件局部區域的溫度分布，透過即時訊號的回饋，可以改變製作過程中參數的調控，有利於提高製作產品的可靠度與均勻性。製作後元件內部的殘餘應力，也可以透過溫度監測和參數調控，針對直接雷射沉積過程進行有效的控制。

直接雷射沉積過程中的雷射參數控制、粉末輸送、熔池熱與流體行為、凝固過程的熱傳導、製作後元件之間的熱傳遞及熱行為等的相關監測技術，後續有更詳細的討論。細部內容包括雷射粉末沉積的過程，構建元件時表面的熱傳遞、熔池的形成、動態凝固、冷卻速率、熱循環、熱影響區（Heat Affected Zone, HAZ）、底部基板的影響、高溫測定及熱成像等。

對於金屬元件的積層製造，直接雷射沉積和粉床式熔融成型（Powder Bed Fusion, PBF）技術是目前最成熟和具可行性的方法。兩種方法都使用金屬粉末的沉積方式製作元件，透過雷射的聚焦熱能熔融粉末，並且在粉末熔融後堆疊成型。直接雷射沉積和粉床式熔融成型技術，與高分子聚合物材料的積層製造技術相比較，不同的差異之處，在於粉床式熔融成型和直接雷射沉積技術，需要電子束或雷射束等熱源來熔融層間的材料，以得到冶金鍵結的結合強度，必須克服熔融時相對較高能量的焓及較高的金屬熔融溫度；而高分子聚合物材料的積層製造技術，熔點較低，一般可以藉由電熱絲的加熱方式，即可以熔融高分子材料，相對於高熔點的金屬材料而言，高分子聚合物材料的熔融加熱較容易達成。當雷射用於直接雷射沉積或粉床式熔融成型作為能量來源時，此過程可以稱為雷射積層製造（Laser-Based Additive Manufacturing, LBAM），而藉由雷射作為加熱源的方式並結合噴粉式的積層製造可以稱為直接雷射沉積（Direct Laser Deposition, DLD），直接雷射沉積屬於直接能量沉積（Directed Energy Deposition, DED）法中的一種，另外電子束亦可作為直接能量沉積製作的加熱源。

粉床式雷射熔融（Powder Bed Fusion-Laser, PBF-L）技術，也稱為選擇性雷射熔融（Selective Laser Melting, SLM）技術，使用均勻分布的金屬粉末層平鋪於粉體床面，配合粉體床面的增高移動，並透過聚焦雷射束選擇性熔融粉末來生成金屬元件。首先沉積均勻的粉末床透過雷射束熔融特定的區域，以便構建該元件的單層，熔融圖案或雷射掃描圖案可以是連續或非連續性圖形。在完成單層後，將粉末床降低沉積層的高度，再利用輥輪鋪平新的沉積粉末層，並重複該過程。這種重複的過程使用大量的金屬粉末，此種多餘粉末的鋪承，有利於在構建期間支撐元件，可製作形狀較為複雜的 3D 構型元件。使用粉床式雷射熔融成型可生產具有懸垂結構的元件，主要是因為部分的結構可以藉由未熔融粉末的支撐，因此降減構建過程中元件局部的坍塌狀況，並且也可以降低殘餘應力的形成。粉床式雷射熔融成型技術通常可以在封閉的惰性氣體氣氛中進行，可以降低構建期間元件的氧化速率。元件構建後的局部切除工作，一般可以透過放電加工（Electrical Discharge Machining, EDM）的方式來完成。

直接雷射沉積技術與粉床式雷射熔融成型技術相似，是一種可以直接構建金屬元件的方法。然而直接雷射沉積技術主要是結合材料與能量輸送直接沉積成形元件，而不是只是使用單一種成分的材料，具有較高的材料選擇，此製程可以在區域內同時沉積不同的粉末材料，成形成為不同材料組成的元件；而粉床式雷射熔融成型技術，通常只會選用單一一種粉末材料，主要是粉末材料可以回收再利用，混合不同材料的粉末，不易回收再利用。直接雷射沉積技術選用的輸送材料，可以是線材或粉末，送線式直接雷射沉積提供製程較高的沉積效率，而粉末式因為需要將粉末藉由噴嘴的方式噴送至熔池，會有較高的材料損失。直接雷射沉積的送粉系統，常見採用與雷射束同軸的噴嘴組成，目前的直接雷射沉積系統，可以設計多達四個或更多噴嘴。粉末的輸送則利用惰性氣體來運載粉末，藉由惰性氣體的保護，可以降低高溫金屬加工時的氧化現象[30]。

粉床式雷射熔融成型和直接雷射沉積之間的主要應用區別，可以從終端用戶的需求，以及各種不同的使用狀況作為區隔。粉床式雷射熔融成型技術可以提供尺寸較為精細的成品元件，不過在粉床式雷射熔融成型後需要有去粉化的程序，將多餘的粉末去除；直接雷射沉積成品元件的尺寸精細度，不如粉床式雷射熔融成型元件那麼精細，且部分的應用狀況下，直接雷射沉積後的成品元件，需要後加工處理或熱處理程序。粉床式雷射熔融成型技術有利於製造具有懸空元件的 3D 結構，因為粉末床可作為支撐結構。用於粉床式雷射熔融成型的雷射通常具有比直接雷射沉積所需的雷射功率低，所以需要更細的粉末尺寸，粉末成本較高，但是雷射成本較低。直接雷射沉積不需預先舖設金屬粉末層，因此它可以作為覆面層修復或噴塗覆蓋在元件的表面上[31, 32, 33]。直接雷射沉積技術結合材料和能量的輸送方式，可以直接用於生產具有不同材料與合金濃度的功能梯度材料元件，直接雷射沉積技術可以在混合送料的狀況下直接成型元件，材料的組成較具多樣性，而粉末送料的方式可以選用同軸式或側向式的粉末輸送[34, 35]。

## 2.2 直接雷射沉積

初期的直接雷射沉積概念，大約出現在 1980 年代，直接雷射沉積的技術在 1980 年代得到了適度的關注，在 1990 年代中後期，美國 Sandia 國家實驗室的研究人員創新了一種技術，後來被註冊爲雷射淨成型（Laser Engineered Net Shaping, LENS）技術，這是一種粉末型直接雷射沉積的方式，包括多個噴嘴可以更有效地輸送粉末[28, 29]。LENS 技術現在是在研究和工業中用於粉末的直接雷射沉積的方法之一，是直接雷射沉積中第一個成功的商用設備，LENS 已成爲目前直接雷射沉積的專有名詞之一。在過去的二十年中，亦出現了各種其他直接雷射沉積技術相關的商用設備，在商業化、市場和研究方面都獲得了不同程度的成功模式[36]。現有的直接雷射沉積技術包括：雷射熔覆（Laser Cladding）、雷射直接鑄造（Laser Direct Casting）、直接金屬沉積（Direct Metal Deposition, DMD）[12]、雷射成形（Laser Forming）[14]、淨成形雷射固化（Freeform Laser Consolidation）、雷射輔助直接金屬／材料沉積（Laser-Aided Direct Metal/Material Deposition）[37]、雷射多向金屬沉積（Laser-Based Multi-Directional Metal Deposition）[38, 39]、雷射輔助直接快速製造（Laser-Aided Direct Rapid Manufacturing, LADRM）[40]、雷射輔助製造技術（Laser-Aided Manufacturing Process）[16, 41]、雷射快速成形（Laser Rapid Forming）[17]、金屬熔融沉積（Fused Deposition Of Metals）[18]、雷射金屬成形（Laser Metal Forming）[19]、雷射金屬沉積成形（Laser Metal Deposition Shaping）[20] 和雷射積層製造（Laser-Augmented Manufacturing, LAM）。

直接雷射沉積直接使用雷射熔融材料的方式沉積形成元件，可以利用金屬線或粉末材料製作元件。直接雷射沉積利用雷射熔融材料沉積到工作位置，藉由控制雷射熔覆頭與沉積位置的相對移動進行沉積形成元件，雷射熔覆頭提供了一個空間與時間相對位置的金屬熔池，從金屬基板上開始創建三維元件。雷射熔覆頭控制雷射的聚焦位置及粉末材料的送入位置，熔覆頭可以由單個粉末噴嘴或多個噴嘴組成。在沉積材料的過程中，雷射束提供足夠的熱能沿著沉積路徑熔融材料以產生熔池，在熔池下方則是有不同穿透深度的熱影響區（Heat Affected Zone, HAZ）。當單層的沉積完成，透過移動系統的控制，將雷射熔覆頭移動並重複該過程，以構建完整的 3D 元件。直接雷射沉積過程中，可以透過使用紅外攝像機和高溫計來進行監控 [30, 42, 43, 44, 45, 46]，此種監控的方式可以用於直接雷射沉積過程的數據回饋，以利於製作過程中的製程及參數控制。目前的直接雷射沉積技術需要使用固定的基板，基板的目的是作爲積層製造起始元件的初始形體承載用，其材料成分與材料預製件的材料成分相似以利於元件的沉積，在元件製作完成後需將成品元件從基板上切割分離。直接雷射沉積可用於各種金屬甚至陶瓷的積層製造，包括 Inconel 718、Inconel 625、不鏽鋼、工具鋼 [30]、鈦合金、鉻、鎢等 [47, 48, 49]，直接雷射沉積也用於成功製造由碳化鎢 - 鈷組成的金屬陶瓷複合材料 [50]。

直接雷射沉積過程包含各種製程參數的操控，監控和控制這些製程參數可以確保元件的品質，並且也可以確保元件構建成功。直接雷射沉積主要的可控製程參數包括：雷射功率、雷射束直徑、雷射與基板相對移動速度、雷射掃描圖案、掃描線間距、粉末進給速率和單層間的間隔時間等。這些製程參數的選用，主要取決於選用的材料種類，且隨著直接雷射沉積設備的噴嘴數量、噴嘴設計和操作環境的變化，需作適當的調整。直接雷射沉積過程，可以藉由改變材料進料量與雷射槍的移動速度等的參數調控，控制構建元件的品質、性能或孔隙率。

雷射束相對於基板的移動速度，影響直接雷射沉積對於元件幾何形狀所花費的時間長短，一般常用的移動速度約在 1～20 mm/s 之間。雷射掃描圖案由操作人員在直接雷射沉積之前設定，並透過移動系統控制雷射位置和基板的高度定位。雷射功率是來自直接雷射沉積雷射源的總發射功率，功率約在 100～5000 W 之間。雷射束照射金屬粉末，用以熔融金屬粉末並結合成爲金屬層，是直接雷射沉積成功與否的關鍵因素，雷射束需要在載體表面，形成有效的動態熔融金屬熔池，以利於元件的沉積。直接雷射沉積對於粉末的大小和形狀的要求，會依據各種的生產方式及操作參數而有所不同，對於大多數直接雷射沉積應用而言，所使用的粉末尺寸與粉床式雷射熔融成型技術使用的粉末相比，可允許使用的粉末尺寸較大，粉末成本相對地也較低。直接雷射沉積粉末所使用的範圍，約在 50 到 150 μm 之間，而粉體的形狀以圓球形的爲主；圓球形的粉體，有利於粉末輸送時的穩定性，穩定的供粉，可以提高沉積時的均勻性。球形顆粒亦可以減少熔池內任何惰性氣體的殘留，因此可以製作孔隙率較小的元件。一般來說，粉末進料速率的定義，是從直接雷射沉積噴嘴噴出的粉末，以固定時間內的平均重量表示，一般常用約在 1～10 g/min 的範圍。而層間間隔時間，指的是在連續沉積製作過程中，層與層之間間隔的時間，適當地控制層間間隔時間，可降低沉積後層間的殘留應力。

送粉式的直接雷射沉積方法，製作過程中包含了許多相互影響的製程參數，以及製作過程中的各種變數，所有相互影響的因素都發生在非常短的時間內。對於特定的時間、動量和能量傳遞有幾種可能較爲可能發生的路徑，能量或動量傳遞可以分類爲同時發生或之後發生的傳遞狀況。這些影響的因素中，包括雷射傳遞、粉末輸送、雷射 - 粉末 - 氣體間的相互作用、熔池引發、熔池的能量、熔池的穩定性、熔池的形態、熱輻射、熱對流、凝固、內部傳導、熱循環和基板傳導對環境的損失等。這些影響因素的組合是直接雷射沉積技術的製程參數，這些參數的設計與組合，配合特定材料和直接雷射沉積設備可以製作品質較佳的元件。透過製程參數的研究與調控，可以控制元件最終的微觀結構分布、顯微硬度及拉伸強度等性質。

由於直接雷射沉積過程中，空間的影響變數相當大，因此對於直接雷射沉積過程的建模與控制而言是相當複雜的過程。直接雷射沉積過程控制參數是由下列參數所組成，這些參數包括材料密度、材料導熱係數、雷射束直徑、雷射功率、橫向速度、粉末進料速率、粉末尺寸及粉末質量等。直接雷射沉積過程的沉積效率，則受到能量損失、熔融、過熱和粉末輸送等影響。另外幾何度形狀的影響參數包括熔池的長度、熔池形狀和粉末熔融因素所影響 [40]。

儘管送線式的直接雷射沉積設備可以有利於獲得較高沉積效率和元件品質，但是目前設備機台的普遍性明顯少於送粉式的直接雷射沉積設備。這可歸因於送粉式的送粉方式的材料動態更容易即時控制，由於響應的時間短，並且可以即時調整，因此可以更精確地製造複雜的幾何形狀。另外未使用的粉末可以再循環使用，有利於成本的降低。送線式的直接雷射沉積方式容易受到振動等因素干擾，並且在沉積過程中需要控制送料的高度，因此參數的控制難度較高。

直接雷射沉積是特定類型的雷射沉積方式，其中能量源是雷射產生器，直接能量沉積的能量來源方式也可以是電子束（Electron Beam, EB）。電子束直接能量沉積需要真空環境，但能量密度和效率可以顯著高於直接雷射沉積。電子束直接能量沉積是一種更有吸引力的方法來完成 3D 元件，用於建造或修復對氧氣具有高反應性的元件，並且已證明是製造功能元件的一種方法 [51]。

## 2.3 雷射與粉末輸送

送粉式的直接雷射沉積是一種獨特的 3D 元件成形方式，它允許材料和能量輸送在特定位置，同時加熱熔融粉末與基材堆疊形成所要的結構，此方式透過粉末輸送與雷射源適當地配合來達成，粉末的輸送方式可以使用單噴嘴或多噴嘴的方式送入粉末 [52]。大多數直接雷射沉積設備使用的雷射源爲連續光波模式的雷射產生器，並且藉由雷射透鏡組聚焦雷射束，提供材料加工足夠的光斑直徑，以提供局部位置足夠的能量來熔融材料。

由於輸送至熔池的粉末在飛行過程中會吸收和散射電磁輻射（Electromagnetic Radiation），因而造成雷射能量的衰減。徑向雷射功率強度分佈顯示，雷射功率受到交叉粉末流進料速率和分布的影響 [53]。對於固定的雷射功率，增加粉末進料速率將導致粉末流的平均溫度略微降低，並且導致更高程度的雷射衰減。雷射衰減受到粉末送料的影響可能很大，甚至可能導致僅 75% 的原始雷射功率到達熔池表面 [53]。最靠近光束中心的粉末吸收更多能量，且可能在飛行中即已經融化。

雷射光束的照射行爲取決於熔池和飛行粒子的光譜、方向和吸收率。製作過程中飛行粒子與熔池的吸收率是在極爲短暫的時間內發生的，主要取決於飛行粒子與熔池表面氧含量和表面溫度。另外包括熔質分布、蒸發和對流等現像也會影響雷射光的吸收或衰減 [54]。

對於高功率雷射而言，雷射在直接雷射沉積過程中可能會造成雷射誘發電漿態（Laser-Induced Plasma）的形成，此狀況可能影響雷射光的吸收，因而降低粉末熔融的效率 [55]。電漿態的主要來源是透過雷射光的汽化和電離所產生，藉由粉末進料速率和雷射功率的適當組合可以避免飛散顆粒，可以確保顆粒在熔池進入前不會過熱 [55]。另外，透過使用特定的保護氣體，例如氦氣等，可以進一步減少電漿態誘發效應 [40]。雷射所誘發的電漿態可以成爲非線性壓力效應的來源，特別是在更高功率的雷射源時。這種電漿態所形成的正壓狀態有助於調節逸出熔池的蒸汽量，並且此電漿態的形成隨著雷射功率的增加而增加。

飛行粒子在雷射束內暴露的時間，可以透過光束直徑和橫向速度來估算，te = 2rb/v，其中 te 爲暴露時間，rb 爲光束直徑，v 爲橫向速度，一般常用的暴露時間約在 0.2～8 ms 之間 [56]。飛行粒子在雷射束內暴露期間，送入的顆粒經歷雷射束的加熱，溫度迅速升高，而飛行粒子溫度取決於它們在粉末射流和雷射束中的位置。在某些情況下，由於在曝光期間過度的功率轉移，顆粒會蒸發。在直接雷射沉積過程，粒子在透過雷射加熱時迅速升溫，在幾秒鐘內粒子溫度可以從 373 K 上升到 1800 K，部分粒子會在飛行途中就已經熔融 [57]。另外，在雷射加工過程中部分粒子會在熔融後導致粉末蒸發，從某種意義上來說，它可以是粉末昇華的一種形式 [58]。飛行粒子的主要冷卻機制是利用保護氣體的強制對流，這種保護性氣體的引入，有可能存在著粉末材料輸送穩定性的影響，以及對粉末輸送過程形成阻力，而影響粉末顆粒的動量，因而可能導致輸送粉末，在飛行期間，顆粒減速或輸送不穩定等。

在直接雷射沉積過程中，估計在粉末顆粒進入熔池之前的溫度，已接近其液體溫度，進入熔池時顆粒即可以瞬間熔融，在進入熔池時約在 $10^{-4}$ 秒內均勻熔融 [55]。送入粉末的加熱熔融狀態取決於粉末的尺寸分布，由於較小的顆粒具有較低的熱容量，因此它們可以更快地被加熱，例如直徑爲 25 μm 的顆粒直接雷射沉積可以達到 1350 K 的最大溫度，而直徑爲 45 μm 的顆粒則可能僅能加熱到大約 900 K[59]。

直接雷射沉積技術的粉末堆積效率，可以透過粉末輸送的重量與堆積後的重量比值來量化，堆積效率用於最終元件形成的粉末與在固定時間間隔內由系統輸送的實際粉末量的比率。粉末堆積效率取決於噴嘴的幾何形狀、角度及粉末顆粒的尺寸分佈，低沉積效率可能導致大量再循環或報廢的金屬粉末，造成成本增加。

透過整合的粉末輸送系統，可以將金屬粉末準確地輸送到直接雷射沉積熔池，粉末輸送系統可以由單個噴嘴、多個噴嘴或同軸噴嘴所組成，並配合粉體進料及氣體進料管線進行粉末輸送。金屬粉末藉由惰性氣體的輸送，噴嘴經過特殊設計和定位，以確保粉末輸送至雷射束在雷射焦點處相交，粉末噴射的角度和均勻性可以透過最佳化噴嘴的設計完成。粉末流形狀、粉末輸送速度、雷射強度分布和吹製粉末溫度分布，都受到噴嘴的進給角度和粉末進料速率的影響。但是，沉積均勻性的部分，則與雷射相對基板的移動速度無關。

直接雷射沉積技術引入了多噴嘴沉積的概念，早期的雷射熔覆法僅利用一個噴嘴進行粉末輸送，對於複雜形狀的元件，多噴嘴沉積方法可以提供更高的粉末沉積效率。另外，粒子流直徑應與雷射束的直徑相匹配，才可以提高粉末的沉積效率。多個噴嘴的設計方式可以提高製作後元件的精度，對於複雜性較高的元件來說，多噴嘴的設計方式是較爲理想的。沉積過程中，可以藉由沉積過程的監測方式，確保顆粒的最佳輸送，以得到更好的品質控制。爲了提高產品的品質，並且促使粉末黏合良好，粉末注入位置應遠離熔池的後緣，雷射束和吹製粉末流之間的重疊程度將影響元件的沉積效率。

採用同軸噴嘴的直接雷射沉積法，在製作薄壁構造元件的研究顯示，隨著粉末體積濃度增加或雷射束直徑減小時，則沉積層高度增加[60]。當粉末流的中心線與雷射束的中心線不對齊時，會發生不規則的沉積層輪廓。直接雷射沉積過程中如果雷射功率不足時，沉積速度隨著橫向速度的增加而減小，對於更高的雷射功率而言則增加。因此，對於足夠的雷射功率而言，沉積速度隨著粉末進料速率增加而增加。除了生成和修復個別類型的材料之外，多噴嘴直接雷射沉積還可用於生成功能梯度材料（Functionally Graded Material, FGM）[61, 62, 63, 64, 65, 66, 67, 68]。功能梯度材料具有在相對空間的整體性質的變化，可以透過改變元件的成分組成來實現。製作功能梯度材料元件，可以藉由多個送粉進料系統送入不同成分組成的原料，並搭配多個噴嘴的設計來製作完成。

金屬材料的熔融溫度相對較高，因此在直接雷射沉積期間元件容易產生氧化問題。因此，需要氬氣等的惰性氣體保護輔助，使金屬材料在直接雷射沉積過程中避免氧化程度提高而造成材料的變化。

## 2.4 直接雷射沉積的熔池

熔池是雷射加熱材料表面所形成的高溫熔融金屬區域，雷射束加熱區通常是以橫向速度移動，因此熔池的結構形式呈現球形液滴的形狀存在，如圖 2-2 直接雷

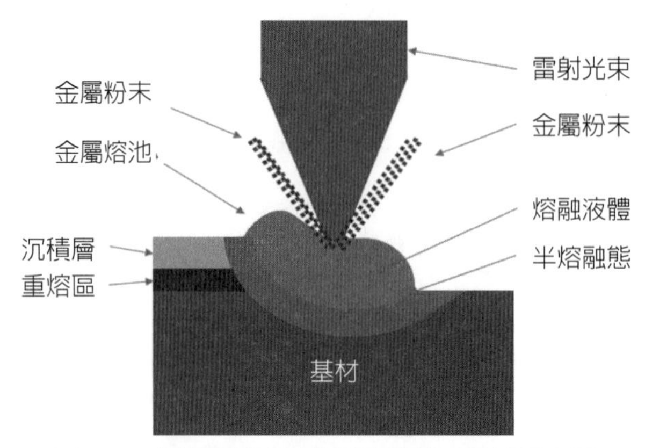


**圖 2-2　直接雷射沉積的熔池橫截面結構示意圖**

射沉積的熔池橫截面結構示意圖所示。熔池結構位於熱影響區頂部，並且在熱力學上呈現不穩定狀態，主要是由於周圍的熱傳遞，以及液體和固體的相互作用所影響，因此內部會進行能量和形狀的調整。當金屬粉末吹入熔池時，藉由雷射光的能量持續傳遞，可以確保熔池繼續維持存在。由於熔池是由固體所引發的，因此其形態、溫度和潤濕行爲在品質控制中是極爲重要的，元件成品的尺寸公差和微觀結構特徵，以及殘餘應力的存在，取決於直接雷射沉積過程中熔池的形狀和狀態。直接雷射沉積固有的熔池與傳統的雷射銲接和電弧銲接過程中所產生的熔池並沒有太大區別，然而，由於直接雷射沉積過程中粉末的連續添加，可能引起熔池表面不穩定性，並且送入粉末時可能會有飛濺狀況，因此熔池的溫度與動能的可預測性變得更爲複雜化。

## 2.4.1 界面能量傳遞

由於受到熱輻射能量傳遞的限制，以及送粉粉末與氣流的干擾，僅部分入射的雷射被熔池所吸收，此時熱量傳遞主要是透過熱輻射或對流的方式，傳遞到熱影響區及熔池區域。熔池與周圍環境間的熱傳遞，主要是透過送粉載氣與保護氣體的對流，以及周邊物體的熱輻射狀況所決定。直接雷射沉積過程中的輻射熱的傳遞，由熔池的輻射光譜發射率所決定，此輻射率是熱和氧氣量的函數。由於熔池長度和溫度分布，對熔池輻射率的變化很敏感，研究結果顯示沿著基材方向的溫度變化，和熔池長度有關。隨著熔池輻射率降低，基板長度的溫度變化變得更為均溫，熔池前緣邊界的平均溫度較高。隨著熔池移動的變化，整個熔池面積並沒有顯著變化。因此，假設熔池長度接近恆定約 1 mm，對於直接雷射沉積不鏽鋼而言，對流和輻射造成的熱損失約為 10% 左右，熔池附近的氣體流速約為 30 m/s，熱傳導係數約為 10 $W/m^2K$。然而，隨著沉積層的操作溫度增加，由對流引起的熱傳遞也將增加 [69, 70]。

研究結果顯示粒徑小於 325 mesh 較小的粉末，可以在直接雷射沉積期間產生更穩定的熔池。粉末粒徑在 80～325 mesh 範圍的較大顆粒，提高了熔池攪拌的不穩定性，此發現也證實了自由表面不穩定性的發生。熔池的攪動運動歸因於較大顆粒固有的較大動量，導致熔池中的較大位移，從而沿自由表面振盪。對於最小的層間隔時間而言，熔池的顆粒堆積效率隨著沉積層的增加而增加，且沉積物的溫度和厚度隨著每層增加。另外，粉末進料速度提高會導致飛濺，造成元件表面及熔覆頭上的沾附，因此適當地調整粉末進料速率，在直接雷射沉積製程中，可以提升元件的表面平整度，並延長熔覆頭的使用壽命 [71]。

### 2.4.2 溫度分布

由於熱傳遞的影響，熔池範圍內不同的的深度與寬度間，存在著與雷射功率相關的溫度梯度變化。熔池內的熱傳遞主要受到熔融相變化的影響，溫度的分布可能超過材料的熔點溫度，熔池的深度和寬度範圍也會受到影響，熔池的溫度梯度會呈現顯著的差異，一般而言，溫度梯度範圍可能在 100 和 1000 K/mm 之間 [43, 72]。溫度梯度造成的原因主要歸因於高的熱通量，因為加熱區的邊界，相對於整個熔池來說，相對的區域範圍較小，舉例來說，AISI 316 SS 熔池內的最高峰值溫度約為 2300 K，比其熔融溫度 1673 K 高約 40%，而單道堆疊鎳金屬層的熔池溫度約比鎳金屬液相溫度高約 30%[44]。粉末送料的變化也會影響熔池的過熱狀況，增加粉末進料速率則會降低熔池溫度 [73]。另外，粉末送料時的中心軸位置，或是粉末噴嘴相對熔池中心的位置，將影響熔池溫度及其溫度分佈。直接雷射沉積加工的紅外熱像儀研究顯示，直接雷射沉積存在著熔池過熱和溫度梯度變化的現象 [30, 47]。

研究結果顯示，對於製作薄壁狀的沉積層而言，最大熔池溫度位於靠近雷射束附近，明顯高於加工材料的熔融溫度 [30]。熔池中存在近高斯溫度分布，在雷射位置附近具有較高的規則性變化，朝向熔池的後緣則呈現較具線性的變化，後緣區域內的線性變化，可歸因於凝固熱傳導和熔池對環境的熱傳遞。高的規則性變化可歸因於高熱通量在雷射與熔池界面附近過度地加熱，以及熱傳遞驅動過低的效應所造成。在凝固區域中，溫度梯度並非是恆定的，隨著熔池中心的位置移動而降低。在雷射加熱區中，溫度梯度主要是由於熔融相變的熱傳遞所造成，溫度梯度接近為恆定。熔池的溫度梯度在其前緣是非常陡峭的，約為 150 K/mm 的溫度梯度差。加熱的中心軸向溫度梯度接近為零，在整個過熱液體中它保持接近恆定，但距離中心加熱位置約 0.25 毫米處，約為 150 K/mm，長度約 1.25 毫米。在凝固熱傳導期間，溫度梯度在液體區域的後緣附近可迅速降低至約 30 K/mm[30]。隨著不同材料的改變，溫度梯度亦會有所不同，例如 AISI 316 SS 材料熔池附近的溫度梯度約為 500 K/mm，測量結果約在 200 K/mm 和 400 K/mm 之間。對於陶瓷基金屬而言，熔池附近的溫度梯度可能非常高，例如碳化鎢 / 鈷的直接雷射沉積，可以接近約 2000 K/mm 的溫度梯度 [50]。

透過紅外熱像儀觀察，直接雷射沉積過程中，部分熔池區域的溫度梯度，沿著沉積平面的溫度分布，從左到右行進的熔池前緣附近約為 500 K/mm。長時間加熱效應影響下，因為先前沉積層的末端，具有比第一道沉積熔池更高的溫度，在長度約為 5 mm 左右的熔池中，具有顯著的溫度變化，徑向溫度梯度約在 50 K/mm 以上 [30]。

隨著雷射功率的降低，熔池溫度分布會變得更為均勻，其峰值溫度隨著加熱的能量增加而增加，而熔池加熱能量的提高，則可以藉由減慢移動速度或提高雷射功率達成。此外，熔池的最高溫度會隨著元件製造時，堆疊層數的變化而改變，通常隨著沉積層數的增加而逐漸減小 [53]。熔池與氣體熱傳導係數也可影響熔池的溫度分佈，較高的熱傳導係數可以改變溫度分布，主要是因為高熱傳導係數的材料降溫速度較快速 [69]。因此，利用強制對流的方式，可用於熔池溫度的控制。同時，直接雷射沉積設備製作過程的環境，可藉由混合氣體的強制對流，有利於控制熔池的均溫。由於較大變異量的溫度梯度較在製造過程中不易分辨，因此透過高溫測量儀器的輔助量測，可以更快速且更容易地監測具有較小溫度變化的熔池表面。

### 2.4.3 熔池形態

直接雷射沉積所形成的沉積層，其沉積層軌跡的幾何形狀，由熔池的流體行爲和凝固速率所決定。主要是因爲沉積層輪廓，受到熔池的形態及潤濕行爲的限制，且受到熔池內的表面張力和接觸角的輪廓所影響 [74]。直接雷射沉積的過程中，由於在送入的粉末、氣體、流量和雷射強度等的變化，將影響熔池自由表面的瞬間形態，此種瞬間形態影響表面和流體的行爲，包括熔池表面張力、毛細力和熔池流體動力學等 [55]。由於熔池的形成位於元件的表面上，因此其形態對於參數的控制而言極具意義，並且關係到成型技術的可靠度，較爲一致的熔池尺寸控制，可製作出品質較佳的產品。熔池的形狀主要取決於直接雷射沉積過程中的許多變數，例如粉末堆積效率、液體與固體間的潤濕行爲、惰性氣體流速及熱傳遞等。

研究結果顯示直接雷射沉積過程中，鎳基合金頂部熔池形態及形狀，隨著能量增加，沉積層的高度、寬度和深度亦會增加。當沉積層的深度較深時，則先前的所製作的沉積層可以被重新被熔融。然而如果重新熔融區的比例太小時，會導致相鄰層之間的黏附力降低 [75]。當增加粉末進料速率時，則會降低熔池深度，粉末進料速率與沉積層厚度，以及輸入能量比之間存在正向的線性關係。

熔池形狀主要取決於雷射槍的移動速度，熔池在較高的行進速度下變長，並且滲透到連續層中的熱量會變得較少，熱影響區的範圍也較小 [76]。熔池長度和溫度隨著雷射功率的增加，較慢的雷射槍的移動速度亦會增加熔池長度和溫度，而液體與固體界面處的冷卻速率則會降低 [69]。較長的熔池對應於較高的基材溫度，以及溫度梯度分布的影響並不顯著。在直接雷射沉積過程中，熔池長度會隨著氣體熱傳導係數增加而縮減，但對於低氣體熱傳導係數而言，熔池長度並不會受到影響 [69]。對於工具鋼和不鏽鋼的直接雷射沉積加工而言，熔池長度可以控制在約 0.5 mm 至 1.5 mm 之間 [70]，並且可以隨著層數增加而增加長度 [45]。熔池大小與雷射槍移動速度和雷射功率近似線性地增加，316 L 不鏽鋼的直接雷射沉積熔池的縱寬比，一般約在 1.0 和 1.5 之間 [74]。一般來說，沉積層的高度和寬度隨著雷射功率的增加而增加，而沉積層的高度隨著到熔池的材料熔融程度增加也呈現增加的趨勢[74]。

雖然熔池會隨著雷射槍移動速度的增加而伸長，但熔池的深度會降低，常見的研究僅呈現出熔池深度與雷射槍移動速度的輕微依賴關係。但是有趣的是，對於各種移動速度，熔池深度可能並不是非唯一的影響因素，這意味著恆定的雷射功率和粉末送料速率，可以透過兩個移動速度實現特定的熔池深度，這歸因於拋物線熔池深度對雷射槍移動速度的影響[77]。單獨熔池的剖面並非是整體形態的指標，因爲深度和總體積可能不同，不過建構的沉積層高度和堆疊次數有直接線性的關係。

透過雷射透鏡的改變可以改變光束直徑，可以用來控制掃描寬度，並且可以控制沉積層界面處所施加的熱通量，研究發現沉積層的橫截面形態，主要取決於掃描寬度[78]。當雷射功率保持恆定，並且同時縮小掃描寬度，將導致沉積層呈現具有弧形頂部的單線形態，並且該弧形結構會隨著後續沉積層的堆疊而變得更加凸出，這種弧形形態最終可能導致部分沉積層壁的坍塌，因爲熔池可能會從傾斜表面流出。較高的粉末進料速率，亦可導致沉積層的寬度大於基板表面處熔池的寬度[74]。

單軌跡薄壁沉積層的頂層，容易獲得較爲接近圓形的輪廓，由於元件的大量熱累積，頂層可能具有更多的親水性熔池，此狀況將可能導致所謂的蘑菇效應（Mushroom Effect），堆疊出類似蘑菇狀的沉積層，參考圖 2-1 所示，此意味著薄壁層結構的形狀將比先前預期的沉積層寬度更寬[59]。對於這種平行線掃描的單軌跡薄壁沉積層，熔覆頭必須分別在每個沉積軌跡的開始和結束處加速或減速。對於恆定的雷射功率和粉末進料速率而言，可能隨著層數變得更加突出。基本上，軌跡線在其開始和結束時，常呈現駝峰或結瘤等狀況。[78, 79]

研究結果指出，具有較高表面張力的熔池，其熔池的寬度較爲均勻，且具有較窄的熔池深度，和較深的熔池穿透深度。表面張力係數上升，對流熱傳導向下集中，靠近熔池中心線，形成較高的深度穿透；當係數爲下降時，對流熱傳導集中在熔池自由表面附近，導致更寬的熔池區域[80]。

### 2.4.4 熔池的凝固

熔池的凝固（Solidification）受到熔池的熱傳遞所影響，可以分為三個主要影響，第一為異相成核，第二為半熔融態區的熱傳遞，第三為熱影響後的微觀結構改變。圖 2-2 所示半熔融態區域是熔池和固體材料之間的區域，它與熱影響區的位置大致上是重疊的。半熔融區域是兩相混合物，殘留有固體顆粒和熔融金屬。自然對流是半熔融區域中熱傳遞的主要方法，半熔融區域是在空間域上在有限溫度範圍內發生熔融和凝固的結果，由於此區域的密度變化較為顯著，因此透過液體和固體金屬的共存關係，可以容易地觀察到其存在。該溫度範圍介於固相線和液體溫度之間，半熔融區域表現為多孔形態介質，可抑制液體流動，並且可具有滲透性。

熔池固液邊界處的相變化、熱傳導與動能等，可能是直接雷射沉積粉末過程中最複雜的物理現象，送粉的速度影響熔池的不穩定性及瞬間形態，而熔池的後緣部分具有潛在的熔化熱，形成特有的固相沉積層。此種複雜的沉積、堆疊與擴散的過程，與溫度的變化有關，進而影響到沉積後的微觀結構。然而，此種變化與所製作的材料類型有直接關係，例如碳鋼與鈦合金的凝固狀況不同，主要是由於合金中的各種化學元素的成分差異所造成。微觀結構演變，則來至於晶界的起始和生長，其中凝固界面，可以是柱狀、平面或樹枝狀等。

在直接雷射沉積製造的元件中，可能伴隨著孔洞的問題存在，其原因可能來自於效率較低的凝固現象，或是過多的氣體夾帶等的現象所造成。另外，連續層之間缺乏有效的熔合，也可能導致孔洞的存在，雷射功率過低與未熔融的顆粒的存在也會影響孔洞的產生。孔洞問題的存在，通常是在沉積層沉積開始時，或是在直接雷射沉積的初期階段，大量的熱量快速的轉移到基板內部，因此初始區域相對於其他區域冷卻速度較快速，容易產生此種孔洞存在的現象 [54]。

冷卻速率是熔池相對於時間的溫度變化，此溫度變化與熔池的體積變化有關，在固液界面處最高，隨著遠離熔池中心的距離而降低 [79]。熔池的冷卻速率主要取決於元件的熱損失和熱傳遞，熔池快速地冷卻與否，可藉由環繞的惰性氣體和環境溫度進行調控，此類調控對於生產細晶粒結構是有幫助的，可以獲得所需機械性能的元件。

直接雷射沉積製造的元件，其元件內觀察到的微結構，可提供了解直接雷射沉積過程中，熱量對凝固過程的相關影響資訊。例如固定方向性的柱狀微結構的存在，顯示在某特定方向上具有單向性的熱通量[81, 82]。結晶形態的形成，主要取擷於直接雷射沉積期間的冷卻速率，通常較高的冷卻速率導致更精細的微結構，換言之較慢的冷卻速率可得到較為粗大的晶粒結構。直接雷射沉積過程中，隨著橫動速度降低，熱源在沉積層上的停留時間增加，因此冷卻速率和凝固速度降低。冷卻速率降低伴隨著粉末進料速率的增加，可以產生更厚的沉積層和更大的熔池，具有更高的潛熱傳遞和更小的熱梯度。較大的熔池有利於晶粒的成長，因為有更多的生長時間。然而，提供低功率和較小熔體池的直接雷射沉積技術，可以製作較為精細的微結構元件[83]。

## 2.5 製程監測與調控

直接雷射沉積製程在製作過程中，可能存在了一些問題，例如沉積層品質低、需後處理加工、品質檢查困難或製造成本較為昂貴等。製程監測調控技術目的可用於提高產品品質，降低製程失誤率，以提高產品的良率，並降低製造成本，在直接雷射沉積中漸漸地被使用。製程監測調控技術包括製程的監測、訊號回饋與製程參數調控，透過調整參數以提高產品的最終品質。

直接雷射沉積製程即時監控，常見的監控方式包括幾何形狀和溫度的監控。幾何形狀的監控採用攝影機監控熔池的形狀或沉積層的寬度與高度，攝影機裝設的位置，可分為同軸和離軸的方式架設。同軸監控架設於雷射頭上，隨雷射頭一起移動，可以同時觀測熔池狀態，記錄熔池的動態變化；而離軸監控則可以捕捉整個加工製程的全景信息，可以避免因為雷射頭的振動所帶來的干擾。另外，目前在市面上常見的高速攝影機，由於處理速度和存取檔案受到限制，因此它主要用於過程監控和分析，不適用於即時製程監測與調控用途。在直接雷射沉積過程中，幾何特徵的監控包括沉積層和熔池的幾何形狀，這些幾何形狀的特徵，包括沉積層的寬度和高度，以及熔池的寬度與面積等。

直接雷射沉積的溫度特徵直接關係到產品的品質，因此溫度監測對於直接雷射沉積的製程監測與調控很重要，由於直接雷射沉積過程是一個快速加熱與冷卻的循環過程，因此使得監控變得更爲困難。溫度監測所需的溫度偵測器，需要高速擷取與大量數據傳輸，配合監測解析度的提高，可以有利於分析並了解直接雷射沉積熔池的溫度特徵。

### 2.5.1 即時製程調控

直接雷射沉積初期是藉由開放性迴圈（Open-Loop）的方式控制製程參數，製造過程中如果因爲環境變數造成影響時，並無法即時回饋給控制系統，因此無法做有效地即時回應。對於系統性的參數設定而言，設定參數是由材料、構建模式與機器系統等的組合所決定，透過反複試驗學習以訂定製程參數，然後根據製程的需求，手動對製程參數進行調整。傳統的製程參數包括速度及雷射功率等，隨時間保持恆定，而操作者可以控制層與層之間的間隔時間。根據研究顯示，不變的製程參數會導致元件在各個方向具有異向性的微觀結構，而這種微觀結構通常需要後處理來改善，例如熱處理或熱均壓（Hot Isostatic Pressing, HIP）等方式。直接雷射沉積過程使用固定的製程參數容易導致熱變形的狀況產生，並且會增加製作後元件的殘餘應力和裂縫 [84]。經過多年來科學家的研究與改善，透過製作過程的觀察與改良，直接雷射沉積過程中，可以透過回饋訊號進行即時的製程參數變動進行控制，此種即時的控制方式又可稱作爲封閉式迴圈（Closed-Loop）的控制方式 [85]。封閉式迴圈式的控制方式，可以讓直接雷射沉積系統能夠監視製作過程中的熔池及溫度的變化，並自動對有缺陷或品質不佳的位置做出回應，以製造出高緻密度、低孔隙率、低濃度梯度及精確幾何形狀的元件。

可受控制的製程參數，主要是根據系統對直接雷射沉積過程中的各種變化，依據即時監控回饋地訊號，來作回應而生成新的製程參數的製作方式，主要可受控制的製程參數包括雷射功率、行進速度、槍口距離、製程時間間隔等。直接雷射沉積製程參數的組合，將會導致各種不同的微觀結構變化，爲了確保滿足各種條件而選用的製程參數，對直接雷射沉積製程的優化和控制具有極爲重要的影響。由於此種控制方式具有極高的挑戰性，因此在直接雷射沉積過程中，製程參數需要即時回饋訊號，以因應在沉積過程中所發生的變化。然而每層間的製程參數改變，亦可能會與其他製程參數相互作用，例如製作過程中元件內部的高溫熱量殘留，而影響到後續的直接雷射沉積層。在彎角和尖銳邊緣附近時，容易發生空轉的狀況，此種狀況有時可能會被放大，而導致相當大的沉積層累積，因此必須根據其他製程參數來調整雷射參數，例如粉末流量或移動速度等，以確保在製造過程中，來自前一層的殘留熱量是適當的。目前常見的控制方法，可以分爲藉由熔池溫度分佈與沉積層高度的監控方式，來改變與調控直接雷射沉積製程的參數，進行製程的適當調控，避免製作過程中所產生的缺陷，以得到所需的產品品質。

## 2.5.2 熔池控制

熔池偵測及控制對直接雷射沉積製成來說是非常重要，熔池偵測可以利用紅外影像攝影機的方式獲得所需要的影像。早期的做法是從噴嘴的一側安裝攝像頭以取得影像，但是由於噴嘴與基材之間的距離非常小，因此視野受到極大限制。由於攝影機的光學中心線和雷射噴嘴設置之間的夾角過大，圖像會有變形的狀況產生，因此缺乏全向性的影像。目前新的做法是將紅外影像攝影機以同軸的方式安裝，因此對於熔池檢測具有很大的優勢。

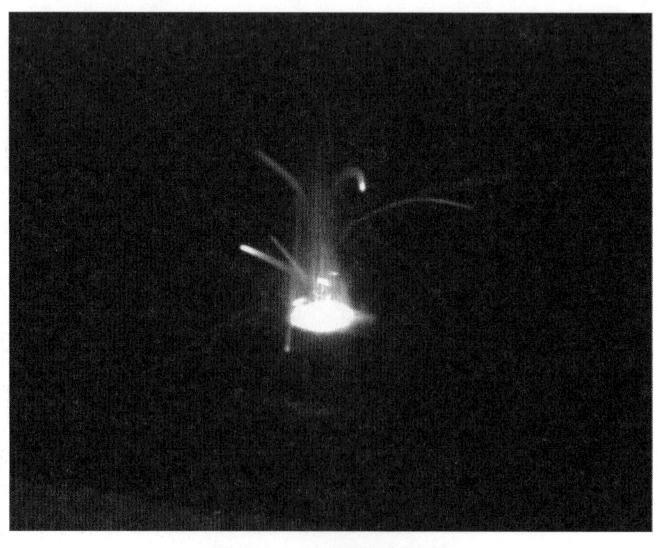

**圖 2-3　熔池影像攝影**

目前的直接雷射沉積過程，已可以透過紅外線熱成像（Infrared Thermography）和兩色高溫計（Two-Color Pyrometry）等的熱量監控方式來觀察熔池的狀況，根據熔池的溫度場分布、溫度梯度和冷卻速率等資訊的回饋，觀察並確認熔池的狀況，以確保製作後元件的品質 [86]。透過此種熔池溫度監控的數據，可作爲回饋控制系統的製程參數輸入，使元件在製作過程中可以得到最佳的熱量控制。在直接雷射沉積過程中可以藉由比例 - 積分 - 微分（Proportional–Integral-Derivative, PID）方法的控制，從監控熔池的溫度分布來改變雷射功率，以獲得最佳的控制參數 [42, 87]，如圖 2-42 的示意圖所示。根據直接雷射沉積過程中熔池溫度監控的訊號回饋，有兩種方法可以改變溫度行爲，可以藉由改變雷射功率或掃描速率等的輸入參數，來改變沉積過程的熱累積。另外一種方式，是藉由將熱能導入或導出的熱管理方式，來實現溫度的控制。直接雷射沉積過程的封閉式迴圈控制非常重要，因爲它可以將人工監督的手動生產進化爲自動化生產，進而生產出高品質可重複製作的元件。然而，由於直接雷射沉積的系統和環境在製作過程中可能會產生變化，因此準確地控制較大尺寸的元件應用並不容易，且熱量控制系統亦受到熱影像和偵測技術的發展速度而有所限制 [86]。

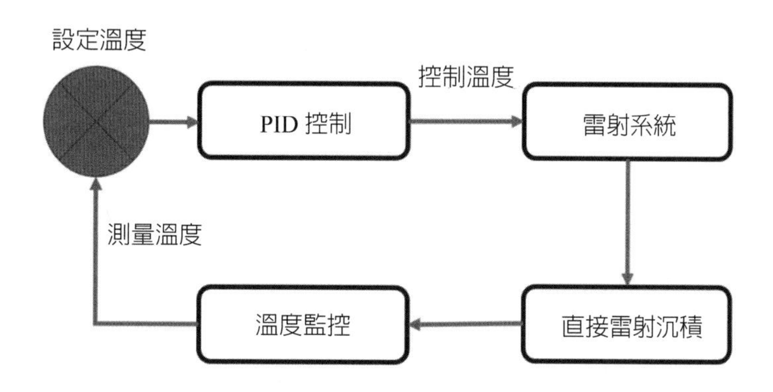


**圖 2-4 藉由 PID 控制熔池溫度的直接雷射沉積過程示意圖**

直接雷射沉積過程所形成的熔池，其液相狀態時形態對每個沉積軌跡或沉積層的完整性及形狀是相當重要的，由於整體加熱效應和其他環境因素的影響，熔池可能會伸長、收縮或飛濺，亦可能變得過熱和不穩定。爲了確保直接雷射沉積過程的每個沉積層的熔池形態一致，必須適當地調控製程參數。藉由熔池大小及溫度變化的監控，可確保直接雷射沉積系統自動且有效地回應這類的變化。

事實上，直接雷射沉積過程需要更全面性的控制方法，因爲僅維持熔池頂面幾何形狀的回饋控制可能會因爲資訊不足使控制受到限制，主要是僅監視與控制熔池表面積並不足以生產高品質的元件，因爲監視熔池頂表面熔體幾何形狀，無法提供足夠的信息來準確預測熔體池深度。儘管頂部輪廓相似，但總池的幾何形狀仍會發生很大變化，此外由於峰值溫度與熔池幾何形狀之間的明顯相關性並不明顯，因此僅藉由精確的過程控制可能會很難了解熔池頂部表面溫度分佈圖的熱影像。

由於在直接雷射沉積過程所製作的元件會因爲雷射的加熱，而出現元件整體或局部位置溫度的升溫現象，因此雷射功率應隨著連續層的增加而降低，以控制好熔池的形狀。熔池控制所需的雷射功率會隨著沉積層數增加而降低，藉由每層降低 5% 左右的雷射功率，可以達到元件整體溫度控制的目的 [54]。

### 2.5.3 沉積層高度控制

保持粉末送粉流速的均勻性，對直接雷射沉積層的堆積是相當重要的，但是在送粉過程準確的測量送入粉末的量，在測量上並不容易，目前並未有適當的測量儀器可以量測飛行中粉末的數量。爲了提高粉末輸送的穩定性，以提升直接雷射沉積後元件的品質，目前商業化的粉末輸送系統，可以使用連續式的重量測量來回饋訊號。然而，重量測量的方法存在一個目前較大的問題，此方法具有較長的時間延遲，無法即時回饋訊號進行調控，且重量測量系統對於測量低粉末流量 $< 15$ g/min 的準確性較低。另外一種測量的方式是藉由光電式的偵測器來回饋訊號，訊號回饋較爲即時，然而光電式的偵測器不能承受高溫，因此不適合用於直接雷射沉積過程測量 [88, 89]。

在直接雷射沉積層高度的控制部分，可以藉由攝影機與線性雷射的搭配使用，監控直接雷射沉積層高度，透過雷射光的開關、雷射功率的調整及移動速度的控制，控制直接雷射沉積層的高度。目前在直接雷射沉積層高度的控制部分，並不會藉由粉末送粉的流速來調控，主要是粉末送粉流速的調控具有較長的時間延遲，無法即時回饋訊號進行調控。因此，通常會把粉末送粉的流速保持均一，藉由其他反映較爲即時的製程參數進行調控。

# 3

# 沉積用雷射

直接雷射沉積在加熱熔融材料的加工過程中，涉及到各種的雷射功率密度、加熱作用時間及熱能傳輸現象等問題。爲了可以順利的進行直接雷射沉積加工，在直接雷射沉積過程中，需要避免過度加熱材料所造成的材料蒸發，同時亦須要兼顧熔融基材與塗層材料，使塗層材料可以適當熔融後與基板結合成爲一體。因此，直接雷射沉積過程需要確保適當的雷射功率密度及加熱停留的適當作用時間。這些直接雷射沉積過程作業的需求，因此也限制市場上雷射源的使用需求類型。

## 3.1 雷射產生器

雷射產生器一般是藉由增益介質（Gain Medium），激發能量源（Pumping Energy Source）和光學諧振器（Optical Resonator）組成。放置於光學諧振器內部的增益介質，使用激發源提供外部能量，透過激發來放大光束。雷射產生器可依據使用的增益介質進行分類，可區分爲固態、氣體、準分子、染料、光纖及半導體雷射產生器。積層製造中使用的代表性雷射產生器，包括氣體雷射、固態雷射和光纖雷射產生器等，圖 3-1 所示爲雷射產生原理示意圖。常見使用在積層製造技術的雷射產生器，包括有 $CO_2$ 雷射、Nd:YAG 雷射、Yb- 光纖雷射和準分子雷射等，各種雷射產生器有不同的特性，可參考表 3-1 各種雷射產生器比較表所示。[90, 91]

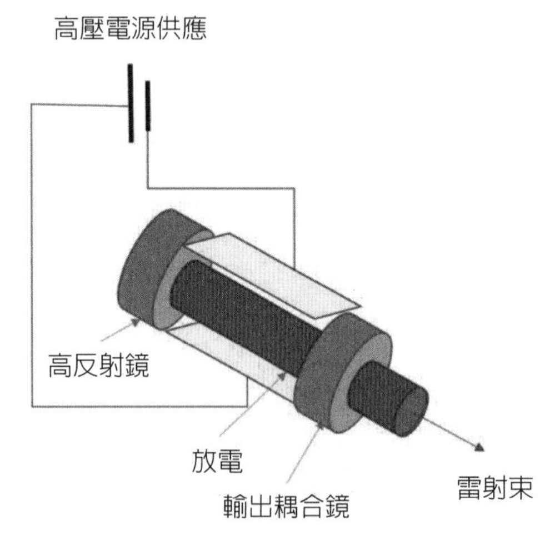


圖 3-1　雷射產生原理示意圖

表 3-1 各種雷射產生器比較

| 雷射種類 | $CO_2$ 雷射 | Nd:YAG 雷射 | Yb- 光纖雷射 | 準分子雷射 |
|---|---|---|---|---|
| 應用 | SLA, SLM, SLS, LMD | SLM, SLS, LMD | SLM, SLS, LMD | SLA |
| 波長 | 9.4 & 10.6 μm | 1.06 μm | 1.07 μm | 193, 248, 308 nm（ArF, KrF, XeCl） |
| 效率 | 5～20 % | 光激發：1～3%, 二極體激發：10～20% | 10～30% | 1～4% |
| 輸出功率 | ～20 kW | ～16 kW | ～10 kW | ～300 W |
| 激發源 | 放電 | 雷射燈管或二極體 | 二極體 | 放電 |
| 操作模式 | 連續或脈衝 | 連續或脈衝 | 連續或脈衝 | 脈衝 |
| 脈衝持續時間 | 100 ns～100 μs | 1 ns～100 ms | 10 ns～100 ms | 10～100 ns |
| 光束品質因子 | 3～5 mm · mrad | 0.4～20 mm · mrad | 0.3～4 mm · mrad | 160×20 mm · mrad |
| 光纖傳輸 | 不可 | 可 | 可 | 需要特殊設計光纖 |
| 保養週期 | 2000 hrs | 200 hrs（雷射燈管），10,000 hrs（二極體） | 25,000 hrs | $10^8$～$10^9$ 次脈衝 |

## 3.1.1 二氧化碳雷射（$CO_2$ Laser）

$CO_2$ 雷射是最早的氣體雷射源之一，開發於 1964 年。$CO_2$ 雷射由放電管、電動激發源和光學透鏡元件所組成，採用構造光學諧振器。在 $CO_2$ 雷射中，氣態增益介質 $CO_2$ 充滿放電管，並由直流或交流電激發，引發粒子反轉，從而產生雷射。$CO_2$ 雷射光學諧振器在兩個反射器之間安裝了一個電動抽氣管，其中一端是高反射率鏡，另一端是部分反射鏡，部分反射鏡又稱之爲輸出耦合器。$CO_2$ 雷射可產生 9.0～11.0 μm 的紅外輸出波長，其中，10.6 μm 是積層製造中使用最廣泛的波長。由於採用紅外波長的發射，光學元件需使用特殊材料，反射鏡使用金或銀鍍層，透鏡使用鍺或硒化鋅鍍層。與其他連續波長雷射相比，$CO_2$ 雷射的效率高，約爲 5～20%，輸出功率高約爲 0.1～20 kW。因此 $CO_2$ 雷射廣泛用於材料加工，包括切割、鑽孔、銲接和表面改質等 [91, 92]。由於高功率雷射所產生的高溫會影響雷射的輸出，因此需要使用冷卻電極的散熱裝置，例如水冷套等，使超過千瓦的 $CO_2$ 雷射可以在高功率使用下運作。$CO_2$ 雷射系統和其他雷射系統相較之下，$CO_2$ 雷射系統構造較為簡單，且系統具低成本及高可靠度的優勢，系統精巧，移動較為方便，這些優勢是 $CO_2$ 雷射成為在精密製造技術下，廣泛地被使用的主要原因。然而，由於在能量泵需輸入大量的 $CO_2$ 氣體，此過程會產生熱量，雷射系統的結構體會因為熱而造成膨脹和收縮，因此 $CO_2$ 雷射的輸出功率相對於其他雷射源而言，較為不穩定。氣體輔助熱擴散過程中的氣體流也會引起系統的不穩定性 [93]。在高功率 $CO_2$ 雷射操作中，長時間的紅外光波長操作會造成光學元件的疲勞，因此會受到一些限制，高功率 $CO_2$ 雷射通常在使用約每 2,000 小時左右，需檢查整個光學元件的疲勞損壞狀況。在金屬零件的製造應用中，由於金屬在紅外光區域內的光吸收係數低，$CO_2$ 雷射的產量會受到限制。此外，由於缺乏在紅外光波長範圍內傳輸的光纖，$CO_2$ 雷射需要使用反射光學元件進行光束傳輸。因此，如果考慮到直接雷射沉積材料的泛用性或需要利用光纖來作為光束傳輸的狀況下，必須考慮使用其他類型的雷射。

### 3.1.2 Nd:YAG固態雷射

Nd:YAG 固態雷射（Nd:YAG Solid-State Laser）是一種釹元素摻雜的釔鋁石榴石雷射，常見為 $Nd^{3+}:Y_3Al_5O_{12}$ 雷射，是一種使用棒狀 Nd:YAG 晶體作為固體增益介質的固態雷射。Nd:YAG 雷射及 $CO_2$ 雷射是業界最常用的兩種高功率雷射。在 Nd:YAG 雷射中，增益介質通過閃光燈沿徑向方向進行光激發，或在軸向上由 808 nm 雷射二極管進行激發，藉以產生 1064 nm 的近紅外光輸出波長，如圖 2-4 所示。在該工作波長下，光束可以透過柔性光纖傳輸，這在系統精巧性和更高的傳輸效率部分，是優於 $CO_2$ 雷射的顯著優勢之一。Nd:YAG 雷射可以在連續模式下和脈衝模式下都可以工作，連續模式下通常採用摻雜低濃度的晶體；脈衝模式下則選用摻雜高濃度的晶體。連續模式下的輸出功率高達數千瓦，脈衝模式下的峰值功率高達 20 kW，而脈衝能量可高達 120 J [91]。

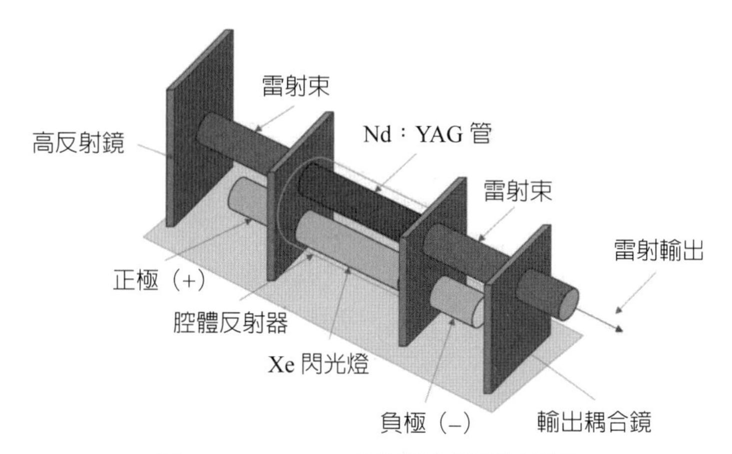


**圖 3-2　Nd：YAG 雷射產生原理示意圖**

市面上常見的 Nd:YAG 雷射，通常是由高能量的氙氣（Xenon）燈進行光激發，然而氙氣燈的電光功率轉換效率相對較低。此種低功率效率會導致光束品質下降，因爲大部分未吸收的能量會以熱量的形式散發。光學元件部分則會因爲散熱的影響，可能引發不可預期的熱透鏡效應（Thermal Lensing）和雙折射效應（Birefringence Effects），從而導致光束品質變差 [94]。氙氣燈的另外一個問題，是氙氣燈壽命較短。這些缺點可以藉由使用二極管雷射，代替激發光源來克服 [95]。二極管雷射具有更高的電光功率轉換效率，以及增益介質的選擇性激發，與氙氣燈激發雷射相比，該雷射的整體功率效率可提高約 5 倍 [96]。然而，在積層製造中，Nd:YAG 雷射已被更高效率的 Yb 光纖雷射所取代。但是，Nd:YAG 雷射的普遍性和親合性仍然受到大家的喜愛，因此在相關的科學研究上仍然得到大量使用 [97]。近年來，Nd:$YVO_4$ 雷射作爲另一種替代方法也引起了人們的廣泛關注 [98, 99]，與 Nd:YAG 雷射相比，Nd:$YVO_4$ 雷射具有更寬的吸收帶、更低的工作門檻和更高的效率 [100]。Nd:$YVO_4$ 雷射的工作原理與中心波長爲 1064 nm，與 Nd:YAG 雷射相同。

### 3.1.3 Yb光纖雷射

Yb 光纖雷射（Yb-Doped Fiber Laser）是一種利用光纖作爲增益源的雷射，光纖雷射的增益源介質是以稀土摻雜光纖的雷射，在最初開發光纖雷射的幾年中，與其他固體雷射相比，光纖雷射在輸出功率和脈衝能量方面的性能有限。但是，由於光纖雷射在過去幾十年中的不斷發展，已成為最有希望成為傳統體雷射替代品的雷射源。在各種稀土元素摻雜的增益光纖中，由於量子效率高（～94%），Yb 光纖雷射最適合用於高功率發電。圖 3-3 所示為光纖雷射產生原理示意圖。

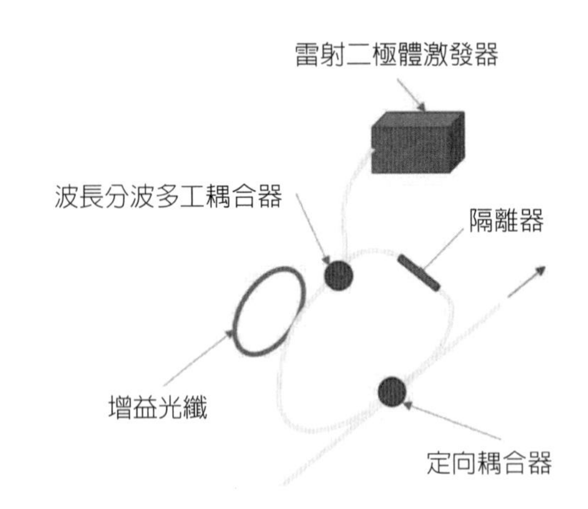


**圖 3-3　光纖雷射產生原理示意圖**

Yb 光纖雷射的高效率是為什麼 Yb 光纖雷射會被廣泛用於材料加工的主要因素之一，且也是在積層製造中可以替代 Nd:YAG 雷射的原因。Yb 光纖雷射藉由波長為 950～980 nm 的雷射二極管激發，並產生近紅外雷射束的輸出波長為 1030～1070 nm 的雷射。由於光纖的增益介質和光學組件實用性優於其他雷射，且 Yb 光纖雷射其他優勢包括高的電光轉換效率（～25%），優異的光束品質，抵抗環境干擾的穩定性和精簡的系統設計等 [91]。Yb 光纖雷射的雷射光在光纖內部傳播時會受到一些限制，一般的固體雷射光是在空氣中傳播，空氣作為光導介質的影響較小。相反地，當雷射光的傳播是透過光纖時，被引導的雷射光將受到引導介質光纖的強烈影響，特別是在其非線性特性上的影響會更為顯著。高峰值功率引起的光學非線性效應，例如自聚焦（Self-Focusing）、自相位調製（Self-Phase Modulation）、克爾透鏡效應（Kerr Lens Effect）和拉曼效應（Raman Effects）等，可能會限制雷射的性能 [101, 102]。光纖彎曲、振動和溫度引起的意外偏振變化，對於更高的環境穩定性，建議可以使用偏振保持（Polarization-Maintaining, PM）光纖作爲增益和光導介質。

### 3.1.4 準分子雷射

準分子雷射（Excimer Gas Laser）使用「準分子」作爲增益介質，並透過脈衝放電激發，從而在紫外（Ultraviolet, UV）區域產生毫微秒（Nanosecond）級脈衝。準分子是二聚體分子激發（Excited Dimer）的縮寫，是包含稀有氣體氬氣、氪氣或氙氣，鹵素氣體氟或氯氣，以及緩衝氣體氖氣或氦氣的氣體混合物。在工作波長範圍爲 157 至 351 nm 的準分子雷射中，ArF、KrF 和 XeCl 雷射會產生 193、248 和 308 nm 波長光束，是製造應用中最受歡迎的準分子雷射 [103]。準分子雷射包括一個激發光源，一個增益介質和一個光學諧振器。如圖 3-4 所示，增益介質採用與其他氣體雷射（例如 $CO_2$）相同的方式被電流激發。準分子雷射只能在脈衝模式下運行，產生的脈衝重複頻率僅爲幾 kHz，平均輸出功率在數瓦到數百瓦之間。紫外線脈衝光的產生在製造應用中非常重要，因爲大多數光學材料在紫外線區域附近具有很高的吸收率 [104, 105]。但是，相對較差的光束質量，棘手的維護以及極高的運行成本使得準分子雷射在積層製造中顯得較爲不切實際。因此，使用三倍頻的 $Nd:YVO_4$ 雷射代替產生紫外範圍的雷射束是較爲可行的方案 [106]。

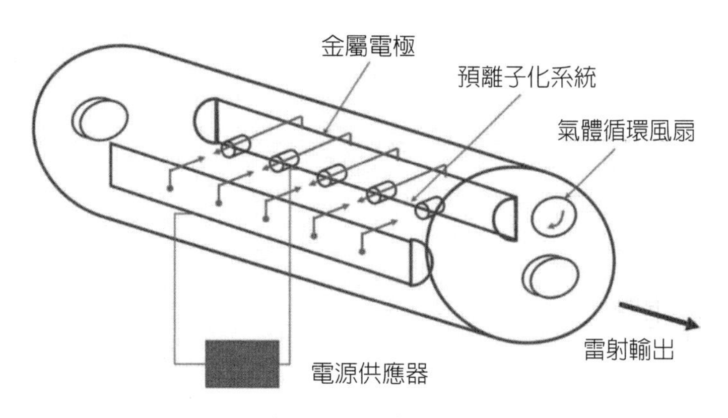


圖 3-4　準分子雷射產生原理示意圖

## 3.2 雷射的特性

部分雷射的特性對 3D 列印的製程來說，並非都是有益的，因此針對雷射的特性部分，需要作最佳化的調控以達到適合期望值的結果。雷射運作時的重要參數，包括功率、功率穩定性、波長、光譜帶寬、光束直徑、光束品質、脈衝能量、脈衝持續時間和重複率等。由於參數的重要性隨應用標的物的不同而有所差異，積層製造中的關鍵雷射參數，需做適當的分類與了解，並且針對其對製造性能的影響作深入的探討，則會對積層製造所使用的雷射系統有更深入的了解。在大多數積層製造技術中，關鍵的雷射參數，與雷射光對材料的加熱過程所產生的交互作用，具有相關性。影響雷射光加熱材料的代表性的關鍵參數，主要爲雷射束功率、雷射束的波長、雷射時間模式（Temporal Mode）、雷射空間模式（Spatial Mode）與雷射聚焦尺寸大小等。

### 3.2.1 雷射束功率

雷射束的加熱功率，會和材料的加熱熔融有直接關係。如果雷射束的功率低於需求的功率時，則會導致雷射加熱處理的時間過長或無法對所需材料進行加熱熔融加工處理。而當雷射的功率超過需求的功率過高時，則會增加了操作的費用。因此，適當地調控雷射束的功率大小，在直接雷射沉積的製程中，是相當重要的參數控制。

透過各種材料的光學和熱學性質檢驗，可以用來決定所需的雷射光功率。就熱性能而言，雷射光功率可分爲兩類，分別爲固定熱性能和損耗熱性能等兩種方式。熔化和蒸發材料過程中所需的能量，如果在固定的條件下，主要受到的影響的因素，取決於材料的熱容量（Heat Capacity）、潛熱（Latent Heat）和蒸發熱（Vaporization Heat）。對於陶瓷材料而言，由於陶瓷材料的高潛熱特性，因此需要較高的雷射功率。在雷射光加熱處理的過程中，如果傳遞給周圍材料的能量屬於快速損失的狀況時，由於熱量容易在基材中快速地擴散開來，因此材料的熱擴散率對雷射光加熱處理的影響較大，爲了維持雷射光加熱處理的穩定操作，則必須考慮到材料的熱導率等相關重要參數。

雷射的光學特性，會受到雷射束照射時，工件的表面狀態所影響。因此，工作物材料對於雷射束照射的雷射光吸收性，對雷射光功率要求的影響最大。雷射光吸收率還取決於雷射光波長、工件材料表面粗糙度、溫度、材料相態及表面沉積層的使用狀況所影響。

雷射束加熱的主要目的，是希望將雷射能量轉移至材料上，加熱材料，使材料熔融。因此，定義的每單位面積雷射功率的雷射強度與生產產能有著密切關係。首先，雷射強度必須超過一定的能量門檻，可以使目標材料達到熔融的所需條件。對於粉末或金屬絲形式的材料，此條件與材料的熔點溫度有關。具有高反射率或高熱擴散率的材料，例如鋁或銅，也需要高功率或高能量的供給，以克服快速散熱而造成的緩慢溫度升高。一旦雷射強度高於可製造時的門檻，則可以提高積層製造的生產速度。圖 3-5 所示為生產速率、功率和特徵品質之關係圖，描述了金屬積層製造中生產速率、功率和特徵品質之間的關係 [96]。然而，雖然可以透過使用更高功率的雷射來提高生產速率，但是在高生產速率製造時，產品品質可能會變差。因此，應同時考慮生產速率和產品品質的相互影響，在材料的能量的選用門檻上，應謹慎選擇適合的雷射束功率。

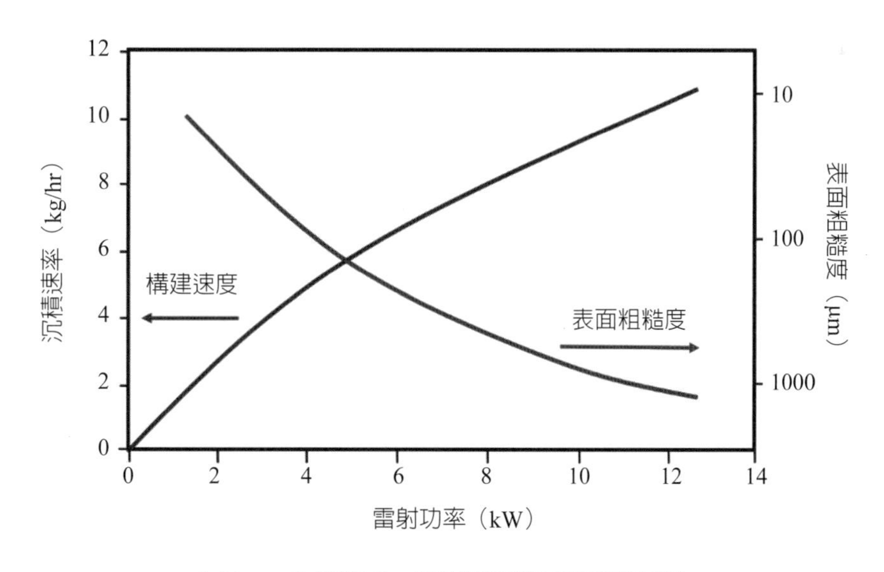


**圖 3-5　生產速率、功率和特徵品質之關係圖**

雷射束的聚焦強度不僅與平均功率成正比，而且與最終工作波長所決定的聚焦光斑大小成正比。簡單來說，雖然 $CO_2$ 雷射和 Yb 光纖雷射具有相同的平均功率，但是 Yb 光纖雷射的強度可以比 $CO_2$ 雷射高數百倍，因爲聚焦強度與雷射波長的平方成反比。這是因爲 Yb 光纖雷射的波長更短，光束質量更高，Yb 光纖雷射的雷射束可以聚焦到比 $CO_2$ 雷射更小的區域上。

### 3.2.2 雷射束的波長

雷射束波長定義爲雷射束中光子的一個振動週期的特徵光譜長度，而材料的吸收率則與雷射束波長有關。因此，某些雷射僅適用於處理某些特定的材料。例如鋁和銅顯示出對 10.6 μm 的 $CO_2$ 雷射束具有低的吸收率，對 1.06 μm 的 Nd:YAG 雷射束則具有較高的吸收率。

材料對於雷射束能量的吸收的特性，主要取決於雷射光的波長，以及所處理材料對於雷射束的光譜吸收特性。例如銅和鋁對 $CO_2$ 雷射的輻射（10.6 μm 波長）表現出非常高的反射率，而對 Nd:YAG 雷射的輻射具有高吸收率，因此由於對 Nd:YAG 雷射輻射的能量損失最小，所以相對而言會更有效率。

雷射的操作波長是積層製造中需要考慮的最重要參數，因爲不同的材料會與不同的雷射波長相互作用。表 3-2 顯示了在 Nd:YAG 和 $CO_2$ 雷射的工作波長下粉末狀態的各種材料的吸收率。在雷射的積層製造中，由於目標材料應與入射雷射有效相互作用，才能提高雷射運作的效率，因此希望在相對應的雷射波長處，具有較高的材料吸收率，主要是高的吸收率可以提高生產效率。對於金屬粉末來說，雷射光波長越短，光的吸收率會越好。因此，在金屬 3D 列印技術中，工作波長爲 1064 nm 的 Nd:YAG 或 Yb 光纖雷射比工作波長爲 10.6 μm 的 $CO_2$ 雷射具有更高的工作效率。相反，聚合物材料在 10.6 μm 處的吸收率比 1064 nm 高得多，這是爲何 $CO_2$ 雷射常用於聚合物加工的主要原因之一。工作波長與聚焦能力有關，聚焦能力決定了最終的製造解析度。由於光學衍射（Diffraction）的限制，最小的聚焦光斑尺寸與波長成正比，這使得 $CO_2$ 雷射不適用於微細工件的加工。[107]

表 3-2　在不同工作波長下各種粉末材料的吸收率

| 材料分類 | 材質 | Nd:YAG laser（1.06 μm） | $CO_2$ laser（10.6 μm） |
|---|---|---|---|
| 金屬 | Cu | 59% | 26% |
| | Fe | 64% | 45% |
| | Sn | 66% | 23% |
| | Ti | 77% | 59% |
| | Pb | 79% | - |
| 陶瓷 | ZnO | 2% | 94% |
| | $Al_2O_3$ | 3% | 96% |
| | $SiO_2$ | 4% | 96% |
| | SnO | 5% | 95% |
| | CuO | 11% | 76% |
| | SiC | 78% | 66% |
| | $Cr_3C_2$ | 81% | 70% |
| | TiC | 82% | 46% |
| | WC | 82% | 48% |
| 高分子 | Polytetrafluoroethylene | 5% | 73% |
| | Polymethylacrylate | 6% | 75% |
| | Epoxypolyether | 9% | 94% |

## 3.2.3 雷射時間模式（Temporal mode）

雷射束的時間模式可以選用連續波（Continuous Wave, CW）或脈衝波（Pulse Wave）的模式，連續波模式的優點是在加工後產生光滑的表面，但缺點是需要高功率的電能輸出，而且在過程中容易產生較大區域的熱影響區（Heat Affected Zone, HAZ）。脈衝模式的雷射束在深孔的鑽孔或切割的應用部分較具有優勢，但是缺點是由於週期性輸出結果，如果沒有控制適當的話，容易造成材料的表面呈現波浪狀結構。

雷射操作模式可以在時域（Time Domain）中分爲連續模式或脈衝模式。在連續模式下，輸出功率保持恆定，與時間無關。而在脈衝模式下，雷射僅在短脈衝時間內以固定的重複頻率發射輸出功率。除了準分子雷射僅在脈衝模式下工作之外，大多數雷射都可以在兩種模式下工作。脈衝模式可以通過 Q 開關（Q-Switching）、模態鎖定（Mode-Locking）或脈衝激發（Pulsed Pumping）來實現。脈衝模式可以提供的峰值功率比連續模式高得多。例如，脈衝持續時間爲幾毫微秒（Nanosecond）的 Nd:YAG 雷射，產生的脈衝具有數百兆瓦的峰值功率，可以在毫秒（Millisecond）曝光時間內熔化大多數的材料。因此，在雷射的積層製造中，與連續模式相比，脈衝模式可提供許多優勢，例如具有高峰值功率的光脈衝，可以瞬間提高材料的溫度，同時又有較小的熱能散發到周圍的材料上，使得製作過程更容易達到加工所需的能量門檻。相反，在連續波模式下，相同的平均功率將擴散到周圍的材料，這使得雷射在相同功率下，難以達到熔融材料的能量門檻。

### 3.2.4 雷射空間模式（Spatial Mode）

諧振器的設計對於產生適當波長的雷射是相當重要的，電磁波的相位可能因諧振器設計而不同，導致雷射束的光束空間輪廓發生變化，通常雷射束的光束空間輪廓呈現高斯分布的輪廓（Gaussian Beam's Profile），如圖 3-6 所示。一般來說，高斯分布輪廓的雷射束，最適合用於雷射加工，主要原因是相位前沿較爲均勻，光束中心強度下降平緩，最小衍射效應，容易生成較小光斑尺寸。

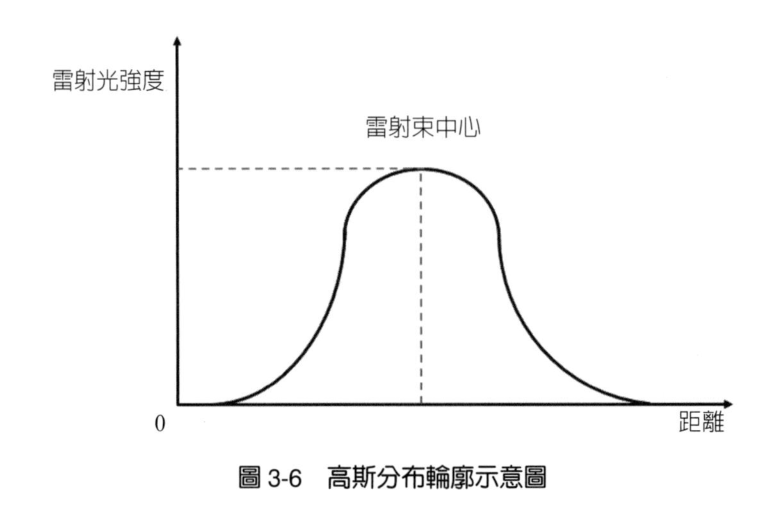


**圖 3-6　高斯分布輪廓示意圖**

### 3.2.5 雷射聚焦尺寸

在材料加工過程中，雷射束在材料表面的光強度（Irradiance）是重要的參數之一，光強度定義爲每單位表面積的功率，藉由適當地聚焦雷射光束，可以得到適合使材料熔化或蒸發的光強度。最大光強度通常在透鏡的聚焦平面處，此光束處於最小直徑位置，此位置的最小直徑處稱爲聚焦光斑（Focal Spot）。不過，光學鏡組的缺陷與衍射效應，將會限制可獲得光斑的尺寸大小。

從能量密度和聚焦光斑尺寸之間的關係可以看出，光斑直徑的減小會增加能量密度，但會降低有效工作範圍，如圖 3-7 在光斑直徑和工作距離之間關係圖所示。雷射束可以藉由縮小焦距，或透過增加未聚焦的光束直徑，來縮小光斑直徑。另外，使用擴束器，亦可以用來增加未聚焦的光束直徑。

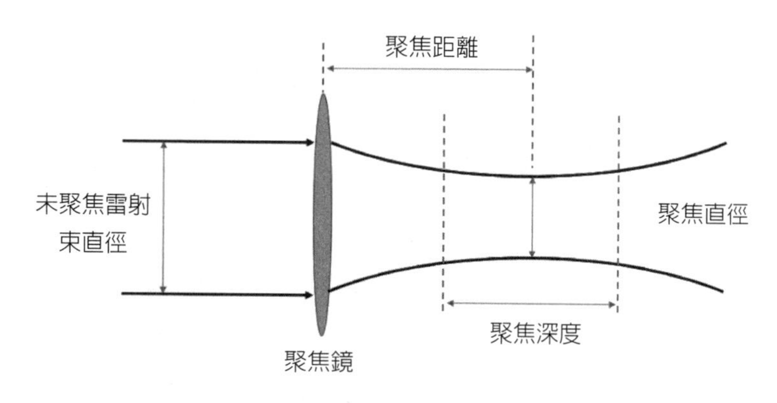


**圖 3-7　光斑直徑和工作距離之間關係圖**

在雷射相關的材料加工中，雷射光束可以藉由不同位置的聚焦，而使用於不同的應用。一般來說，較小的聚焦光斑尺寸適合應用於切割和銲接，而較大的聚焦光斑尺寸適合應用於熱處理或表面改質。爲了符合相關的應用環境，聚焦光斑尺寸也可以依據應用的需求而作適當的調整。離焦所產生的較大光斑直徑雷射束，可適用於表面熱處理，或是在作局部表面改質時，可以透過聚焦光斑控制來達成適當的熱處理效果，如圖 3-8 所示。一般雷射銲接後的橫截面呈現沙漏形狀，這種形狀的產生原因主要是因爲雷射的焦點位於銲接的材料內，雷射光束會聚到此點。對於雷射切割而言，雷射光束的焦點，則會聚焦在板材的底部或背面。[108]

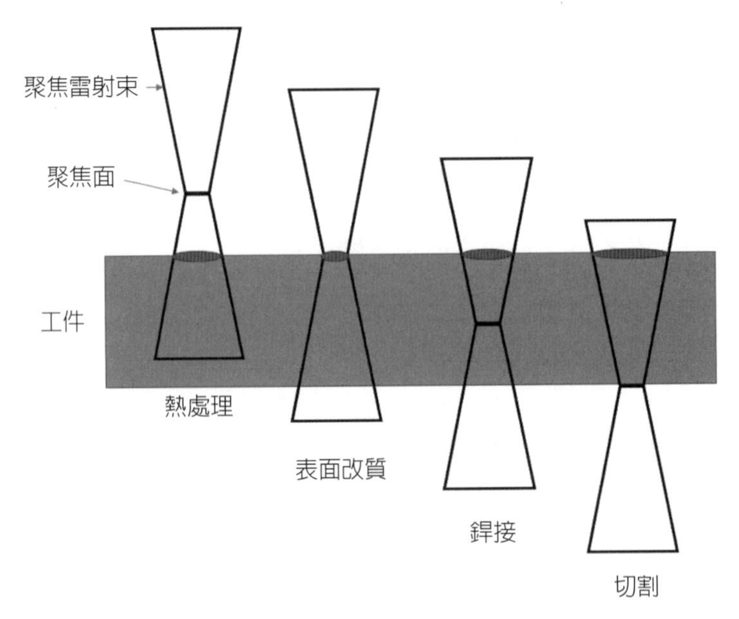


**圖 3-8　聚焦光斑控制與各種處理應用示意圖**

常見的氣體雷射是 $CO_2$ 雷射，其發射波長爲 10.6 μm 的雷射光。大多數金屬在加工時，會採用吸收率更好的 Nd:YAG 雷射（1.06 μm）所發射的光波長，而不是 $CO_2$ 雷射。Nd:YAG 雷射也可以藉由柔性光纖傳輸，此種光纖傳輸的傳送方式，使得 Nd:YAG 雷射比氣體雷射更加地通用。光束品質和聚焦點尺寸是空間中的雷射參數，在製造過程中，應考慮這些參數對於製程的影響，以提高製造產品的精度與品質。爲了定義光束品質，一般可以利用光束參數乘積（Beam Parameter Product, BPP）來表示，如圖 3-9 光束參數乘積示意圖所示，又可以稱爲光束半徑與光束發散度（Beam Divergence）的半角，單位爲毫米．毫弧度（mm．mrad, millimeters times milliradians）。由於低 BPP 意味著高能量受到限制，因此 BPP 與功率密度緊密相關，並影響製造時的精密度。該係數取決於增益介質、激發源、諧振器結構和工作波長。特別的是雷射光波長決定了 BPP 的下限，即 $\lambda/\pi$，定義爲衍射極限。舉例來說，1064 nm 的 Nd:YAG 雷射束的最小 BPP 約爲 0.339 mm．mrad。理想情況下，當光束輪廓爲完美的高斯形狀時，可以達到最小的 BPP。但是，由於折射率梯度的影響，不完美的光學表面和其他干擾影響，理想的高斯光束無法在現實世界中

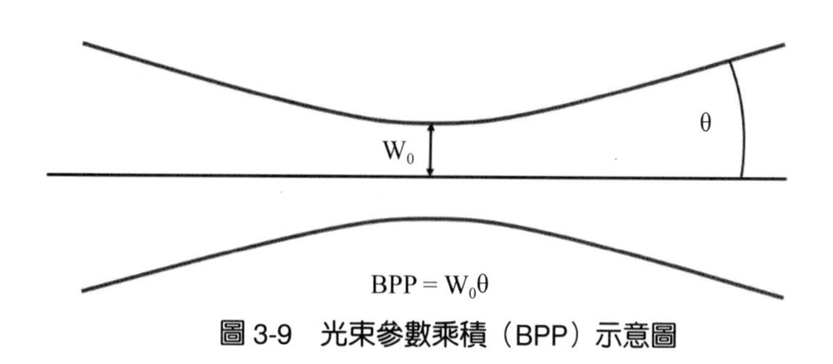


圖 3-9 光束參數乘積（BPP）示意圖

存在。光束品質因子（Beam Quality Factor）又稱為 $M^2$ 因子，也用作定義光束質量的更簡單方法，與雷射波長無關，$M^2$ 因子定義為 BPP 除以 $\lambda/\pi$。

$CO_2$ 雷射、Nd:YAG 雷射和 Yb:YAG 雷射的光束品質，可以用 BPP 和 $M^2$ 因子來表示。BPP 和 $M^2$ 因子之間的關係，主要由工作波長處的衍射極限所決定。傳統的 $CO_2$ 雷射的 BPP 值約為 3～5，這與二極管激發 Nd:YAG 雷射的 BPP 值相似，儘管 $CO_2$ 雷射的衍射極限比 Nd:YAG 雷射的衍射極限高 10 倍。值得注意的是，近年來由於光學系統的簡化和穩定激發方式被開發出來，且 $CO_2$ 雷射的 BPP 相對較低，$M^2$ 因子接近於 1，而 Yb 光纖雷射則提供了近乎完美的高斯光束。Yb 光纖雷射除了提供出色的光束質量，且雷射光可以透過光纖傳遞。當雷射束傳遞通過光纖時，由於光纖的有限的模場（Mode-Field）直徑，在高階空間模式時被濾除，因此內部只有一個或有限數量的空間模式。相反，準分子雷射的光束質量相對較差，其中包括高階空間模和高光束發散度，且輸出光束形狀為矩形，在 X 和 Y 軸上具有不對稱的角度發散。

## 3.3 雷射源的選用

目前在市場上常用於雷射沉積加工的雷射源系統，包括有 $CO_2$ 雷射、Nd：YAG 雷射、高功率二極雷射（High Power Diode Lasers, HPDL）及光纖（Fiber）雷射。其中直接雷射沉積過程中最常用的是 $CO_2$ 雷射與 Nd:YAG 雷射，光纖雷射是較為新型的雷射源，系統價格雖較其他雷射源高，但使用壽命長，已逐漸成為新一代直接雷射沉積雷射源之一。

表 3-3　雷射源系統比較表

| 特徵 | $CO_2$ | Nd:YAG | HPDL | Fiber |
|---|---|---|---|---|
| 波長<br>(μm) | 10.64 | 1.06 | 0.65～0.94 | 1.07 |
| 光電轉換效率<br>(%) | 5～10 | 1～12 | > 50 | > 30 |
| 最大功率<br>(kW) | 45 | 5 | 15 | 50 |
| 平均功率密度<br>(W/cm²) | $10^6$～$10^8$ | $10^5$～$10^9$ | $10^3$～$10^5$ | $10^6$～$10^{10}$ |
| 壽命<br>(hour) | 1000～2000 | 200～10000 | 5000～10000 | 100000 |
| beam parameter product, BPP<br>(mm · mrad) | 12 | 12 | 100～1000 | 0.3～1.1 |
| 光纖耦合 | 否 | 可 | 可 | 可 |

$CO_2$ 雷射源在價格上相對較爲便宜，具有良好的光束質量，光束參數乘積（Beam Parameter Product, BPP）值相對其他雷射源低，可以提供高的功率。$CO_2$ 雷射源的主要缺點是雷射光波長較長，比 Nd:YAG 和 HPDL 雷射光的波長更長。金屬與雷射之間的相互作用與雷射光波長有關，更具體地而言，金屬在 10 μm 處的吸收率比在 1 μm 處的吸收少，這樣的結果會造成能量的浪費。另外一個問題是，由於 $CO_2$ 雷射波長較長，無法透過光纖進行雷射束的傳輸，因此，雷射束加熱時的運動方式受到了限制，不易作大幅度的移動，所以在生產複雜零件時也受到限制。但也由於 $CO_2$ 雷射對於某些材料具有較高的吸收率，例如玻璃材料，因此對某些材料而言，$CO_2$ 雷射是較佳的雷射源選項之一，參考圖 3-10 的雷射束波長和材料吸收率之關係圖所示。

Nd:YAG 固態雷射源的波長較短，是一種相對而言性價比較高的雷射源，功率範圍可達 5 kW。與 $CO_2$ 雷射源相比，Nd:YAG 雷射可以進行光纖耦合，並且 Nd:YAG 雷射對於金屬熔體的能量吸收，最高可達到 60%，雷射光吸收的效能表現

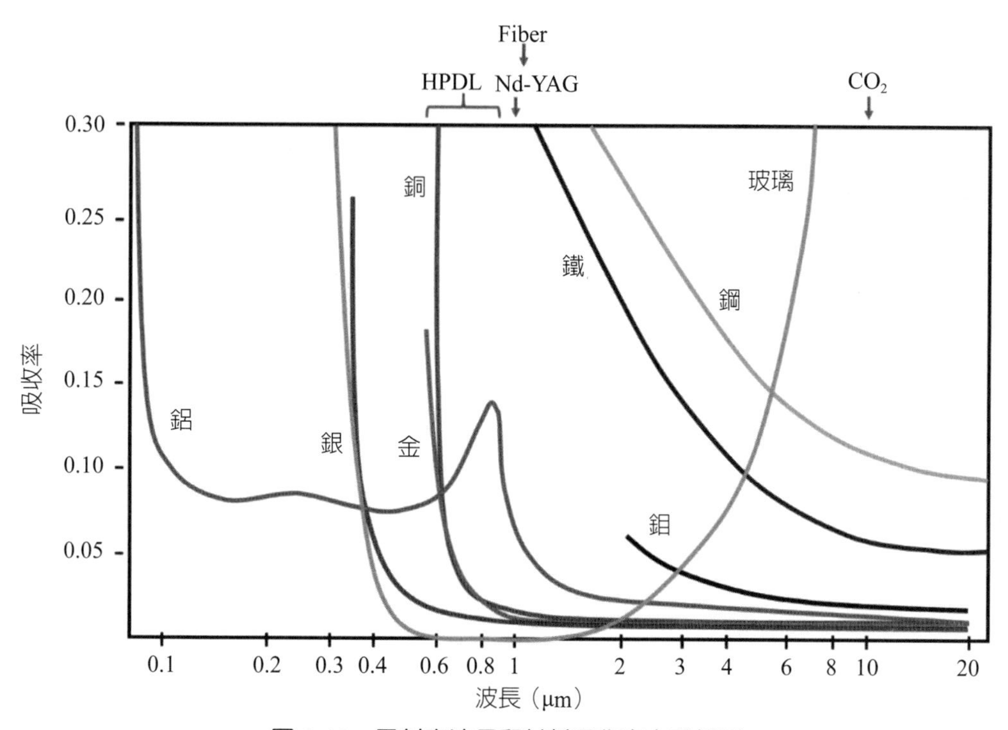


**圖 3-10　雷射束波長和材料吸收率之關係圖**

相當亮眼。Nd:YAG 雷射源的主要缺點是，與 $CO_2$ 雷射源相比，價格明顯較高。

高功率二極體雷射（High Power Diode Lasers, HPDL）具有典型的功率帽形（Hat Profile）分布，專爲雷射熔覆應用量身定制。HPDL 光束的光束質量較低，但是其橫截面可以控制成爲具有不同的形狀，例如圓形、矩形或線性的分布形狀。光電轉換效率（Wall-Plug Efficiency）和熔池吸收的能量都可以高於 50%。與相同功率輸出的 $CO_2$ 雷射源相比，沉積速率更高。由於每千瓦雷射功率的成本比 $CO_2$ 或 Nd:YAG 雷射源的成本低，因此高功率二極管雷射源是目前雷射熔覆技術製作時常見選用的雷射源。

光纖雷射源是目前最新一代的雷射產生源，光纖雷射源屬於固態雷射源，雷射功率範圍可高達 50 kW，此技術的特點是光束質量品質高，聚焦直徑可縮小至約 10 μm，高強度高功率光源，可使用脈衝模式，具有高效率的優勢，具有不錯的性能與投資成本比。

# 4

# 前處理與後處理

在直接雷射沉積施工之前，分別有一些施工前需要的準備工作，與施工後所需要的收尾工作。施工前的準備工作，包括圖檔的建構、移動路徑規劃、表面前處理及預熱處理等。而直接雷射沉積施工後的處理，一般來說，主要的目的是用來改善直接雷射沉積層製作後的產品品質，包括表面狀態的改善、局部的整修、重熔處理、熱處理及後加工處理等，可以使直接雷射沉積製作之產品具有更優良的品質，更加好用，並且也更加的耐用。

直接雷射沉積技術可以藉由電腦輔助設計（Computer-Aided Design, CAD）規劃製作元件所需的形體結構，從設計的檔案中獲取建構元件的 3D 型體資訊，此種檔案可以在經過軟體轉換後，轉換爲直接雷射沉積雷射頭移動控制的路徑檔案，所生成的雷射頭移動路徑，配合雷射源的加熱，生成所需的 3D 元件產品。在此過程中電腦輔助設計軟件所繪製的圖形，轉換爲近似並切片狀的移動路徑，除了路徑之外，亦包括直接雷射沉積過程所需的參數設定，例如雷射功率或移動速度等資料。

一般來說，前處理的表面處理目的，主要是希望能夠提高沉積層和底材間的黏著力。表面前處理指的是在直接雷射沉積施工之前，所做的前置處理，主要的目的是提供基材表面和直接雷射沉積層之間，良好的接觸表面，使直接雷射沉積層可以在基材上附著良好。前處理可以細分爲幾個部分，分別爲清潔處理、烘烤、機械加工和噴砂處理等。前處理的執行是否得當，將直接影響到沉積層的生成狀況，而不適當的前處理方式，有可能會導致孔洞的生成，或是沉積起始層的品質不良，亦可能造成雜質或氣孔的夾雜。直接雷射沉積施工前之前處理，必須考慮到基材的形狀及表面形態，以配合採取不同之表面處理方式。然而，在前處理施工的同時，亦必須考慮到前處理所進行的步驟，是否會傷害基材本身，或是造成新的汙染。

另外，前處理施工後的基材表面，需注意表面的保持，避免汙染物或水氣的再度附著。而前處理過後的材料表面，也不宜於環境中暴露過久，以免造成汙染物或水氣的再次附著；即使搬運過程中，亦應避免不潔物之碰觸，例如不乾淨之手或手套等；對於材料的暫存空間，應當避免灰塵之附著，可以用清潔的覆蓋物保護，以保持材料表面清潔度。前處裡施工，有助於降低直接雷射沉積過程，因爲水氣或汙染物的夾雜，造成氣孔率提高，或汙染物的夾雜。爲了確認沉積層破壞前，避免基材失去應有的機械性質，通常基材材料在直接雷射沉積處理之前，宜先利用非破壞檢測之方式，確認基材表面之狀況。例如基材表面已存在有缺陷，例如孔洞或裂縫等，需先將缺陷處理完後，再進行直接雷射沉積層施工。因爲，原先的缺陷可能因爲熱量的累積，造成裂縫的成長，而加速沉積層或基材之裂化。

後處理的目的，在於提昇沉積層的功能性，使直接雷射沉積後的沉積層更加的好用，並且更加地耐用。例如藉由機械拋光的方式，使沉積層表面更爲光滑，使直接雷射沉積後的產品品質更佳；在直接雷射沉積層外表面，如果有特殊形狀或圖形需求時，可以藉由雷射加工的方式來進行處理，例如表面重熔處理或切割處理等。後處理一般可以區分爲重熔、熱處理及後加工處理等方式。重熔處理的目的，在於使直接雷射沉積層後的金屬原子重新排列或擴散，以提高直接雷射沉積層的機械強度及鍵結強度。加工處理的目的，在於修飾直接雷射沉積處理過後的表面，使其達到產品應用所需的表面形態，例如表面粗糙度或尺寸精度等。

## 4.1 圖檔建構

直接雷射沉積技術所需的 3D 型體構型，可以利用電腦輔助設計繪製出所需圖形檔，檔案在經過軟體轉換後，轉換爲直接雷射沉積雷射頭移動控制的路徑檔案。此種利用電腦輔助設計轉換逐層創建 3D 型體的快速原型製作方式，創建於 1980 年代，創建這項技術的目的主要，是爲了幫助工程師快速地實現他們的想法。此種快速原型製作的方式，加速了積層製造產業的發展，它可以使工程師快速地創建並列印 3D 元件，而不只是簡單的模型。此種程式軟體的轉換概念，爲 3D 列印帶來快速的進步，包括時間和成本的減少，以及人機交互速度的提高，並縮短了產品的開發週期。透過快速原型製作，科學家可以快速構建和分析用於理論理解和研究的模型。

圖 4-1　原型元件模型

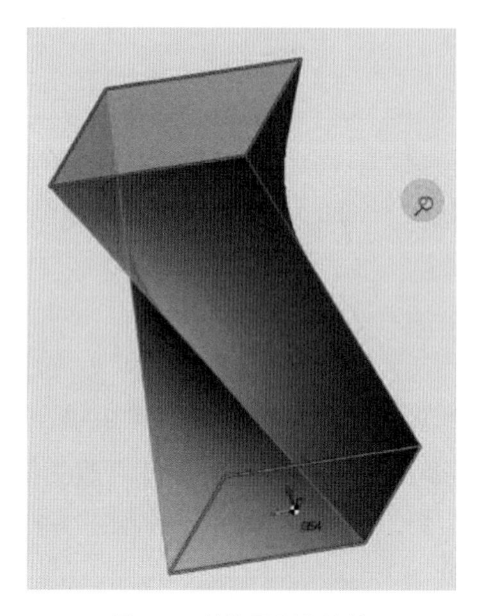

圖 4-2　數位圖形化建檔

## 4.2 移動路徑規劃

STL（STereoLithography, 立體光刻）檔案是 1987 年由 3D Systems 公司所開發出來的檔案格式，首次用於開發立體光刻技術時創建，用 STL 檔案代表該術語。標準三角語言（Standard Triangle Language）、標準曲面細分語言（Standard Tessellation Language）和立體光刻語言（STereolithography Language）等，指的都是 STL，此種 STL 檔案格式常用於 3D 列印的電腦輔助製造。STL 也被稱爲標準曲面細分語言，雖然還有其他類型的文件，但 STL 文件是常見的積層製造過程的標準程序。STL 檔案創建過程主要是將 CAD 檔案中的連續幾何圖形轉換爲標題、小三角形或 x、y 和 z 座標的座標三元組列表，以及三角形的法向量。這個過程並不是完美的，因爲三角形越小越接近現實，但是會增加座標點的數量。切片過程會提高座標檔案的不準度，因爲此算法採用離散的階梯取代了連續的輪廓。爲了減少這種不準度，對於部分尺寸半徑較小的元件，可以單獨創建 STL 文件，然後再將它們組合起來。

圖 4-3　移動路徑規畫

圖 4-4 直接雷射沉積元件製作過程

## 4.3 支撐結構

直接雷射沉積製造可以製作複雜幾何形狀的 3D 元件，當在製作形狀複雜元件時，可以利用支撐結構來提高製作成型時的成功率，圖 4-5 所示為 3D 型體支撐結構的位置的示意圖。支撐結構的製作是由犧牲材料所組成，用於支撐懸垂狀態的 3D 型體結構特徵，例如孔狀結構，或是傾斜的型體結構特徵，此種設計也可以減少因沉積過程熱影響所引起的熱變形。

支撐結構的增加會提高元件製作的成本，且支撐結構是元件製作外，額外添加的犧牲材料，除了材料成本會增加，其移除支撐結構相關的時間和成本亦會提高。因此，支撐結構的設計是需要謹慎地考量，以避免材料的浪費與成本的增加。在設計階段進行適度的評估及研究，可以有限度地減少對支撐結構的需求。

直接雷射沉積過程對支撐結構的需求，相對於選擇性雷射熔融技術來說，所需要的結構要求完全不同。主要是因為直接雷射沉積可以透過垂直方向以外的不同方向沉積，直接雷射沉積可以使用多軸沉積系統，來創建懸垂特徵的結構件，並不需支撐結構。直接雷射沉積技術藉由機械手臂與旋轉軸移動系統的整合，可以為製造

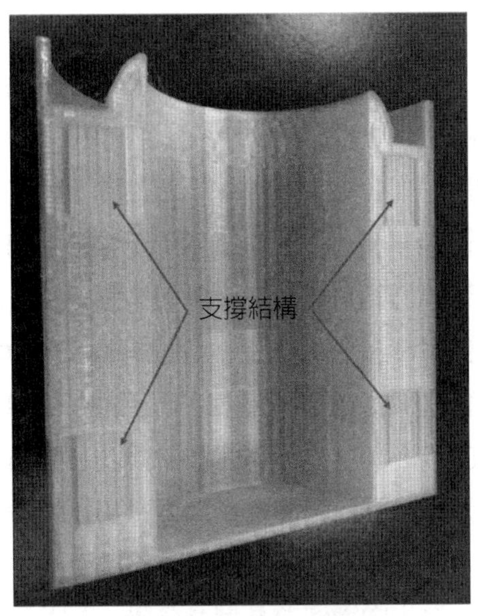


圖 4-5　3D 型體支撐結構

過程提供了更多的自由度，因此不需要支撐結構即可以製作傾斜壁和空心特徵的結構。

## 4.4 表面清潔處理

直接雷射沉積直接將材料沉積於其他基材表面上時，例如 3D 列印時的基底材料，或是修補或表面披覆時，直接雷射沉積時基底材料的表面狀態，會影響沉積層與基材的接合狀況，基材表面的水氣、油脂、氧化物或汙染物等，也可能在沉積過程中，形成孔洞或缺陷的來源。因此，在直接雷射沉積前，作適當的清潔處理，有助於降低孔洞或缺陷的形成，並且可以提高沉積層的品質。

基材表面的狀況，因爲暴露環境及時間的不同，被汙染的程度，以及所汙染的汙染物，也不盡相同。如果是已經使用過的元件，表面的汙染狀況通常較爲嚴重。這些造成汙染的污染物，種類相當地繁雜，包括有氧化膜、鏽斑、油脂、水、油漆、粉塵及金屬毛邊等，適當的去除這些表面汙染物，有助於提高直接雷射沉積層的品質。較難去除的固態汙染物，可以藉由切削量較大的機械加工方式快速去除，另外噴砂、研磨、高壓水噴等方法也可以快速去除汙染物，酸鹼洗、水洗、超音波清洗、蒸氣清洗、溶劑清洗等，則可以去除油脂等汙染物。

清潔處理的主要目的，是爲了除去基材表面的不潔物，包括水氣、灰塵、雜質、油脂、鏽膜或油漆等，可以避免直接雷射沉積層因爲汙染物的影響，而使得沉積層品質降低，或是在沉積層內產生缺陷。常見用來去除汙染物的方法，可分簡單區分爲物理方法、化學方法和機械方法等。物理方法包括有雷射除鏽、離子轟擊和烘烤等。化學方法有溶劑清洗、化學腐蝕和電化學蝕刻等方式。機械式的方法有噴砂、研磨和機械加工等方式。固態之汙染物，例如氧化膜、鏽斑、粉塵及金屬毛邊等，較爲容易去除乾淨，並且容易利用目視法來觀察，較容易得知汙染物的去除狀況。液態之汙染物，通常附著於基材表面，會由於基材缺陷存在，而蔓延至基材內部，清潔較爲不容易。有時，甚至會因爲直接雷射沉積過程中所產生之熱能，使得液態汙染物擴散至沉積層表面，造成沉積層品質下降。

清潔處理可以去除覆蓋在材料表面的不潔物，使直接雷射沉積施工後的沉積層，減少缺陷的產生，提高產品的品質。然而，清潔處理的方法種類繁多，針對不同的底材和汙染物的清潔，須謹慎的選用適當的處理方法，才能有效地清潔工作物底材，並且不會對材料造成傷害。

有機溶劑具有良好的去油效果，可以將附著在材料表面的油汙去除。一般市面上常用的有機溶劑，包括有酒精、丙酮、碳化水素、松香油、松節油、汽油、三氯乙烯、全氯乙烯、三氯乙烷和四氯化碳等。然而，這些有機溶劑，通常存在著某些危險性。例如容易燃燒或者是吸入過量，有危害身體健康之虞，必需審慎地選擇合適的有機溶劑，並且了解各種溶劑的物質安全資料。溶劑清潔處理的方式，可以藉由溶劑的塗抹、噴附、浸泡、蒸氣除油等方式，來達到去除油脂的目的。其中浸泡的方式，可以再藉由機械攪拌或是超音波震盪等的輔助方式，來提高去除油脂的效果。

藉由酸液或是稀釋酸液的浸泡，可以去除材料表面的各種汙染物，一般常用的有硫酸、鹽酸和醋酸以及其稀釋液等。然而此種處理方式，可能會傷害材料的表面，必須選擇適當的酸液和濃度，來作爲處理之用。在處理的過程中，必需注意到人身的安全保護，因爲酸液對於人類身體上的危害程度，通常相當地嚴重。工作物件在經過酸洗的步驟之後，必須再藉由清水的洗淨，以去除酸液之殘留。

鹼洗是將碳酸鈉、氫氧化鈉、磷酸三鈉加入水溶液中，形成鹼洗用的鹼洗液，可以有效地去除油脂。在鹼洗的過程中，可以加上機械攪拌或是超音波震盪，以加強洗淨效果。鹼洗過程中，需注意鹼液對人體眼睛和皮膚的傷害，宜加裝適當的防護裝置，以及人體配帶的防護具等。

烘烤的目的，在於藉由加熱的效果，將隱藏在工件內之微孔隙中的水氣和油脂去除。烘烤的方式，可以藉由烘箱或熱處理爐的烘烤，或是藉由火焰的烘烤，來達成除油及除水氣的目的。一般理想的烘烤溫度，約在 315～450℃左右，烘烤時間約為 4 小時。在烘烤處理的過程中，需考量到底材的材質問題，作適當的溫度及時間控制。

欲得到乾淨的材料表面，可以藉由機械加工的方式，將表面去除適當的厚度，以得到全新並且乾淨的表面。機械加工的方式，如研磨拋光、車削、銑切、鉋光或噴砂等，皆可以用來製造新的乾淨表面。但是，藉由此種方式來作為清潔方法時，需注意工作物的尺寸，是否可以預作此種加工。欲得到表面起伏較大的粗糙面，可以藉由研磨、車削、銑切、鉋光或壓花的加工方式，來製作粗糙表面。一般圓棒狀的基材，可以藉由下切、車螺紋、壓花或開槽的方式，來提高基材表面的接觸表面積。

噴砂處理可以利用硬質顆粒的砂材，藉由氣體或機械力加速後撞擊材料表面，可以將材料表面的汙染物帶走。然而對於液態的汙染物、油脂等則無法有效去除，次表面的汙染物亦無法去除。噴砂處理可以提供基材表面的粗糙面積，以及提供基材表面不規則的形狀，使表面產生霧化效果，避免過高反射率的表面影響雷射光吸收。表面粗化處理的方法，一般可以利用機械加工法、研磨法和噴砂法來製作粗糙面。其中以噴砂法為最常用，因為受尺寸或形狀的限制較小。

粗化處理可以藉由機械加工或噴砂，來達成基材表面粗化的目的，粗化處理的目的，在於提供基材表面霧化效果。此種霧化的效果，可以讓雷射光能量亦於吸收。良好粗糙且乾淨的表面，可以提高沉積層和底材表面的黏著效果，並且能降低沉積層的殘留應力，使沉積層的鏈結強度提高。噴砂處理是利用硬質砂粒，藉由外力的加速射向基材表面，而造成清潔及粗糙化的表面效果。噴砂過程中，硬質砂粒的侵蝕作用，除了可以粗化基材表面，亦可以去除材料表面的鏽斑、粉塵、金屬毛邊、汙染物、氧化膜及其他附著物等。

噴砂基設計的概念，主要是加速砂材顆粒，使砂材顆粒具有高速動能，以撞擊材料表面，產生噴砂效果。常見的噴砂處理的方法，從不同的設計概念來做區分，簡單可以爲三類，分別爲離心式、虹吸式及加壓式等噴砂機。離心式噴砂機的設計原理，是藉由機械盤高速旋轉的離心力，將機械盤內的砂材顆粒藉由離心力加速後甩出，加速後的硬質砂粒撞擊至基材表面，形成噴砂侵蝕的效果。此種方式的噴砂機，生產的成本較低，但是設備的造價較爲昂貴，比較適合大量生產的考量。

虹吸式噴砂機的運作原理，是硬質砂粒藉由壓縮空氣的推力來加速，使砂粒具有足夠的動能，飛向基材表面，並且撞擊基材表面，形成粗糙面。虹吸式噴砂機先將砂材顆粒存放於砂筒中，在虹吸式噴砂機啓動時，因爲壓縮空氣的虹吸作用，使得砂粒被吸至噴砂槍管中，吸入噴砂槍管中的砂粒，會和噴砂槍管中的壓縮空氣混合在一起，然後受到壓縮空氣的推力作用，射向基材表面，如圖 4-6 所示。

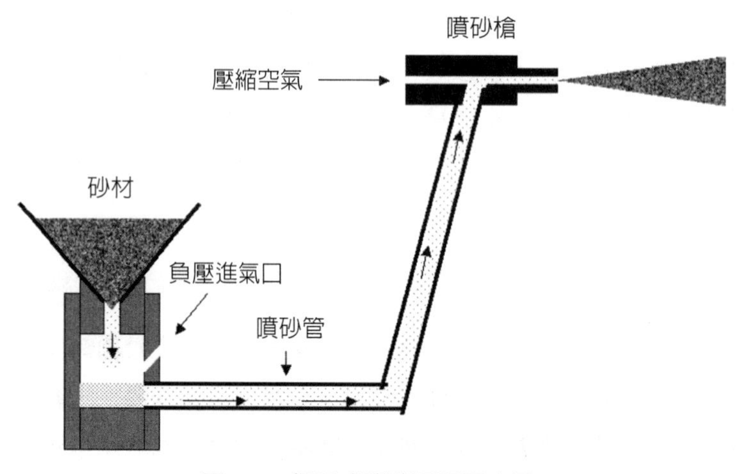


**圖 4-6　虹吸式噴砂原理示意圖**

加壓式噴砂機的設計概念，和虹吸式噴砂機的運作原理相似，是藉由壓縮空氣的推力來加速砂材顆粒。加壓式噴砂機的設計希望砂粒和壓縮空氣混合的時間可以長一些，使壓縮空氣可以提供較大動能的砂材顆粒，藉由提供足夠時間的加速，以提高加速砂材顆粒較大動能，圖 4-7 所示為加壓式噴砂原理示意圖。由於加壓式噴砂機噴砂時的砂粒，具有較長的加速時間，所以砂粒具有較高的動能，因此可以在基材表面，具有較佳的汙染物去除效果。噴砂粗化過後的工件，須注意到噴砂後的表面保持，因為噴砂後的表面容易生成氧化物，且容易受到再次汙染。盡可能在噴砂過後馬上進行施工，以避免噴砂過後的表面受到再次汙染。噴砂過後的清潔粗糙表面，因為活性極高，相當容易受到外界的汙染，如果不能馬上進行直接雷射沉積施工時，因先用塑膠膜之類的覆蓋物加以保護。並且避免用不乾淨的雙手或手套等接觸，或是讓不乾淨的物體沾附在表面上。噴砂粗化過後的工件，表面可能有崁砂或細砂沾附的狀況發生，可以藉由壓縮空氣吹除，或是利用乾淨的工具去除。

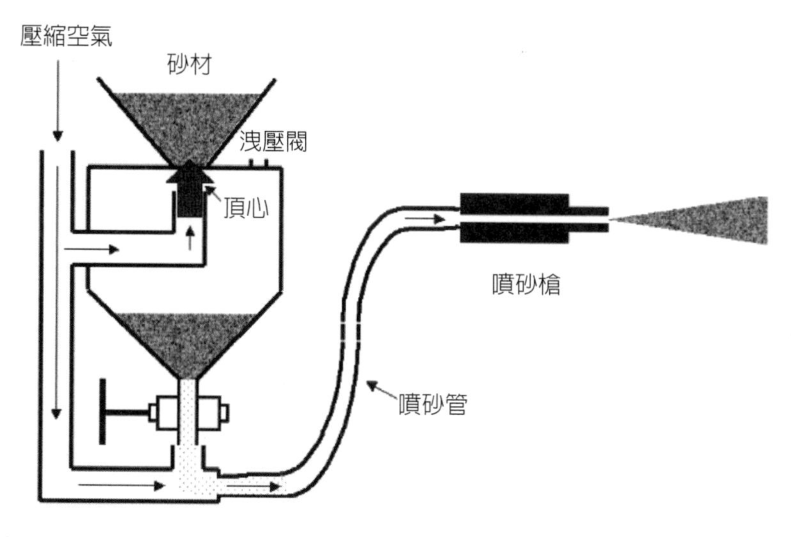


**圖 4-7　加壓式噴砂原理示意圖**

一般直接雷射沉積技術所選用的噴砂砂材，可選用材質硬度較高，形狀呈現為多角形，且具有銳角的砂材，去除汙染物的效果較佳。常見選用的砂材，有氧化鋁、碳化矽、二氧化矽或鋼鑠等材質的砂材。棕剛玉為氧化鋁砂材中的一種，是常見的砂材之一，其硬度和使用的破碎率適中，並且可以循環使用，外觀呈現棕色。白剛玉亦為氧化鋁砂材中的一種，硬度較棕剛玉高，雜質含量較棕剛玉低，外觀呈現白色，是良好的噴砂粗化用砂材，但是價格較高。玻璃砂材質為二氧化矽，砂材使用時的破碎率相當高，一般較少作爲粗化用，但可以作爲表面清潔等用途。碳化矽砂材的硬度較氧化鋁砂材來得高，作爲噴砂粗化用途時，可以得到良好的去除效果。但是，破碎率較高，而且破碎的碳化矽砂材，容易崁入基材表面。鋼鑠的硬度較其他砂材低，去除汙染物的效果不如其他砂材，但是鋼鑠噴砂時破碎率低，因此製造成本也較低。

## 4.5 預熱處理

預熱處理和緩慢冷卻過程，是降低直接雷射沉積產生裂紋的常見的做法，在製作低可銲性材料與易生成裂紋的沉積層時的常見解決方案。直接雷射沉積技術雖然可以以最少熱量輸入的生產方式，產出高品量的沉積層，但是部分容易產生裂紋材料的預熱處理仍然是必須的。雖然，預熱過程會導致沉積層製作時的生產率下降，同時除了預熱時間較長外，有些加工元件甚至需要移到烘箱中進行後續的熱處理。在大尺寸工件製作時，處理也會較爲困難且成本高昂，但爲了避免產生裂紋，預熱處理仍是必須的。預熱處理除了可以防止裂縫產生之外，預熱處理亦可以將底材表面的水氣烘乾，並且提供良好的表面潤濕效果，以提高沉積層和底材間的鍵結。預熱的方法，一般可以採用雷射束加熱、爐內烘乾或火焰烘烤等方法進行。

預熱處理是直接雷射沉積製作前的一種前處理程序，適當的預熱處理，可以去除直接雷射沉積前基材表面水氣的殘留，並降低製作過程的殘留應力。由於沉積層在基材表面形成時，會因爲熔池的凝固收縮，而形成殘留應力。預熱後的表面，會因爲溫度的上升，而使得基材表面形成擴張狀態。因此，爲了降低沉積層形成時所造成的殘留應力，預熱處理通常在直接雷射沉積製作過程中同時進行。

## 4.6 重熔處理

重熔處理的目的，在於消除沉積層內部的孔洞，以及提高沉積層內部的鍵結強度，並且可以提高沉積層的黏著強度，且重熔處理後的表面會變得較爲光滑。一般的重熔處理方式可以藉由雷射束重熔，或是藉由火焰或加熱爐的加熱方式，來重熔沉積層材料。

雷射束重熔是直接雷射沉積製程常見的重熔方式，主要是快速且方便，但是由於加熱溫度不均勻，目的只是降低局部的孔洞，提高局部位置的鍵結強度。好處是不需要額外的機械設備，僅需利用原來的雷射束，即可以進行處理。但是藉由雷射束的局部重熔，可能會造成殘留應力的形成，嚴重時可能成生成裂縫。另外，複雜位置或形狀，較難藉由雷射束進行重熔施工。

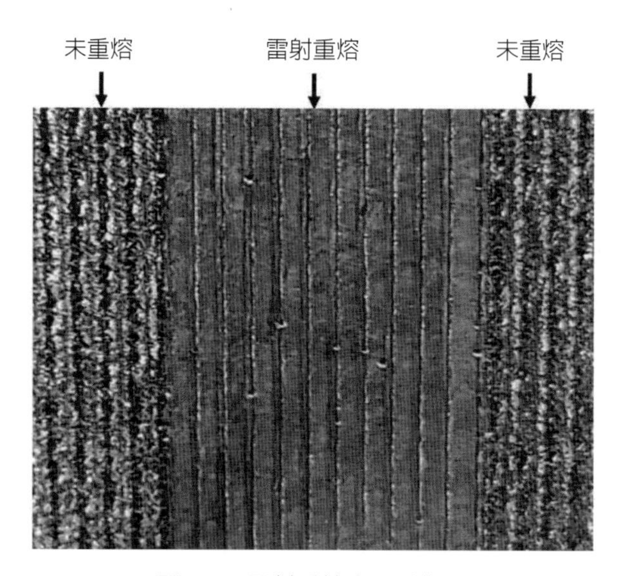


**圖 4-8 雷射重熔表面外觀圖**

火焰重熔的好處是設備低廉，而且施工速度快，適用於大工件的重熔施工。當工件很大時，可以同時運用多把火焰重熔設備，來進行沉積層重熔加工。缺點是，火焰加熱的溫度控制相當不容易，沉積層熔融的時間、區域及流動性，亦不容易控制。必須藉由經驗較爲豐富的師傅，才能以目視法，判斷沉積層熔融的狀況，相當不利於品管的控制。

利用加熱爐重熔的重熔方式，其優點是加熱的溫度，可以準確的進行控制。通常，誤差可以控制在不超過 ±3℃的範圍。因此，重熔過後的沉積層，表面及內部結構組織較爲均勻，主要的原因，是因爲重熔過程中，各區域的加熱溫度及停留時間，都極為接近。藉由加熱爐重熔的方式，可以控制爐內氣氛，例如將加熱爐內的氣氛，控制成為真空，或是通入鈍性氣體，作為保護性氣氛等，可以避免高溫下的氧化行為發生。藉由加熱爐加熱的重熔處理，此種做法可以擁有較具體的參數掌控，適合於大量施工的品質監控。加熱爐加熱的缺點是，工件的大小受限於加熱爐的大小，因為太大的工件，並無法進行爐內的加熱重熔。

## 4.7 熱處理

熱處理是藉由高溫加熱的方式對工作物作熱處理的加工，主要目的是促使直接雷射沉積層內部，或是沉積層和基材之間，形成擴散層組織，以提高彼此之間的結合強度。在擴散處理的同時，不但沉積層的結合強度獲得提升，同時，亦提高了沉積層的延展性、耐腐蝕性及緻密度。一般所使用的熱處理爐，可以分為大氣環境下使用的熱處理爐，以及真空環境下的熱處理爐。大氣熱處理爐無法控制熱處理時的氣氛條件，在處理容易氧化的材料時，須注意到熱處理的條件是否合適。真空熱處理爐在使用時，可以控制熱處理爐內的氣氛環境，在高溫時可以避免材料的氧化行為產生，是極為不錯的熱處理設備，可以用來進行直接雷射沉積層後的擴散熱處理。

## 4.8 後加工處理

直接雷射沉積後沉積層表面的粗糙度較高，在精度要求較高的使用環境下，通常無法令人滿意。改善直接雷射沉積後沉積層表面粗糙度的方法，可以藉由雷射重熔的方式來降低表面粗糙度，或是藉由機械加工的方式來達成。機械加工的方式可以達到表面需求的粗糙度、形狀或尺寸，常用於直接雷射沉積後沉積層的機械加工方式，包括有研磨、拋光和切削等方式。部分直接雷射沉積沉積層的硬度較高，使得切削加工不易進行，較理想的方式，是改為研磨加工的方式，來進行後續的機械加工處理。研磨加工的方式有很多，一般常用的有震動研磨、磨輪研磨、油石研磨、砂紙研磨、磨粒研磨和鑽石砂帶研磨等。每種不同的研磨方式，各有其特有的優缺點。震動研磨適合於表面拋光用，可以去除毛邊及尖角，但是容易在邊角處，造成沉積層剝落的現象產生，是此種研磨方式的缺點。磨輪研磨和油石研磨的方式，是較常被採用的研磨方式。此兩種研磨加工方式，切削量及表面光滑度，都可以得到較好的控制，是不錯的研磨加工方式。砂紙及鑽石砂帶的研磨方式，亦是常用的研磨方式之一，但是砂紙及鑽石砂帶的消耗率較快，成本較高。另外，研磨粒的研磨方式，可以採用濕式或乾式研磨，對於毛邊的去除，有極大的幫助。

# 5

# 沉積層性質與結構

爲了解直接雷射沉積過程中溫度場的變化，針對粉末材料部分對雷射熱能的吸收，作定量評估是相當需要的。在直接雷射沉積技術中，雷射所產生的總熱能，僅部分用於加熱粉末顆粒，粉末顆粒加熱的主要過程，是從噴嘴出來穿過光束的這段時間。粒子在飛行過程中所吸收的熱量，取決於粉末的密度、雷射光吸收率、形狀、尺寸分布、通過光束的飛行時間和氣體速度等。粉末顆粒被加熱到較高的溫度時，即使沒有達到粉末的熔化溫度，剩餘的雷射光束能量會傳遞到沉積物表面上，形成熔池。沉積物表面吸收能量的程度取決於光束特性、沉積物幾何形狀和保護氣體等。直接雷射沉積技術過程中的熱源，可以由以下高斯分佈的容積熱能表示[109]：

$$P_d = \frac{fP}{\pi r_b^2 tl}[\eta_P + (1 - \eta_P)\eta_l]\exp\left(-f\frac{r^2}{r_b^2}\right)$$

其中 $\eta_P$ 是粉末在飛行過程中吸收的能量分數，$\eta_r$ 是指沉積物的吸收係數，$t_l$ 是沉積層厚度 [109]。f 值越高表示熱源的軸心處功率密度越高，反之，沉積層越厚，表示所有徑向位置的功率密度越低。當粉末爲固體時，吸收率較高，但是在短時間後，液體表面透過菲涅耳吸收（Fresnel Absorption）吸收能量。因此，當液體層形成時，$\eta_l$ 的值最初很高，但當表面熔化後，$\eta_l$ 的值就會降低。對於以氬氣作爲保護氣體的直接雷射沉積技術而言，1064 μm 波長的雷射束的吸收係數保持在 0.3 和 0.7 之間，具體取決於沉積物是液態還是固態 [109]。

在高功率密度下，粉末顆粒或熔融液滴可能會從熔池中噴出，進而形成飛濺物。由於合金元素的局部汽化，熔池經歷顯著的反沖壓力，當反沖壓力高於液池外圍的表面張力時，可能會噴射出熔融液滴 [110]。

直接雷射沉積製造元件機械性能的強度、延展性和方向性等，以及機械性能和材料微結構之間的相互聯結，是直接雷射沉積製程的重要判讀指標。首先，要注意的是使用不同的製作過程、熱源和加工參數等，會對最終產品的品質造成影響。雖然不太可能利用單一的參數來描述熱能反應的影響，不過通常可以使用線性或容積熱能的能量輸入來做爲比較。線性熱能輸入 H 定義爲：

$$H=\frac{P}{v}$$

其中 P 是雷射功率，v 是雷射掃描速度。體積熱能輸入 Ev 定義爲：

$$E_v=\frac{P}{v\cdot t_l\cdot h_s}$$

其中 $t_l$ 是沉積層厚度，$h_s$ 是掃描間距（Scan Spacing or Hatch Spacing）[111]。

直接雷射沉積後的沉積層品質狀況，可以藉由各種不同的分析方法來評斷，藉由各種方法的評估，可以了解沉積後材料的各種物理性質與機械性質。

## 5.1 疲勞試驗

由於直接雷射沉積技術所製作的元件，常應用在生物醫學和航空等應用領域，因此直接雷射沉積後元件的疲勞性質相當地重要。直接雷射沉積所製作的疲勞試驗試片，在疲勞試驗的結果中，常存在著較大的分散性，主要是在直接雷射沉積製作過程中，由於產品常存在缺陷或幾何不均勻性，造成疲勞試驗結果的不確定性被放大。因此，在直接雷射沉積疲勞特性的研究領域部分，通常可以再細分爲對表面缺陷、內部缺陷和後處理對疲勞壽命影響的研究等。

疲勞行爲涉及材料在循環載荷作用下的機械性能影響，施加的應力通常是在拉伸應力下進行，或是在拉伸和壓縮應力的組合下進行。在完全沒有孔隙或與表面缺陷的材料中，由於差排堆積而形成空隙，慢慢向外擴張直至完全斷裂，最後以疲勞失效等的破壞性方式結束。當加入表面或內部缺陷等應力集中因素時，試片斷裂所需的循環次數會大大減少，從而降低疲勞壽命。

表面粗糙度目前是直接影響直接雷射沉積產品的重要因素之一，因爲它提供了裂紋成核位置的應力集中，進而降低了材料的疲勞性能。降低表面粗糙度可以提高直接雷射沉積產品的疲勞性能，加工和拋光材料表面，可降低產品的表面粗糙度，有利於提高材料的疲勞性能。較光滑的表面，比剛完工的粗糙表面，具有更好的疲勞性能。因此，在疲勞試驗前，先將試片表面進行研磨加工，以及材料表面拋光等程序，可以得到較穩定的測試資訊，避免表面粗糙度的影響，造成對疲勞性能數據的誤判。

與表面粗糙度類似，內部缺陷對直接雷射沉積元件的疲勞壽命有顯著影響。直接雷射沉積過程中熔融不良的缺陷和孔隙率，是直接雷射沉積元件中常見的兩種內部缺陷。此種內部缺陷的形態、位置、尺寸和體積是影響疲勞性能的主要變數。例如帶有尖角的細長空隙，或是熔融不良下的空隙，是最有害的內部缺陷，因爲裂紋尖端的應力可能比施加的應力高很多倍。透過直接雷射沉積後的熱處理退火和時效處理，有助於提高元件的疲勞強度。但需要注意的是，在孔隙率較高的區域，仍然容易產生疲勞破壞。大的、不規則的空隙，尤其是靠近表面的空隙，是直接雷射沉積元件疲勞壽命降低的主要限制因素 [112]。

除了熔融不良的缺陷和氣孔外，直接雷射沉積元件的其他內部特徵也會影響疲勞性能。金屬間化合物和氧化物等脆性相的生成，亦成爲裂紋成核點，成核後的裂紋容易擴散到較大的基體相中，尤其是當這些相的形狀不規則時，裂縫的成長在此種狀況下更容易進行。

後處理程序中的熱處理和熱均壓處理，有助於改善直接雷射沉積元件的疲勞性能，熱處理能夠粗化微觀結構特徵，並降低沉積過程中的殘餘應力。熱均壓處理既粗化材料的微觀結構，且又可以封閉內部的孔隙結構，包括氣孔和少量熔融不良的缺陷，使疲勞性能提高。由於一般熱處理和熱均壓都會使微觀結構特徵變粗，並且可以釋放殘餘應力，但只有熱均壓才會有封閉孔隙的功能，兩者對疲勞強度的影響不相上下。因此，一般認爲孔隙的封閉對於微觀結構的粗化，以及殘餘應力的釋放，是較爲次要的影響因素。

## 5.2 潛變

直接雷射沉積後產品的潛變性能與疲勞性能有類似的影響，直接雷射沉積和傳統加工元件潛變特性的差異是由於缺陷和微觀結構特徵的影響。然而，由於潛變測試的複雜性較高，包括潛在的熱處理範圍、施加的應力和測試溫度等，皆會影響到潛變的行爲。

直接雷射沉積製程所製作的元件，其潛變通常是由於楔形裂紋和空隙所造成，而空隙生長和晶界滑動，則是潛變的主要破壞機制 [113]。直接雷射沉積製程的潛變是具有向異性的，通常以橫向取向製造的樣品較好，而縱向取向的樣品明顯較差，異向性結果主要歸因於細柱狀晶粒的成長趨勢不同，而導致異向性的狀況產生。晶界的滑動機制促進了晶界空隙的生成和生長，因而產生潛變；因此，較細的晶粒不利於抗潛變。藉由熱處理的方式，可以使晶粒粗化，有利於材料對抗潛變的發生。

## 5.3 微觀結構

從微觀結構來看，直接雷射沉積後的最終微觀結構主要取決於合金的化學成分和凝固過程，而熔體的冷卻速率、材料的重熔等也會影響微觀結構，前一層沉積層所累積的熱亦會有所影響。根據 G / R 值和冷卻速率的影響，其中 G 爲溫度梯度，R 爲固液界面處的凝固速率，直接雷射沉積過程產生的金屬凝固結構，包括有平面、細胞狀、柱狀、樹枝狀或等軸的樹枝狀結構。高純度金屬具有平面固液界面、極高溫度梯度或凝固速率值，具有平面固液界面固化爲單晶的能力。然而對於合金而言更複雜，合金元素的重新分布導致液 - 固界面附近的濃度梯度差，此現象影響凝固形態的形成。如果金屬含有雜質或合金元素，則凝固過程會沿著熔體凝固的過程產生聚集，延著凝固前緣結晶，形成細胞或樹枝狀的凝固結構。當晶體在柱狀結構中生長，而沒有形成二次枝晶臂時，則產生細胞結構，否則會形成樹枝狀結構。快速凝固和冷卻速率會導致凝固過程，形成細緻的包層微結構，此結果可以使製作後的元件，具有優異的抗磨損和抗腐蝕性能。冷卻速率高則較易形成有益的介穩相（Metastable Phases）和衍生的固溶體，此結果也提高了製作後材料的性能。然而，冷卻速率高，亦增加熱影響區對裂縫的敏感性，因此需要預熱等的預防措施，以降低溫度梯度的影響。

直接雷射沉積過程中，沉積過程的熱歷程，對沉積層的成分與微結構特徵，具有顯著影響。特別是在快速加熱與冷卻的速率下，隨著溫度升高和溫度梯度的變化下，結晶形態與晶粒尺寸等都會受到影響。因此，對於直接雷射沉積過程的製程變動，與參數間相互的作用，所需的相關知識與預測，對直接雷射沉積元件的微結構特徵影響，是非常重要的技能。爲了要預測最終元件的最佳機械性質，已有越來越多的文獻針對製程的參數進行研究，讓我們得以了解微結構和最終元件機械性能之間的相關性。[114, 115]。

一般而言，直接雷射沉積過程中熔池的凝固速率，冷卻速率與溫度梯度比（R），以及固液界面處熱梯度（G）的影響，限制了凝固後沉積位置的微結構。G 和 R 爲直接雷射沉積凝固過程的兩個主要關鍵參數，G / R 比率影響凝固前沿的形狀和冷卻速率，G×R 最終影響產品的微結構晶粒結晶尺寸。

在直接雷射沉積鈦基元件內部，可以觀察到三種主要的微觀結構，分別是柱狀、柱狀混合和等軸等結構，不同的微結構組織會在不同的 G 和 R 值下形成。根據研究結果顯示，藉由增加 G / R 比，則柱狀結構將會成爲晶粒的主要形態；而低 G / R 值，則會促進了晶粒成爲等軸形態 [116]。根據文獻指出，藉由 LENS 製造的薄壁，適當 G 和 G×R 範圍分別爲 100～200 K/mm 和 200～6000 K/s [117, 118]。然而，G 和 R 的最佳值受到幾個因素的強烈影響，例如機器狀態、材料特徵、零件幾何形狀和其他操作參數等。此外，透過提高凝固速率，組成的微結構將從柱狀晶粒變爲等軸晶粒，冷卻速率增加則導致更精細的微結構。

直接雷射沉積鈦合金的部分，已有相當多的研究文獻，聚焦在航空相關元件的應用上，主要是直接雷射沉積技術可以生產具有優異機械性能的 3D 成型元件。先前的研究結果認爲 β 晶粒結構是直接影響積層製造技術機械性質的重要結構因素之一，近年來有越來越多的文獻關注在沉積後的晶粒尺寸和形態等對機械性能的影響，以及後熱處理的程序與機械性能的相關性等 [119, 120]。在鈦合金的直接雷射沉積過程中，由於高的熱梯度導致鈦合金快速凝固，前一層的大晶粒結構在熔池中磊晶成長（Epitaxial Growth），此磊晶成長的結構導致較強的凝固組織及異向性結構，因此結構件向上延伸的方向，拉伸延性和韌性高於橫向結構 [121, 122]。以往的研究顯示，磊晶成長過程中的晶粒生長，大多呈現柱狀晶粒，是目前大多數鈦合金常見的機制，甚至在鈦鋁合金也有相似的結構型態。β 晶粒結構的典型微結構形態，包括有三種晶粒，分別爲大柱狀晶粒，小柱狀晶粒和等軸晶粒，如圖 5-1 所示 [123]。小柱狀和等軸晶粒的混合物被定義爲竹子狀（Bamboo-Like）晶粒形態，其中等軸晶粒會在堆積方向上的小柱狀晶粒之間呈顯出來，直接雷射沉積過程中所產生的微結構組織大致上呈現此種晶粒形態的演變。大柱狀和竹狀晶粒在側視圖和上視圖上會呈現交替排列，此種特定的取向可以藉由直接雷射沉積過程中的熱傳導方向來解釋，不同的加工過程和後加工的參數改變，會產生各種微結構和機械性能改變。直接雷射沉積過程中晶粒的形態呈現不同幾何形狀，從單個掃描軌道可以看出，沉積時熔池底部的柱狀晶粒，主要是由於較高的溫度梯度而形成的。由於熔池高度的增加，熔池頂部冷卻速率較快，隨著溫度梯度和冷卻速率的變化影響，導致在熔池頂部形成等軸晶粒。在多軌跡的情況下，連續沉積層之間的重疊區域，等軸晶粒因爲重新熔化再冷卻凝固，凝固後的微結構通常會以柱狀晶粒的形式存在。重疊區域中晶粒形態的變化，主要是因爲區域中熔池深度較低的結果所造成，此結果導致更高的溫度梯度和冷卻速率，進而促進磊晶晶粒生長。在多層沉積層部分，重熔後的等軸晶粒成爲磊晶晶粒生長的核，導致柱狀晶粒形態的形成。此後，新沉積層的晶粒結構變得類似於前一層，並且該晶粒結構在每層中重複直到最後的沉積層。透過雷射的直接雷射沉積技術在特定的沉積條件下，所產生的元件的微結構常呈現層狀的 $\alpha+\beta$ 結構。儘管雷射和電子束直接沉積中的微觀結構相似，但這些微結構特徵的尺

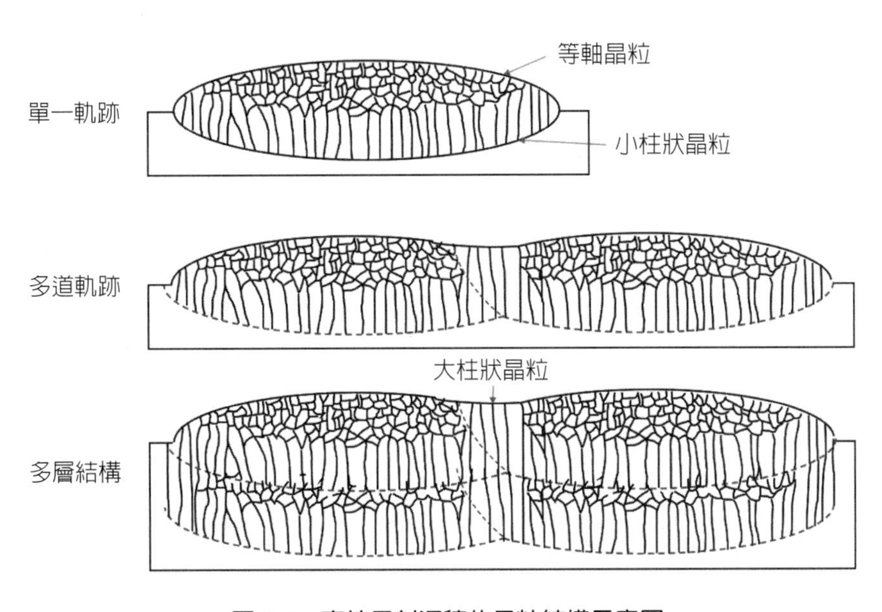


**圖 5-1　直接雷射沉積的晶粒結構示意圖**

度根據積層製造技術種類差異而有所變化。電子束直接沉積後的微結構相對於直接雷射沉積而言，晶粒相對較為粗大。

直接雷射沉積過程中，提高材料的送料速度，有助於提高沉積速率（Deposition Rate）。從熔池凝固過程的成核和生長機制來看，送料速度的提高，將直接影響等軸和柱狀晶粒的比例和品質 [124]。藉由送料速度增加以提高沉積速率時，等軸晶粒的面積比例增加，而柱狀晶粒的面積比例分數顯著減少。當送料速度增加到非常高的量時，晶粒演變的機制會發生變化，在這狀況下母晶粒的磊晶生長受到限制，並且新的等軸晶核覆蓋了整個大部分的沉積層。然而，過量的送料速度增加，滲透熔化深度顯著降低，並且在臨界點之後沒有發生滲透熔化，進而降低了積層製造時的逐層堆積層品質。藉由送料速度增加以提高沉積速率時，送料速度的值有一臨界值，當送料速度低於該數值時可以得到完整的柱狀晶粒結構；而當送料速度超過該數值的上限值時，滲透熔化深度低於送料沉積速率，並且將獲得完全等軸晶粒結構，事實上可以說是在此區域中，因為雷射功率過低，以致於無法熔化所有送入的粉末，因此部分顆粒僅局部熔化，在熔池中或在熔池表面上，僅促進異質成核的生長機制，導致形成等軸晶粒結構。當沉積速率控制在送料沉積速率臨界值的上和下限值之間時，可以控制柱狀和等軸晶粒的混合結構。此類型的微結構主要是藉由熔池的熔融狀況來控制晶粒的幾何形狀，由於送料沉積速率接近臨界值時，熔池底部的金屬晶粒在後續逐層堆積時幾乎不再熔化，因此會限定此區域的晶粒生長。一般來說，較低的送料沉積速率導致熔體具有較高熱能，因此有較大重熔溫度和溫度梯度，可以促進磊晶生長，因而最終的微結構形成柱狀晶粒結構。而較高的送料沉積速率意味著低熔化溫度，不充分的粉末熔融，以及高表面冷卻速率和異相成核點，導致形成等軸晶粒結構 [124]。研究結果顯示，在直接雷射沉積技術製作大型 Ti-6Al-4V 元件的過程中，結合高功率雷射和較低的粉末進料速率的使用，可以製作無孔隙組成的微結構組織 [1]。

殘餘應力是在沒有外力的情況下，在機械應力和熱平衡條件時，製作後元件內部產生的應力。直接雷射沉積後殘餘應力的主要來源，是元件內的動態溫度分布，以及冷卻和加熱速率所造成的，其中包含高熱溫度梯度，以及重複與快速局部的傳熱速率 [125, 126]。因此，了解元件在直接雷射沉積過程中的熱歷程是非常重要的研究，因爲它對零件內部微結構的各種不同方向的殘餘應力程度有顯著影響。元件內部拉伸殘餘應力的另一個顯著影響，是抗拉伸性和抗疲勞性，而機械性能和尺寸不確定性，則主要是受到沉積後存在的殘餘應力所影響。在 Ti-6Al-4V 合金中，構築平面內的殘餘應力與雷射掃描方向之間存在著相關性，其中在中心處存在壓縮殘餘應力，在元件邊緣處存在拉應力。此外，在雷射掃描的起始點，殘餘應力程度較低，最終在雷射掃描路徑末端達到最大值 [127]。另外，第一沉積層中壓縮應力程度非常高，並且藉由層數增加，該壓縮應力轉變爲拉伸殘餘應力。透過優化參數設計，控制適當的熔池尺寸和形態，採用適當的掃描路徑策略，以及預熱基板或熱處理沉積層，可以減少殘餘應力的存在 [125, 126]。雷射功率、雷射掃描速度、送粉速率和掃描方式，是影響雷射沉積元件內加熱過程的重要參數，對微結構和殘餘應力等有重要的影響。事實上，透過這些參數的改變，配合入射能量、冷卻速率和局部溫度梯度的影響，可以控制熔池的幾何形狀。

在直接雷射沉積過程中，低的能量密度是藉由高掃描速度和低雷射功率的結合，可以製作出微結構精細的元件。而在低雷射掃描速度和高雷射功率下，即所謂的高能量密度時，元件的微結構是由柱狀晶粒所組成的主要微結構。直接雷射沉積技術參數對 Ti-6Al-4V 合金薄壁組件微結構的影響部分，研究顯示透過增加能量密度，直接雷射沉積元件的堆積尺寸增加。此外，在較高的雷射功率下，粉末進料速率的影響較小，因此在較高的粉末進料速率下，微結構變成柱狀微結構。另外，透過雷射掃描速度增加時，孔隙率也會跟隨著增加 [22]。

根據研究結果顯示，粉末送進熔池中的進料速率和粉末密度分布並沒有顯著的影響，隨著粉末進料速率的增加，沉積層高度將呈現線性的增加趨勢 [17]。在粉末進料方向與位置的影響部分，粉末會因爲雷射束掃描的方向不同，而造成輸送到熔池中的粉末量有所變化，此種差異與粉末進料流和雷射束的聚焦點之間距離有關。雷射掃描方向的改變，可能會使粉末輸送點和雷射光斑的相對位置改變。此變化將影響熔池的幾何形狀、邊界和凝固，進而影響沉積的高度。當粉末輸送點位於雷射束前面時，輸送到熔池中的粉末量較少，當粉末輸送點位於雷射點後面時，輸送到熔池中的粉末量會更少。因此，爲了具有恆定的質量流速，應根據雷射掃描方向和雷射光斑與噴嘴之間的距離，設定適當的粉末進給位置和雷射掃描速度。在粉末進料的保護氣體流速部分，輸送到熔池中的粉末量也根據保護氣體的流速而變化，雖然增加氣體流速，沉積層高度會顯著增加，但是保護氣體的高流速，已可能導致較高的孔隙率。

## 5.4 表面張力和潤濕性

熔池的液固潤濕特性對於直接雷射沉積技術來說，熔滴可以形成均勻的幾何形狀，是影響最終產品品質極爲重要的因素。液體對固體的潤濕與固液的表面張力有關，熔池的表面可能因爲氧化物的汙染，會阻礙熔池和基材間良好的潤濕性，可能會導形成類球狀的缺陷。所以，爲了防止氧化狀況產生，在直接雷射沉積過程中，藉由高純度惰性氣體的使用，可以使熔體在保護氣氛中被保護，而避免氧化。然而，由於熔體在熔融溫度下的活性極高，有時利用保護氣體並不能完全保證潤濕性，即使在非常低的氧含量下，大多數金屬也很容易形成氧化物。在正常的直接雷射沉積條件下，並不能避免少量的氧化產生，爲了獲得良好的潤濕性，可以從表面的清潔著手，減少原先附著於表面的氧化物，有利於形成潔淨度較高的金屬 - 金屬界面。在直接雷射沉積製作選擇材料時，也可以透過選用適當的材料，或將材料作合金化處理，亦或是將選用的材料與其他粉末材料混合，藉由混入少量添加的脫氧劑或助熔劑等添加劑，藉以改善潤濕性。

## 5.5 黏度

除了良好的潤濕性之外，熔體還需要足夠低的黏度，使其能夠成功地舖展到前處理後的表面層上。熔融金屬的黏度，對於具有完全液體形成的直接雷射沉積技術而言，當加熱溫度增加時，動態的黏度會降低，表示液體在加熱後具有更好的流變性質。直接雷射沉積時材料的動態黏度需要足夠高，才可以防止球化現象的出現。

## 5.6 殘餘應力

根據 ASTM 標準 E6-09B 定義的殘餘應力，爲「在沒有外力和質量力的情況下靜止和平衡，且在均勻溫度下時的材料內應力」。直接雷射沉積所製作的構件，在動態的溫度變化，冷卻與加熱速率影響下，導致元件內部的溫度變化很大，目前已知在直接雷射沉積所製造的元件中存有殘餘應力的現象。

採用直接雷射沉積製造的元件，其內部的熱殘餘應力，某種程度上受到材料特性的影響。從材料的角度來看，相變、熱膨脹、熱導率、楊氏模數和降伏強度會影響殘餘應力。但其他因素，也可能影響直接雷射沉積製造元件內殘餘應力的大小和模式，例如製作參數、掃描的路徑、元件的尺寸和幾何形狀。

金屬材料固化的過程中，熔融金屬的沉積，將導致沉積層中產生拉伸應力，或是對下半部的金屬材料內部產生壓縮應力。如果此應力的大小接近降伏強度時，可以藉由後續的應力消除製程，例如應力消除熱處理或震動應力消除等方式，消除直接雷射沉積製造時元件內部的殘留應力。在直接雷射沉積過程中，層與層間的連續堆疊，在某種程度上，亦意味著下一層製作時將減輕前一層的壓縮應力。

## 5.7 抗熱衝擊性

材料的抗熱衝擊性是指，材料抵抗快速冷熱變換時的能力。抗熱衝擊性描繪出材料暴露在溫度突然變化時對損壞的敏感程度，當溫度梯度導致物體的不同部分膨脹量不同時，產生熱衝擊。此現象可以根據應力應變理論來理解此種膨脹差異，在某些時候，應力超過了材料強度的負荷，導致形成裂縫。如果無法阻止這種裂縫在材料中傳播時，那麼它將導致物體結構損壞。到目前爲止，在直接雷射沉積所選用的材料，一般都會選用耐熱衝擊性較佳的材料，例如不鏽鋼、鎳合金等。

# 6

# 沉積用材料

雷射熔覆技術的3D淨成型製造方式，是一種直接成型的製造技術，使用雷射加熱熔融材料，並搭配電腦軟體的輔助製造成型元件。製造過程中，雷射光束將注入的粉末熔化，一層一層地形成固體結構。此種方法藉由電腦輔助的製造過程，不需要任何模具，因此提供了快速更改元件設計的靈活性，可以顯著減少生產功能部件的交貨時間。與傳統的加工技術不一樣的地方，是這項新技術透過添加而不是去除材料的方式，在基礎元件或現有元件上構建完整的零件或特徵結構。雖然，此技術製造的零件具有冶金學上的組織缺陷，但是沒有氣孔或裂紋。

雷射加熱熔融後的凝固過程，需要有可以沉積的基板，才能夠讓構建的3D形體往上堆積成型。聚焦的雷射束先照射到基板上以形成熔池，同時將金屬粉末透過噴嘴注入到熔池中。移動部分可以透過電腦數控的運動系統來控制雷射束和基板之間的相對運動。雷射束和粉末進料噴嘴依據電腦機輔助設計建模的路徑進行移動，在基材上形成材料熔池，該熔融材料迅速固化形成第一層，第二層沉積在第一層的頂部。透過重複此過程，建立了堅固的薄壁結構。正確地設計雷射路徑以引導雷射束運動，則可以直接從電腦繪圖的3D模型直接構建複雜形狀的元件，而無需任何模具。

直接雷射沉積技術所使用的材料，一般可以區分為送線式的直接雷射沉積方式與送粉式的直接雷射沉積方式等兩種。送線式的直接雷射沉積方式具有充分利用材料的優勢，材料可以完全熔融利用，因此製造成本較低。然而，送線式的直接雷射沉積方式對於複雜的幾何形狀，送線的方式困難度提高，且表面粗糙度也較為粗糙，因此限制它的應用範圍。送粉式的直接雷射沉積方式是最常見且最受歡迎的材料輸送方式，常用的粉末材料採用球形顆粒粉末，粒徑範圍約在50～150 μm之間，具有最佳的進料性能。在直接雷射沉積過程中，粉末的松裝密度直接影響材料的沉積狀態，沉積的過程可以選用適當能量密度的雷射束，以提供材料的適當熔融狀態，高的能量密度會導致基材過度熔化，且有可能造成粉末材料的蒸發。

直接雷射沉積技術所使用的粉末材料，如果可以在熔池中呈現穩定狀態，則可以使用於直接雷射沉積的方式製作3D元件。但是，具有高導熱率或高反射率的金屬，則較難以加工。此類的材料，包括有金、銀和銅等，還有一些較難加工材料，例如鋁和鋁合金材料等。直接雷射沉積技術所使用的粉末材料，大多挑選不易在製作過程中氧化，或是即使氧化也不至於影響到層與層之間黏結的材料。當然還有許多其他因素的考量也是很重要的，包括材料的熱膨脹、抗熱衝擊與材料中的相變等的考量，也是相當重要。

適合直接雷射沉積熔化的金屬通常具有與銲接相同的特性，因此像 440C 不鏽鋼和 2024 鋁這樣的材料，它們較難以成形，因為此類合金材料在製作過程中容易產生裂紋。直接雷射沉積與雷射熔覆的製作方式非常相似，因此在雷射熔覆中，已知的較為容易或較難熔覆的材料，在直接雷射沉積製作的過程中，亦有相似的狀況產生。例如有部分的合金材料需要預熱，以避免熔覆層產生裂紋，包括工具鋼、鑄鐵、高碳鋼、鎂合金、鈦合金和英高鎳合金（Inconel）等。一般來說，熔覆層在沉積三層後沒有裂開的現象發生時，則後續通常就比較不會有裂開的問題產生。銲接和雷射熔覆是兩個與直接能量沉積較為相似的技術。在這些技術中，具有出非常好的可加工性的兩種材料，分別是不鏽鋼和鎳合金。它們通常較易於直接雷射沉積的方式製作，熔融時的熔體可以良好地受到控制，並且對裂縫較為不敏感。

## 6.1 沉積用材料型態

目前在工業界所使用的工程材料，雖然存在著相當多樣化的外觀型態，但是在直接雷射沉積材料型態的選用上，並不適用於使用太複雜的規格。一般直接雷射沉積技術所常用的材料型態，通常可以區分為線材及粉末材料。然而，針對不同直接雷射沉積技術的沉積頭結構設計，以及不同的使用狀況，所使用的材料亦有所差異。[35,128]

### 6.1.1 線材材料

線材型態之沉積層材料，為直接雷射沉積技術早期常見的材料應用型態，因為此型態之沉積層材料，具有成本低及使用方便之優點，因此在初期開發時常被開發者使用。線材型態之材料，雖然具有以上之優點，但是在製作過程中，因送線的不穩定性，容易造成製程中斷，因此慢慢地使用的人較為減少。線材所形成的沉積層品質較粉末材料不穩定性高，因此沉積層的變異性較大，不易於品質管制。在沉積層品質要求較爲嚴格的直接雷射沉積製程，常以粉末取代線材型態之材料。

在直接雷射沉積技術的應用中，線材送料的方式，是使用純金屬或合金線材爲原料，此種利用線材送料的方式，可以利用雷射技術進行熔融並製作成爲元件。與粉末顆粒的送料方式相比，線材送料的方式具有更高的沉積速率，且由於線材的製作方式是透過拉絲方式製造的，相對於粉末材料來說，較爲便宜。但是，以線材方式直接雷射沉積製程所節省的成本，可能被後續加工過程的浪費所抵消，因爲線材的直接雷射沉積技術通常需要去除較大量的加工餘量，才能達到所需的淨形狀。此外，部分線材的使用所產生的殘餘材料可能不適合重複使用，這與可重複使用和回收粉末的狀況不同，亦會提高線材製作方式的成本。與金屬粉末相比，線材更易於儲存和處理，並且對環境、安全和健康相關的危害較少。不過，由於以線材方式直接雷射沉積製程的元件，表面粗糙度較高，因此也較少直接作爲直接成型元件的使用。由於原料材料的選擇、其尺寸和形狀直接影響最終元件的品質，因此正確地選用直接雷射沉積技術所需的原料，是極爲重要的工作之一。

### 6.1.2 粉末材料

粉末原料是直接雷射沉積製程，常見的材料應用型態，易於直接雷射沉積製程進料，並且容易在製作的過程中控制熔融狀態。直接雷射沉積製程可以直接製作功能梯度材料（Functionally Graded Materials, FGMs），功能梯度材料又可稱爲漸層材料，送料過程藉由預先設定的多種合金粉末混合進料，控制不同層的進料比例，再藉由雷射沉積建構具有成分或是性能漸層差異的功能梯度材料元件。此種藉由功能梯度材料的成分組成變化所製作而成的元件，是現有的傳統製作技術中較難實現的成分控制方式。因此，直接雷射沉積技術具有快速直接製作功能梯度材料的優勢。然而，由於直接雷射沉積製程的高溫熔化過程，使高表面積的粉末材料，容易造成材料在高溫下的氧化，如何製造出高品質且適合在高溫操作下使用的特有粉末，仍然是一項關鍵且重要的挑戰。

直接雷射沉積所製造的元件，其品質顯著受到粉末原料材料特性的影響[129, 130]。這些影響產品品質的粉末特性，包括粉末的形狀、尺寸分布、表面形態、組成和流動性等。粉末顆粒的形狀和表面形態的檢查部分，目前可以藉由掃描電子顯微鏡和 X 光繞射分析等方法來檢查，雷射繞射（Laser Diffraction）和篩分方法可以用來檢驗粉末的尺寸分布，粉末的流動性部分，則可以藉由霍爾流量計（Hall Flow Meter）來測量 [131, 132]。

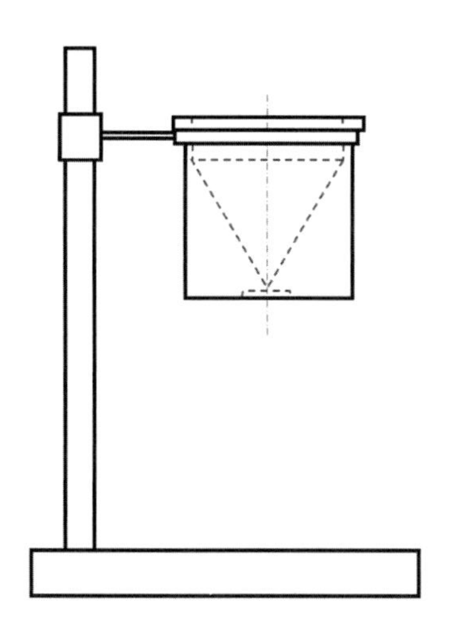

**圖 6-1　霍爾流量計**

直接雷射沉積所使用的粉末，需要粒度分布均勻、表面光滑，並且顆粒大小適當的粉末，能夠提供穩定且不間斷的粉末流，經由送料器輸送至噴嘴，並且準確地投送進入雷射光束下熔融的熔池中。所以，直接雷射沉積技術所選用的粉末，通常選用具有良好表面光滑度、尺寸分布均勻的合金粉末。然而，由於良好表面光滑度與尺寸分布均勻的合金粉末的製備成本高，且霧化過程的生產效率低，因此高品質的粉末價格較為昂貴。

粉末外觀呈現細小顆粒狀，可以藉由氣體的輸送，將粉末材料送至直接雷射沉積所指定的位置。粉末在製作過程之中，會因為製程技術的不同，材質和成分的差異，以及製作參數的不同，所生產出來的粉末型態、組成、均勻性及顆粒度大小都將有所不同。直接雷射沉積製程所使用的粉末，可以藉由後續的過篩程序，將不同大小的粉末篩分為不同大小等級的粉末，表 6-1 所示為粉末顆粒大小尺寸與粒度分佈之對照表。

表 6-1　標準篩與顆粒尺寸對照表

| 篩網（Mesh） | 粒徑（Microns） |
| --- | --- |
| 5 | 400 |
| 10 | 200 |
| 20 | 841 |
| 30 | 595 |
| 40 | 420 |
| 50 | 297 |
| 60 | 250 |
| 70 | 210 |
| 80 | 177 |
| 100 | 149 |
| 120 | 125 |
| 140 | 105 |
| 170 | 88 |
| 200 | 74 |
| 230 | 63 |
| 270 | 53 |
| 325 | 44 |
| 400 | 37 |
| 1000 | 15 |
| 2000 | 8 |

直接雷射沉積製程所使用的原料來源爲粉末，了解粉末的製程及來源，有助於了解粉末的特性。在直接雷射沉積的過程中，因不同直接雷射沉積方法，所產生的加熱溫度及氣流速度有所差別，所需求的粉末顆粒度也有所不同。在粉末使用的考量上，通常需對粉末作適當的評估。一般的粉末特性，通常可以區分爲下列幾項：粉末大小及其分布狀況、粉末形態、表面積大小、流動性、粉末內部結構、成分分佈、表面鍍膜與混合狀況等。我們可以藉由掃描式電子顯微鏡的輔助，可以清楚地

得知粉末的形狀、大小及分布等，掃描式電子顯微鏡可以將粉末顆粒，較爲明確地區分爲各種形態，是定義及分析粉末形態的最佳方法。

## 6.2 粉末材料製造方法

直接雷射沉積的過程中所使用的粉末材料，一般會因爲粉末製程之不同而影響到粉體之性質。常見的粉末材料，其粉末製作及處理較常使用的方法，包含有噴霧法（Atomize）、溶膠 - 凝膠（Sol-Gel）、熔融 & 粉碎（Fuse & Crush）、燒結 & 粉碎（Sinter & Crush）、混合（Blend）、複合（Composite）、表面鍍層（Coat/Clad）、團聚造粒（Agglomerate）、球化造粒（Spheroidize）及電漿緻密化（Plasma Densitify）等。然而，由於直接雷射沉積技術所使用的粉末，通常不希望粉體內部有過多的孔隙，避免在直接雷射沉積過程產生氣孔或裂縫，因此粉末型態，盡可能以實心圓球形粉體爲主。

用於直接雷射沉積的粉末，常見是採用氣體噴霧法所製造的粉末，因爲直接雷射沉積所使用的粉末需要低含量氧。粉末的粒度一般在 50 至 150 μm 之間，此需求最主要是考量到粉末尺寸在在此範圍的粉體，在載氣的運送過程中，可以具有一致性的流動性，如果使用小於 20 μm 的較小顆粒粉末，容易造成噴嘴堵塞的風險，使粉末的流動無法穩定一致的送粉量。一般來說，通常會避免粒徑小於 20 μm 的粉體使用，因爲堵塞的風險增加，並且隨著粉末尺寸的減小，粉末顆粒在空氣中擴散的風險亦迅速增加，因此亦必須考慮粉塵爆炸和吸入顆粒的風險。粉末的合金成分也是在直接雷射沉積過程中重要的因素之一。例如在工具鋼材料中的高碳含量，對於直接雷射沉積的可沉積性，具有負面影響。碳偏析到熔體表面時，狀況會和氧化物的影響相似，會造成表面潤濕性的降低。

氣體噴霧法一般用來製作鐵基、鈷基、鎳基和鋁合金等粉末，其所製作出來的粉末形狀，通常會因爲冷卻的方法不同，而有所差異。以氣體噴霧法所生產的粉末，粉末粒子的形狀較接近圓形，如圖 6-2 所示。而利用水噴霧法所製作出來的粉末，粒子所呈現的形狀爲多邊形，並不像氣體噴霧法所製作的粉末那般，呈現圓形的粒子結構。以直接雷射沉積技術所使用的粉末觀點來看的話，氣體噴霧法所生產

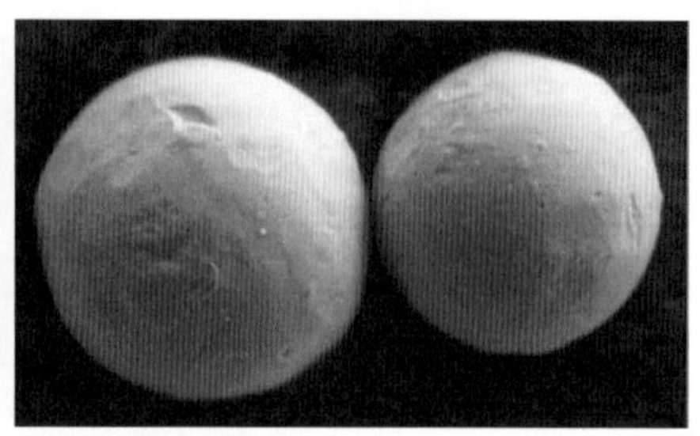

圖 6-2　噴霧法所製造之粉末

的粉末，較適合於直接雷射沉積噴塗的運用。而水噴霧法所製作的粉末，則並沒有如氣體噴霧粉末來的理想。因爲水噴霧粉末，在經過直接雷射沉積之後，沉積層的孔隙率比較高，有氧化物存在等問題，鍵結強度較差，且直接雷射沉積的缺陷產生率也比較高。

## 6.3　直接雷射沉積常用的材料

直接雷射沉積爲新興的技術，可以選用的材料也相對既有的技術較少一些。選用適當的材料來作爲直接雷射沉積層，可以在工程應用上提供適當的解決辦法，適當的材料選用也考驗著工程師的智慧。直接雷射沉積在選用何種材料來作爲沉積層的同時，必須考慮到應用的場域，不同的環境及使用溫度，需有不同的材料選用考量。另外在選擇材料時，亦需要同時考量直接雷射沉積系統的搭配狀況，包含雷射的種類、波長、送粉噴嘴的型態等，不適當的材料材質、粒徑、大小分布等的選用，可能使直接雷射沉積後的沉積層品質不佳。不但費時、費力，而且並不能符合產品或工件使用上的需求。直接雷射沉積在新的沉積層材料選用時，可以透過不斷的測試及實驗，累積足夠的相關經驗，才可以製作出符合沉積層需求的產品。以下將針對一般常用直接雷射沉積材料，相關的基本功能與特性，進行介紹。

### 6.3.1 鎳基合金

鎳基合金具有相當優異的強度、耐熱性和耐腐蝕的性質，亦有學者稱爲鎳基高溫超合金。面心晶體結構是鎳基合金的顯著特徵，鎳基合金中常見的其他化學元素是鉻、鈷、鉬、鐵和鎢等。目前在市面上常用鎳基合金，以 Inconel 和 Hastelloy 鎳基合金爲主，另外其他著名廠家還包括 Waspaloy、Allvac 和 Electric 等。常見的 Inconel 鎳基合金包括 Inconel 600、Inconel 617、Inconel 625、Inconel 718 和 Inconel 738 等，其成分參考表 6-2 常見的 Inconel 鎳基合金成分表所示。鎳基高溫合金 Inconel 718 和 Inconel 625 由於其在高溫下的高強度而被廣泛用於航空工業 [133]。直接雷射沉積製成的元件各方向性的性能，儘管在直接雷射沉積元件中柱狀晶粒沿構建方向取向，但各方向性的性能並沒有明顯差異。

**表 6-2 常見的 Inconel 鎳基合金成分表**

| 元素(wt%)編號 | Ni | Cr | Fe | Mo | Nb & Ta | Co | Mn | Cu | Al | Ti | Si | C | S | P | B | W | Zr |
|---|---|---|---|---|---|---|---|---|---|---|---|---|---|---|---|---|---|
| 600 | ≥72.0 | 14.0-17.0 | 6.0-10.0 | | | N/A | ≤1.0 | ≤0.5 | | | ≤0.5 | ≤0.15 | ≤0.015 | | | | |
| 617 | 44.2-61.0 | 20.0-24.0 | ≤3.0 | 8.0-10.0 | | 10.0-15.0 | ≤0.5 | ≤0.5 | 0.8-1.5 | ≤0.6 | ≤0.5 | 0.05-0.15 | ≤0.015 | ≤0.015 | ≤0.006 | | |
| 625 | ≥58.0 | 20.0-23.0 | ≤5.0 | 8.0-10.0 | 3.15-4.15 | ≤1.0 | ≤0.5 | | ≤0.4 | ≤0.4 | ≤0.5 | ≤0.1 | ≤0.015 | ≤0.015 | | | |
| 718 | 50.0-55.0 | 17.0-21.0 | 其餘 | 2.8-3.3 | 4.75-5.5 | ≤1.0 | ≤0.35 | ≤0.3 | 0.2-0.8 | 0.65-1.15 | ≤0.35 | ≤0.08 | ≤0.015 | ≤0.015 | ≤0.006 | | |
| 738 | 其餘 | 15.7-16.3 | ≤0.05 | 1.5-2.0 | 0.6-1.1, 1.5-2.0 | 8.0-9.0 | | | 3.2-3.7 | 3.2-3.7 | ≤0.3 | 0.15-0.20 | ≤0.015 | | 0.005-0.015 | 2.4-2.8 | 0.05-0.15 |

#### 6.3.1.1 Inconel 625 合金

Inconel 625 合金是一種鎳基高溫合金，具有高強度和耐高溫性能，且 Inconel 625 合金具有優異的抗腐蝕和抗氧化性能。在水中都能承受高壓應力，且應用的溫度範圍相當寬，能夠暴露於高酸性環境中，同時具有抗腐蝕能力。Inconel 625 合金是一種鎳基固溶硬化超合金，常見用於直接雷射沉積的粉末含有 0.03%Co、22%Cr、9%Mo、3.7%Ta 和 Nb，利用直接雷射沉積的 Inconel 625 合金，可以製作品質良好的成品，且沒有裂紋或孔隙。由於直接雷射沉積製程的快速凝固，Inconel 625 合金材料顯示出定向凝固的微觀結構，柱狀晶粒幾乎平行於構造方向生長。Inconel 625 材料具有良好的機械性能，沿垂直於於建構方向，降伏強度和抗拉強度較沿平行方向建構的強度低，伸長率表現也是沿平行方向建構較高。

Inconel 625 合金拉伸性能的各向異性行爲可能歸因於其定向凝固的微觀結構，沿兩個方向的降伏強度和抗拉強度均顯著高於鑄造材料，與鍛造 Inconel 625 材料相當。[134, 135]

Inconel 625 合金是一種固溶強化的鎳基高溫合金，可在高溫和應力下運作，且具有長期穩定性。Inconel 625 合金的開發，是爲了滿足 1950 年代以來蒸汽管材料的高強度需求而開發的。由於其具有獨特的優異性能，包括高溫強度、韌性、延展性、抗氧化性和耐腐蝕性等，Inconel 625 合金已廣泛用於航空、太空、軍事、海洋、化學和石化等產業，這些產業的環境涉及各種高溫腐蝕、氧化、磨損和磨損等問題。鎳基高溫合金是目前航空發動機熱端元件使用最廣泛的材料，然而爲了配合航空發動機推力的需求，導致高性能航空發動機的渦輪進口溫度需進一步提高。因此，航空發動機熱端元件材料的耐熱性問題亟待解決，Inconel 625 的現有性能無法滿足航空發動機對使用溫度的日益增長的要求。因此，具有更高性能的 Inconel 625 高溫合金作爲航空發動機熱端元件的需求越來越大，尤其是在更惡劣的高溫環境下。後續的研究包括 TiC 顆粒增強金屬基複合材料，用以改善 Inconel 625 高溫合金的比強度、疲勞性能、斷裂韌性、耐磨性和低熱膨脹係數等傳統材料無法實現的優異性能。近年來的實驗證明，當顆粒增強尺寸減小到奈米尺度範圍時，奈米顆粒增強複合材料表現出更好的性能，如更高的硬度、強度、耐磨性、抗蠕變性，尤其是優異的斷裂韌性。[108, 135]

#### 6.3.1.2　Inconel 718 合金

Inconel 718 合金是一種析出硬化（Precipitation-Hardenable）型鎳鉻超合金，其中含較有大量的鐵、鈮和鉬元素，及少量的鋁和鈦元素。Inconel 718 合金具有良好的耐腐蝕性和高強度，另外在可銲性部分也相當地出色，包括對銲接後裂縫的抵抗能力佳等。Inconel 718 合金在高達 700℃的溫度下具有相當不錯的抗潛變破壞強度。目前此合金已被廣泛用於燃氣渦輪機、火箭發動機、飛機及核能發電等各種工業用的零組件上。Inconel 718 是一種鎳基高溫合金，專門設計用於承受嚴酷的高溫工作條件，在這些高溫嚴酷條件下，Inconel 718 具有出色的韌性、良好的延展性和高溫下的高抗蠕變性，這些優勢促使 Inconel 718 作爲製造工業燃氣輪機等高溫作業環境下的應用。且由於其優異的機械性能，Inconel 718 是一種難以通過傳統加工技術進行加工的材料，包括銑削或車削等加工方式，在刀具磨損、材料 浪費和交貨時間等，造成非常高的加工製作成本。[126, 130]

圖 6-3 Inconel 718 合金粉末

#### 6.3.1.3 Inconel 738 合金

Inconel 738 合金是一種鎳基 γ' 析出硬化型高溫合金，此合金具有優良的抗潛變強度和抗熱腐蝕性能，已用於製造燃氣渦輪機的高溫段葉片 [36]。與其他直接雷射沉積鎳基超合金相似，Inconel 738 還可以製作出定向凝固的微觀結構，非常細的柱狀 γ 樹枝狀晶體幾乎平行於構建方向生長，X 光繞射分析的結果指出，優選的方向是沿（100）晶面方向，而γ' 晶粒的析出是 Inconel 738 高溫合金的主要強化機制。

#### 6.3.1.4 Waspaloy 合金

Waspaloy 合金的組成爲 60Ni-19Cr-4Mo-3Ti-1.3Al，是一種特有的鎳基合金，可時效硬化的高溫合金，具有優異的高溫強度和良好的耐腐蝕性，特別是在最高工作溫度達 650℃的條件下不易氧化，在對環境嚴苛程度要求不高的狀況下，Waspaloy 合金的應用則高達 870℃。Waspaloy 合金的高溫強度，來自於鉬、鈷和鉻元素的固溶強化，以及鋁和鈦元素的時效硬化。Waspaloy 合金的強度和穩定性高於 Inconel 718 合金所使用的範圍。Waspaloy 合金用於在需要較高工作溫度下具有相當強度和耐腐蝕性的燃氣輪機發動機零組件，例如壓縮機、轉盤、軸、墊片、密封件、環或機殼等。

## 6.3.2 鈷基合金

鈷（Cobalt, Co）原子序數爲 27，與鎳和鐵金屬材料相似，具有天然的鐵磁性。鈷的密度爲 8.8 g/m$^3$，與鎳的密度 8.91 g/m$^3$ 接近，但比鐵重。鈷金屬及其合金具有耐高溫的優點，鈷的熔點爲 1493℃，晶體結構是六方密堆積（HCP），但在 450℃ 時可以轉變爲面心立方結構（FCC）。兩種結構的相似之處在於它們都是緊密堆積排列，並且都具有大約 0.74 的堆積因子。

鈷基合金具有良好的機械性能，且耐腐蝕性、耐磨性和耐熱性良好，可用於具有環境挑戰性的領域中應用，例如高溫運作的燃氣渦輪機。鈷對硫化物具有很強的抵抗力，可防止材料發生任何硫化。雖然鈷基合金顯示出良好的機械性能，但與鎳基合金相比，使用得應用較少。在許多高溫應用中，鎳基合金是首選，因爲鎳的範圍更廣，且價格較爲便宜。由於鎳基合金和鈷基合金具有相似的性質，包括良好的耐熱性、耐磨性和耐腐蝕性等，這兩種合金之間的性能差異在大多數應用領域的影響並不明顯，因而沒有足夠來支撐以較高的價格來選用鈷基合金的理由。儘管如此，鈷基合金在高溫下表現出比許多鎳基合金優越的強度。鈷基合金主要質量爲鈷的金屬，大多數鈷合金的基礎組合是鈷鉻，以鉻元素作爲強化合金，另外添加鎢或鉬元素以提高強化效果。在許多鈷基合金中發現的另一種常見元素是鎳，鎳比鈷更耐熱，添加鎳可以提高零組件的耐溫性。

### 6.3.2.1 Stellite 合金

鈷基合金裡面有一組常被提起的合金，稱作爲 Stellite 合金，Stellite 合金系列是在 1900 年代初期由 Elwood Haynes 所開發，Stellite 是 Deloro Stellite Company 的商標名稱，現在是屬於 Kennametal 集團。Stellite 合金是以鈷基合金基體的摻雜複雜的碳化物組成，主要設計用於在惡劣環境中使用，具有高耐磨性和優異的化學和腐蝕性能。鈷和鉻的結合使 Stellite 合金具有極高的熔點，使它們非常適合於切削工具及燃氣輪機中的耐熱合金塗層等的應用。藉由鉬、鎢和碳元素的添加，使合金具有更高的機械性能。

Stellite 合金為非磁性，具有高耐腐蝕性，由於其堅硬的材料特性，Stellite 合金本身就很難加工，而且加工成本很高，因此經常採用一些較為精確的鑄造和研磨加工方法，以達到產品的最終尺寸。表 6-3 所示為常見的 Stellite 合金編號及其成分表。

表 6-3 Stellite 合金成分表

| 編號\元素（%） | 鈷 | 鉻 | 鎢 | 碳 | 矽 | 鐵 | 鎳 | 鉬 | 其他 |
|---|---|---|---|---|---|---|---|---|---|
| Stellite 1 | 其餘 | 28～32 | 11～13 | 2～3 | 1.2 | 1 | 1 | | 1.5 |
| Stellite 6 | 其餘 | 30 | 4.5 | 1.2 | ＜2 | ＜5 | ＜3 | ＜1 | ＜1 |
| Stellite 12 | 其餘 | 29 | 8 | 1.55 | ＜2 | ＜5 | ＜3 | ＜1 | ＜1 |
| Stellite 21 | 其餘 | 28 | | 0.25 | ＜1.5 | ＜5 | 3 | 5.2 | ＜1 |

#### 6.3.2.2 Stellite 6 合金

Stellite 6 合金是一種優良的鈷基抗磨耗合金，其中 Co 為主要成分，含有 2～3%C、28～32%Cr、11～13%W 和 1.2%Si，具有耐高溫、耐磨、耐腐蝕、抗氧化和高硬度的特點。Stellite 6 合金在高溫下仍能保持相當高的硬度表現，在高溫或腐蝕性環境下的抗磨應用中效果良好，因此常廣泛應用於耐磨、耐腐蝕和耐熱的環境下使用。直接雷射沉積 Stellite 6 合金材料的微結構顯示，結構具有定向凝固的微晶結構，細的柱狀枝晶結構平行於構建垂直方向生長。透過其他硬質顆粒的添加，可以提高 Stellite 6 合金的硬度及耐磨耗性，例如在 Stellite 6 合金內添加 SiC，微硬度可以從 540～580Hv 增加到約 1390Hv。

#### 6.3.2.3 Triballoy 合金

Tribaloy 合金是常見的耐磨合金材料，他的強度和硬度的來源，主要是從介金屬相的生成。Tribaloy 合金主要是以鈷基或鎳基的基底所組成的合金，鈷基 Tribaloy 合金的合金元素是鉬、鉻和矽，矽只是合金的次要成分。這些合金通常是過共晶的組成，藉由析出與介金屬化合物強化合金基底。在 Tribaloy 合金的構成元素中，鉻用於增強抗腐蝕性和強化固溶體，因為它會增加高溫 FCC 鈷在室溫下轉變為 HCP 的可能性；鉬和矽藉由形成介金屬相來提高耐磨性；鉬還會加強固溶體，因為它有利於在室溫下保留 FCC 鈷。

Triballoy 合金主要是以鈷或鎳基金屬為主的合金，此類材料，商業名稱稱之為 Triballoy 合金。Triballoy 合金可以在高於 810～870℃的高溫下操作，具有良好的抗磨耗性，並且高溫下的硬度相當地高，而且抗氧化特性及抗腐蝕特性，也相當的良好。此類塗層具有相當低的摩擦係數，相當適合應用於高溫下的磨耗零件上。表 6-4 所示的四種 Triballoy 合金，為目前常見的 Triballoy 合金材料成分表。

**表 6-4　Triballoy 合金成分表**

| 型號 | 成分（重量百分比） | | | | |
|---|---|---|---|---|---|
| | 鈷 | 鎳 | 鉬 | 鉻 | 矽 |
| T-100 | 55 | | 35 | | 10 |
| T-400 | 62 | | 28 | 8 | 2 |
| T-700 | | 50 | 32 | 15 | 3 |
| T-800 | 52 | | 28 | 17 | 3 |

## 6.3.3 鋁及鋁合金

直接雷射沉積中最常研究的鋁合金是 AlSi10Mg 合金，直接雷射沉積 AlSi10Mg 合金的極限抗拉強度和延展性值通常高於或等於鑄造和高壓壓鑄（High Pressure Die Cast, HPDC）所製作的 AlSi10Mg 合金，可歸因於直接雷射沉積產品中細小的微結構所造成 [136, 137, 138]。直接雷射沉積 AlSi10Mg 合金的拉伸強度並沒有明顯的異向性，但是縱向的斷裂伸長率高於橫向。由於鋁合金材料在相對較低的溫度下，鋁和氧就會相互作用而產生氧化物，因此在直接雷射沉積鋁合金時，周圍的環境條件控制變得極為重要。

Al 6061 合金是一種含有鎂和矽的析出硬化合金，直接金屬雷射製造 Al 6061

合金元件時，可以發現由於凝固材料的各方向性收縮不一樣，在沉積過程中容易形成較大的晶粒間裂紋。透過沉積層生長的細長晶粒和相應的晶間裂紋位置可以發現，力學行為是異向性的，縱向的極限抗拉強度顯著低於橫向。

鋁元素在地球上的蘊含量相當大，僅次於氧及矽元素，名列第三，為金屬元素中蘊含量最高的元素。因價格較為便宜，所以大量地運用於工業用途上，為近代工業應用之重要元素之一。鋁金屬早在西元 5 世紀以前，就已經在使用了，文獻上所記載的資料顯示，最早鋁的製造是在 1825 年，由丹麥化學家及礦物學家 Oersted 所製得。鋁的結晶結構為面心立方結構，密度為 2.6989 kg/cm$^3$，熔點 660.37℃，沸點 2467℃，導熱係數 2.37 W/cm deg k，電阻係數 2.6548 microhm-cm，汽化熱 67.9 k-cal/gm，如表 6-5 所示。鋁和鋁合金的密度較其他金屬低，具有良好的抗腐蝕能力、熱傳導性及導電性。柔軟度及強度適中，可取代鋁鎂合金的應用，但其剛性較其他金屬低，較不適用於強度需求較高之構造用途。鋁和鋁合金沉積層常被運用於鋼鐵之腐蝕防護沉積層，其他應用如電磁遮蔽沉積層及吸附性沉積層等。

**表 6-5　鋁之物理性質表**

| 鋁（Aluminum, Al） | |
|---|---|
| 結晶結構 | 面心立方 |
| 密度 | 2.6989 kg/cm$^3$ |
| 熔點 | 660.37°C |
| 沸點 | 2467°C |
| 導熱係數 | 2.37 W/cm deg k |
| 電阻係數 | 2.6548 microhm-cm |
| 汽化熱 | 67.9 k-cal/gm |

鋁矽合金是最重要的鋁合金體系之一，具有適當強度，良好的流動特性，以及低熔點和窄的凝固範圍。4047 鋁合金是一種鋁矽合金，粉末含有約 11.41% 矽和 0.17% 鐵。直接雷射沉積 4047 鋁合金材料，可製作出具有層狀特徵的快速凝固微觀結構，具有非常細的柱狀枝晶層，且可以生長出一層非常細的等軸晶粒。直接雷

射沉積 4047 鋁合金顯示出非常好的拉伸性能，沉積後 4047 鋁合金的降伏強度和抗拉強度分別約爲 139 和 317 MPa，而伸長率約爲 8.7%，彈性模量約爲 74 GPa。與回火的 4047 鋁合金板材相比，直接雷射沉積 4047 鋁合金的抗拉強度約提高 70%，伸長率約提高 3 倍，但是降伏強度則降低了約 24%。

在直接雷射沉積鋁合金的過程中，所產生的鋁粉塵和鋁蒸氣等附加產物，並不會危害身體的健康，但是可能引發粉塵爆炸問題，需要特別注意。在長時間的暴露之下，可能引發腸胃不適，而在高濃度的鋁粉塵環境下暴露，可能引起支氣管炎或是肺炎。一般標準的鋁粉塵容許濃度，不得高於 0.01 g/m$^3$。

### 6.3.4 銅及銅合金

銅及其合金是人類最早用於生產的金屬材料，爲人類歷史上，第二種得知的金屬，僅次於金，在自然界的蘊含量相當的豐富。銅的結晶結構爲面心立方結構，密度爲 8.96 kg/cm$^3$，熔點 1083.4℃，沸點 2567℃，導熱係數 4.01 W/cm deg k，電阻係數 1.678 microhm-cm，汽化熱 72.8 k-cal/gm，如表 6-6 所示。銅及其合金具有良好的延展性、導電性及導熱性，因此廣泛地運用在電機、電子導線及工業用散熱零件上。銅金屬之質地較軟，加工容易，但不適於當成構造材料。其抗墨水腐蝕的能力佳，因此運用於造紙及印刷工業上。銅金屬爲非磁性材料，可以應用在電磁遮蔽運用上。銅金屬容易和其他金屬元素形成金屬固溶體，所形成之銅合金種類很多，通常會因爲所添加的元素之不同，在物理及機械性質上會有不同之表現，所應用之領域也有所不同。銅合金種類衆多，較常應用的銅合金有黃銅（Brass）、青銅（Bronze）、磷青銅（Phosphorous Bronze）、鋁青銅（Aluminium Bronze）及鎳青銅（Nickel Bronze）等，如表 6-7 所示，爲銅合金之名稱及合金元素成分表。

黃銅爲銅和鋅的合金，鋅元素之添加比例約爲 30%～40% 左右。黃銅所呈現的顏色會隨著鋅元素之添加量增加，而由暗紅色轉變爲橙黃色，再轉爲紅色，最後將會呈現爲黃色。黃銅又可細分爲紅黃銅、七三黃銅及六四黃銅。紅黃銅，鋅元素添加量約爲 8%～20% 左右，具良好的延展性及衝壓加工性，並且容易硬銲。七三黃銅，鋅元素添加量約爲 25%～35%，具良好的延展性，在常溫可做拉伸及軋延

表 6-6 銅之物理性質表

| 銅（Copper, Cu） | |
|---|---|
| 結晶結構 | 面心立方 |
| 密度 | 8.96 kg/cm$^3$ |
| 熔點 | 1083.4°C |
| 沸點 | 2567°C |
| 導熱係數 | 4.01 W/cm deg k |
| 電阻係數 | 1.678 microhm-cm |
| 汽化熱 | 72.8 k-cal/gm |

表 6-7 銅合金之名稱及合金元素成分表

| 合金名稱 | 添加元素 | 添加元素比率（%） |
|---|---|---|
| 黃銅（Brass） | 鋅 | 30～40 |
| 青銅（Bronze） | 錫 | 2～11 |
| 磷青銅（Phosphorus bronze） | 磷 | 0.05～0.5 |
| 鋁青銅（Aluminum bronze） | 鋁 | 6～11 |
| 鎳青銅（Nickel bronze） | 鎳 | 5～15 |

加工，可應用於燈泡頭、彈頭及散熱器等。六四黃銅，鋅元素添加量約爲 35%～45%，強度較其他黃銅高，但是延展性較差。

青銅爲錫和銅之合金，具有容易鑄造及耐腐蝕之優點，一般運用於貨幣、獎牌、鐘、工藝製品及機械零件運用上。銅添加 10% 錫元素之合金，又稱爲砲銅，其強度及延展性均良好，並且具良好的耐磨性及耐腐蝕性，因此常應用於齒輪、閥門及旋塞運用上。

磷青銅爲銅與磷元素之合金，磷元素含量提高，將有助於提升合金的硬度，以及耐磨耗性，一般運用於軸承及機械零件上。

鋁青銅爲銅和鋁元素之合金，具良好之機械性質及耐腐蝕性，耐熱性佳，並且具有良好的疲勞強度，而且比黃銅及青銅更爲優異，適用於化學工業之機械零件，以及飛機、船舶之應用。

鎳青銅爲銅和鎳元素之合金，其強度、彈性、硬度較差，特別是高溫時，這些性質將更爲降低。於鎳青銅合金中加入少量的矽元素時，回火會析出 γ' 相，有助於提高合金之強度，此種合金導電度優良，適用於長距離之電導線。

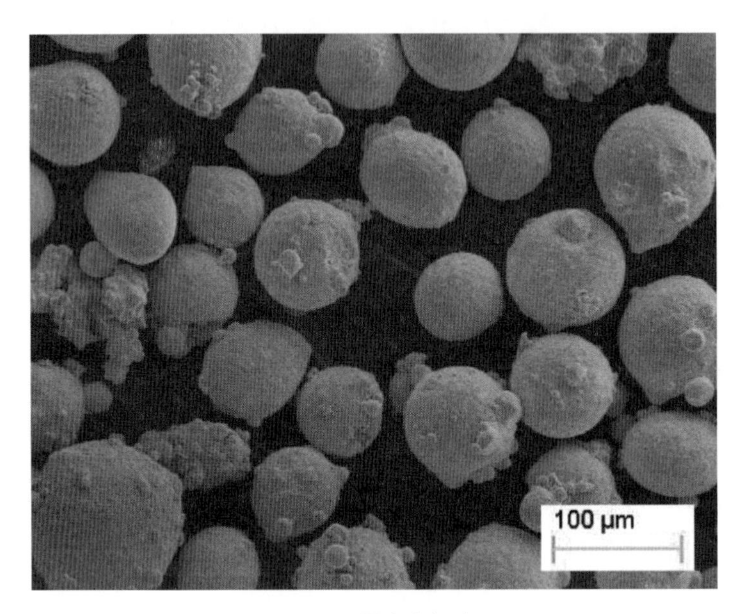


圖 6-4　銅合金粉末

## 6.3.5 鈦及鈦合金

鈦合金因其優異的強度且重量相對輕，具有相當不錯的比強度優勢，對航空工業應用具有相當大的吸引力，也因此直接雷射沉積鈦合金元件受到相當多的關注。更具體地說，鈦合金中常用的 Ti-6Al-4V 合金，其高強度低重量比的特性，因而受到比任何其他合金更大的關注。直接雷射沉積鈦合金相關因素，例如缺陷、構建位置和掃描方式等會直接影響機械性能。此外，有些研究發現，部分熔融顆粒的非球形未熔合的孔洞，對完工後的產品機械性能造成重要的影響，特別是橫向的非球形未熔合的孔洞，比縱向的非球形未熔合的孔洞更具破壞性，所以當在橫向上施加張應力時，這些扁平孔洞易造成裂縫的延伸，而造成元件的破壞，所以垂直或橫向樣品的伸長率可能會比水平或縱向樣品低 28% [139]。

鈦金屬因其具有良好的抗腐蝕性、高強度及可重複使用等優良的性質，已被引入工程上的應用有很久的歷史。Ti-6Al-4V 材料是在航空、航太、汽車和生醫工業中常用的鈦合金材料，因爲 Ti-6Al-4V 具有優異的強度、韌性、低比重和耐腐蝕性等特性。然而，由於 Ti-6Al-4V 的導熱性低和反應性高的特徵，因此導致機械加工性較差，在應用中的開發具有較大的挑戰性。另外由於 Ti-6Al-4V 在切割過程中會有加熱硬化的現象，需要透過特定的熱處理方式以消除加熱硬化的影響。且鈦合金相對於其他材料具有較高的成本，鈦金屬材料的成本大約是鋁和鋼成本的 10～50 倍左右，因此成本問題顯著地影響了鈦金屬材料的泛用性。由於這些原因，鈦金屬材料有必要透過較經濟或是利用近淨成形技術的方式來降低製造成本。

鈦在週期表上排在 IV A 族的位置，結晶結構有六方緊密堆積結構及體心立方結構，是非常輕的金屬，密度爲 4.505g/cm$^3$，熔點 1665℃，沸點 3287℃，導熱係數 0.22 W/cm deg k，電阻係數 40 microhm-cm，汽化熱 425 kJ/mole，如表 6-8 所示。金屬存在有兩個同素異形體，在低溫時，α- 鈦較爲穩定，爲六方緊密堆積結構，在 882.5℃以上時，β- 鈦較爲穩定，爲體心立方結構。

商業用純鈦基本上是鈦 - 氧的合金，含氧量超過 0.5%，還有少量的鐵、碳和氮，液態時爲單相結構，不同的合金狀況會有不同的影響，鈦或鋁形成固溶相的元素時，會促進 α 相穩定，並且驅使 α 到 α+β 轉換溫度，一般元素的添加傾向於使 β 相穩定，鋁和釩的添加通常爲 α+β 相結構，這些相型態，一般來說，可以藉由熱處理來改變。

**表 6-8　鈦之物理性質表**

| 鈦（Titanium, Ti） | |
|---|---|
| 結晶結構 | α- Ti- 六方緊密堆積結構<br>β- Ti- 體心立方結構 |
| 密度 | 4.505 g/cm$^3$ |
| 熔點 | 1665˚C |
| 沸點 | 3287˚C |

| 鈦（Titanium, Ti） | |
|---|---|
| 導熱係數 | 0.22 W/cm deg k |
| 電阻係數 | 40 microhm-cm |
| 汽化熱 | 425 kJ/mole |

鈦的楊式模數爲 107 GN · $m^{-2}$，這數值大約只有不鏽鋼和鈷 - 鉻合金的一半，商業用純鈦的機械性質和其他元素的含量有很大的關係，降伏強度的範圍由 170 到 655 MN · $m^{-2}$，U.T.S 值由 240 到 700 MN · $m^{-2}$，延伸率從 15%～24% 等。鈦合金機械強度的改變主要在於合金的成分和熱處理的條件，Ti-6Al-4V 合金的 U.T.S 值就超過 1150 MN · $m^{-2}$，在適當的熱處理下延伸率可達 15%，然而不論純鈦或鈦合金，兩者皆有良好的疲勞強度。鈦金屬最早的應用是在軸承上，漸漸地才應用在外科手術的植入上。

鈦合金對大部分的工程師來說是非常不錯的抗腐蝕材料，鈦會在表面形成氧化物膜，因爲鈦的活性極大，在空氣和水中爲不穩定態，容易和氧作用，形成 $TiO_2$ 的氧化物，然而 $TiO_2$ 膜是極爲穩定的相，它黏附表面會保護鈦底材，使之不再被氧化。而 Ti-6Al-4V 合金也和純鈦一樣具有良好的抗腐蝕性。

從生醫的觀點來看，鈦金屬是種很特別的元素，它廣泛的分散在地球的表面，甚至於動物和植物體內的微小組織，沒有證據指出他是動物和植物體內必要的元素，但從另一個角度來看，它和組織有不錯的相容性，而且本身不具毒性。鈦的新陳代謝方面的研究較爲缺乏，一般指出有少許的鈦在消化系統被吸收，少量被吸收的物質會被儲存在心臟、肺臟、脾臟和腎臟內。綜合以上所說的，鈦的生物性質很特別，目前還沒有證據顯示生物體內沒有鈦就不能存活，藉由嘴巴攝取的鈦鹽亦不會引發毒性。

在臨床的植入應用上，鈦的表現令人刮目相看，根據臨床試驗結果顯示，鈦和人體的組織有很好的相容性，而且根據一些文獻的研究結果顯示，鈦和生物組織間有少許的交互作用存在，由鈦和組織間的相容性來看，這種可能性是存在的。鈦和鈦合金目前已廣泛地應用在外科的應用上，許多的產品已經應用在外科、骨科、牙科、神經科、心臟血液和整形外科，其中鈦最大可見的好處在於抗腐蝕，將鈦 -

鋁 - 釩製成合金，則可以提高材料的機械性質、物理性質、抗腐蝕性和金屬材料的生物性質。

在外科的應用上，如牙齒和骨頭常常需要利用金屬材料來修補，固定、整形或取代，這些金屬材料通常都需要具有高強度和堅固的物性，因此常會使用鈦或鈷 - 鉻合金，然而，植入物通常需要依照植入物的要求不同，而需要有不同的尺寸和形狀，因此鈦合金鑄造和成型的技術是非常重要的。因爲鈦金屬的成型需要較長的時間，因此在牙齒和下顎骨重建的修補上，需要較長的時間，因爲植入物無法預先成型。在人工心臟瓣膜的應用上，有許多材料被提出來研究，包括有金屬、碳、高分子和纖維等，其中的金屬材料主要的研究對象以鈷 - 鉻合金和鈦金屬爲主，這些材料到目前爲止，並沒有資料顯示哪一種才是最合適的材料。

## 6.3.6 鋼鐵材料

鋼是由鐵和碳所製成的合金，含碳量小於 0.02% 稱爲純鐵，碳添加的目的在於提高鐵金屬的降伏強度和抗拉強度。鋼除了可以添加碳強化之外，亦可以添加許多其他元素，例如添加鎳或鉻元素，可以提高鋼鐵材料的耐腐蝕和抗氧化性。鋼鐵材料由於具有相當優秀的抗拉強度表現，且成本低，常用於建築與構造等用途。以下針對幾種雷射直接沉積技術常見的的鋼鐵材料進行介紹。

### 6.3.6.1 工具鋼

工具鋼常用於製造或成行其他材料的加工應用上，包括切削和沖壓成形等的製造工具，例如車刀、銑刀和模具的應用等。工具鋼的成分，包含鋼和其他金屬元素。工具鋼亦屬於碳鋼、合金鋼或高速鋼，亦能夠進行淬火和回火等處理。工具鋼通常在電爐中熔化，並根據各種不同的工具鋼需求進行生產，以各種環境下不同的特殊需求。工具鋼可用於手動工具或機械固定裝置中，在常溫或高溫下對材料進行切割或成形。工具鋼還用其他多項的應用，在這些應用中，一般是看中工具鋼的耐磨性、強度、韌性和其他性能的表現。以下爲工具鋼常見的七種主要類型，類型爲：1. 水淬硬化型（Water-Hardening）工具鋼（符號 W），2. 抗衝擊（Shock-Resisting）工具鋼（符號 S），3. 模具鋼（Mould Steels）（符號 P），4. 冷作（Cold-

Work）工具鋼，5. 熱加工（Hot-Work）工具鋼（符號 H），6. 高速鋼（High-Speed Steels）。7. 特殊用途（Special-Purpose）工具鋼，參考表6-9常見工具鋼分類所示。

**表 6-9　常見工具鋼分類**

| 種類 | 符號 | 分類 |
| --- | --- | --- |
| 水淬硬化型 | W | |
| 抗衝擊型 | S | |
| 模具鋼 | P | P1-P19 低碳類型 |
| | | P20-P39 其他類型 |
| 冷作型 | O | 油冷硬化 |
| | A | 中合金，氣冷硬化 |
| | D | 高碳、高鉻 |
| 熱加工型 | H | H1-H19 含鉻類型 |
| | | H20-H39 含鎢類型 |
| | | H40-H59 含鉬類型 |
| 高速鋼 | T | 含鎢類型 |
| | M | 含鉬類型 |
| 特殊用途 | L | 低合金 |
| | F | 碳 - 鎢 |

H13 是一種可用於熱加工的工具鋼，具有良好的抗熱疲勞性，抗侵蝕性和耐磨性，目前廣泛用於製造模具的應用。常見用於直接雷射沉積熔融的 H13 工具鋼粉末，一般含 0.42%C，5.04%Cr，1.33%Mo，1.06%V 和 0.88%Si 的低碳 H13 工具鋼（LC H13）。LC H13 工具鋼直接雷射沉積金相微結構呈現無裂紋及氣孔，LC H13 工具鋼顯示出定向凝固的枝晶組織，具有分層特徵，沿垂直方向排列細的柱狀晶結構。

與傳統的鑄造或鍛造材料相比，LC H13 工具鋼具有出色的拉伸延展性，[24-26]，退火後的鑄造或鍛造 H13 的降伏強度（Yield Strengths）和抗拉強度（Tensile Strengths）分別約為 370～510 和 670MPa。而硬化處理後，鍛造 H13 的降伏強度和抗拉強度分別可達 1290～1570 MPa 與 1500～1960 MPa。直接雷射沉積後的 H13 抗拉強度和降伏強度明顯高於鑄造或鍛造後退火的 H13，與硬化處理後的鍛造

H13 相當，分別約為 1288～1564 MPa 與 2064～2033 MPa。直接雷射沉積的 H13 的彈性模數（Elastic Modulus）與鍛造的 H13 大致相同，分別約為 214～216 與 210 GPa。但是，直接雷射沉積的 H13 材料的伸長率（Elongation）約為 5%～6%，低於硬化處理後的 H13 鍛件（13%～15%）。因此，如果需要，可以使用後熱處理的方式，來提高直接雷射沉積後 LC H13 材料的伸長率。

### 6.3.6.2 不鏽鋼

不鏽鋼（Stainless Steel）不易生鏽的原因，主要是來自於添加合金元素所形成的氧化膜，防止不鏽鋼表面的鐵和空氣中的氧反應，因此不易產生鏽蝕。不鏽鋼的添加元素中，以鉻元素為主要添加之元素，一般鉻元素的添加量在 12%～30% 左右。鉻元素暴露於氧環境中，容易和氧起反應，於表面形成三氧化鉻之保護膜，此氧化物可以阻隔不鏽鋼金屬和空氣的氧化反應，以保持不鏽鋼表面之金屬光澤。

不鏽鋼一般可以分類為肥粒鐵型不鏽鋼、沃斯田鐵型不鏽鋼及麻田散鐵型不鏽鋼。主要區別標準以鎳元素之含量來作為區分，肥粒鐵型不鏽鋼和麻田散鐵型不鏽鋼之鎳含量在 0～2.5% 之間。沃斯田鐵型不鏽鋼之鎳含量在 6～22% 之間。根據美國不鏽鋼協會（ANSI）的不鏽鋼材料標準，通常利用 3 位數字來表示不鏽鋼材料之種類，第一位數代表不鏽鋼之系列。第一位數為 3 時，表示此不鏽鋼為沃斯田鐵型不鏽鋼，第一位數為 4 時，表示此不鏽鋼為肥粒鐵型不鏽鋼或麻田散鐵型不鏽鋼。如表 6-10 所示為 AISI 標準的不鏽鋼成分表。

**表 6-10 不鏽鋼成分表**

| | 元素成分 | | | | | | | | |
|---|---|---|---|---|---|---|---|---|---|
| AISI 標準 | Fe | Cr | C | Mn | Si | Ni | P | S | 其他 |
| 沃斯田鐵型 | | | | | | | | | |
| 301 | | 16～18 | 0.15 | 2 | 1 | 6～8 | 0.045 | 0.03 | |
| 302 | | 17～19 | 0.15 | 2 | 1 | 8～10 | 0.045 | 0.03 | |
| 303 | Base | 17～19 | 0.15 | 2 | 1 | 8～10 | 0.2 | 0.15 | 0.6Mo |
| 304 | | 18～20 | 0.08 | 2 | 1 | 8～11 | 0.045 | 0.03 | |
| 310 | | 24～26 | 0.25 | 2 | 1.5 | 19～22 | 0.045 | 0.03 | |

| | 元素成分 | | | | | | | | |
|---|---|---|---|---|---|---|---|---|---|
| AISI 標準 | Fe | Cr | C | Mn | Si | Ni | P | S | 其他 |
| 316 | | 16～18 | 0.08 | 2 | 1 | 10～14 | 0.045 | 0.03 | 2-3Mo |
| 317 | | 18～20 | 0.08 | 2 | 1 | 11～15 | 0.045 | 0.03 | 3-4Mo |
| 肥粒鐵型 | | | | | | | | | |
| 405 | Base | 12～15 | 0.08 | 1 | 1 | | 0.04 | 0.03 | 0.1-0.3Al |
| 409 | | 11～12 | 0.08 | 1 | 1 | | 0.045 | 0.045 | 6-C |
| 430 | | 16～18 | 0.12 | 1 | 1 | | 0.04 | 0.03 | |
| 麻田散鐵型 | | | | | | | | | |
| 403 | Base | 12～13 | 0.15 | 1 | 0.5 | | 0.04 | 0.03 | |
| 410 | | 12～13 | 0.15 | 1 | 1 | | 0.04 | 0.03 | |
| 414 | | 12～14 | 0.15 | 1 | 1 | 1.3～2.5 | 0.04 | 0.03 | |
| 416 | | 12～14 | 0.15 | 1.2 | 1 | | 0.04 | 0.03 | 0.6Mo |
| 420 | | 12～14 | 0.15 | 1.2 | 1 | | 0.04 | 0.03 | |
| 431 | | 15～17 | 0.2 | 1 | 1 | 1.3～2.5 | 0.04 | 0.03 | |

沃斯田鐵型不鏽鋼具良好之機械性質及耐蝕性，並且銲接性良好，其中以18%鉻 -8% 鎳之不鏽鋼最具有代表性，簡稱爲 18-8 不鏽鋼。18-8 不鏽鋼中，以 304 不鏽鋼爲工業界所廣泛應用。肥粒鐵型不鏽鋼以 430 不鏽鋼爲代表，在工業應用上，廣泛地運用在散熱器、化學設備、汽車零件及螺絲等產業。麻田散鐵型不鏽鋼強度較差，以 410 不鏽鋼爲代表，淬火回火處理後具有良好的強度，可以作爲構造用材料。

### 6.3.6.3 奧斯田鐵型不鏽鋼

直接雷射沉積製造最常研究的奧斯田鐵型（Austenitic）不鏽鋼包括 AISI 304 型不鏽鋼（304）、AISI 304L 型不鏽鋼（304L）、AISI 316 型不鏽鋼（316）和 AISI 316L 型不鏽鋼（316L）。當透過直接雷射沉積加工時，它們都由 γ- 奧斯田鐵和 δ- 肥粒鐵組成 [140, 141]，但在傳統的加工方式加工後通常是奧斯田鐵相。一般來說，與傳統加工的不鏽鋼相比，沉積後的奧斯田鐵型不鏽鋼具有更高的降伏強度、抗拉強度和硬度，不過延展性會下降。

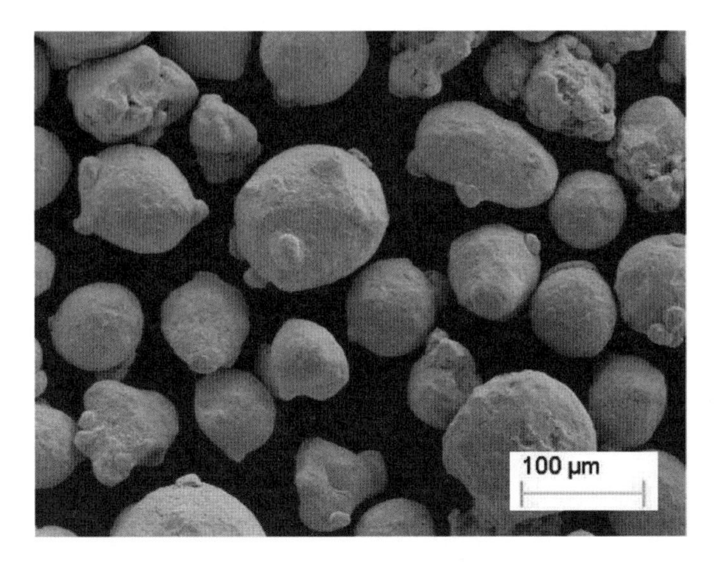


圖 6-5　316 不鏽鋼粉末

直接雷射沉積製造元件的高強度可歸因於快速凝固、樹枝狀和蜂窩狀結構引起的晶粒細化特徵結構的綜合影響，並且存在著快速凝固和殘餘應力導致的潛在高差排密度，因此也使得材料的伸長率降低 [141, 142, 143, 144]。直接雷射沉積製造的元件，需要在強度和延展性之間的取得適度的平衡，直接雷射沉積製造具有較高的差排密度及較細的晶粒特徵結構，因此容易導致晶界處的差排堆積，而造成內部缺陷的形成 [140, 142, 145, 146]。

由直接雷射沉積製造的奧斯田鐵型不鏽鋼中，降伏強度和極限拉伸強力隨著熱能輸入的增加而降低，但並沒有發現降伏強度或極限抗拉強度隨體積熱能輸入變化的明顯趨勢。與具有較高線性熱輸入的元件相比，較低的線性熱輸入導致較小的熔池形成，會造成較高的溫度梯度，進而加快冷卻速度，並且形成較細的微觀結構，導致降伏強度和極限抗拉強度的提高 [140, 142, 144]。

用於熔化沉積層或基板的實際能量取決於材料對雷射的吸收率，以 Nd:YAG 和 $CO_2$ 雷射來做爲比較的話，$CO_2$ 雷射的波長（λ）爲 10.6 μm，Fe 吸收率在室溫下爲 0.12，Nd:YAG 雷射波長（λ）爲 1.06 μm，Fe 吸收率爲 0.25～0.32，$CO_2$ 雷射的吸收率低於 Nd:YAG 雷射對於 Fe 的吸收率 [147]。因此，對於直接雷射沉積製造系統提供的相同熱能輸入下，使用 $CO_2$ 雷射時的實際吸收能量低於使用 Nd:YAG 雷射時的實際吸收能量。

在直接雷射沉積製造的元件中，可以觀察到奧斯田鐵型不鏽鋼的機械性能具有些微的異向性，可以從材料的微觀結構觀察可以發現，晶粒取向是具有異向性的結構，細長的晶粒和晶枝通常沿構建方向取向，主要是因爲直接雷射沉積製造的加工過程，最高的溫度梯度的方向是沿著構建方向分布 [140, 142, 143, 148]。一般來說，奧斯田鐵型不鏽鋼的降伏強度和極限抗拉強度在縱向與橫向相比會較高一些。直接雷射沉積製造的奧斯田鐵型不鏽鋼，與橫向相比，縱向的伸長率通常會等於或低於橫向，而選擇性雷射熔融沉積（SLM）製造方式製作的元件，趨勢較不明顯。

#### 6.3.6.4 析出硬化型不鏽鋼

直接雷射沉積製造常見的析出硬化型（Precipitation Hardening, PH）不鏽鋼，包括 AISI 630 麻田散鐵型（Martensitic）析出硬化不鏽鋼或 17-4 PH 不鏽鋼（17-4 PH）和 AISI S15500 型麻田散鐵型析出硬化型不鏽鋼或 15-5 PH 不鏽鋼（15-5 PH）。由奧斯田鐵（50～75 vol%）和麻田散鐵型（25～50 vol%）的混合物組成製作的元件，製作完成後元件的降伏強度和硬度通常低於經過熱處理的鍛造元件，可能是由於直接雷射沉積元件中相對較軟的殘餘奧斯田鐵所造成。在直接雷射沉積材料的塑性變形過程中，會發生從奧斯田鐵到麻田散鐵型的應變誘發的相變化，導致應變硬化。熱處理後的直接雷射沉積元件與鍛造元件相比，直接雷射沉積元件中產生優異的伸長率和極限抗拉強度，可以藉由在完工後的熱處理來完成 [149]。

經時效處理後的 17-4 不鏽鋼，降伏強度和極限抗拉強度與 17-4 不鏽鋼的強度相比，略有提高，但強度未達到經固溶退火後的材料強度。時效 17-4 PH 不鏽鋼含有麻田散鐵型和殘餘奧斯田鐵，這可能這結果產生的主要原因。奧斯田鐵對 Cu 的溶解度高，抑制富 Cu 離子的析出，可以抑制析出硬化。固溶退火將奧斯田鐵轉變爲麻田散鐵型，將會增加富銅沉澱物的數量，進而提高了降伏強度和極限抗拉強度。然而，固溶退火後過時效會使析出物粗化，導致降伏強度和極限抗拉強度降低 [150]。

直接雷射沉積過程所產生的未熔合孔洞、部分熔化的粉末和二次相顆粒等的缺陷，在拉伸負荷的過程中，容易成爲裂紋成核位置，這些缺陷會降低直接雷射沉積所製成的析出硬化型不鏽鋼的延展性。

### 6.3.7 自熔合金

自熔合金（Self-Fluxing Alloys）設計的目的，是自熔合金在雷射熔融時，利用熔融過程中液體的快速流動性，消除沉積層內部的孔洞，並且提高沉積層內部的鍵結強度，以及提高沉積層和基材間的黏著強度。一般常見的自熔合金材料，合金內通常會加入硼和矽等元素，常見的自熔合金材料的成分資料，請參考表 6-11 所示。自熔合金的重熔溫度約在 900～1100℃之間，在雷射熔覆後，可以藉由雷射、火焰或加熱爐的加熱方式，來進行第二次的加熱重熔。

表 6-11 自熔合金成分表

| Colm-onoy 編號 | 熔點（℃） | 硬度（HRC） | 密度（g/cm$^3$） | 成分 | | | | | | | | | | | |
|---|---|---|---|---|---|---|---|---|---|---|---|---|---|---|---|
| | | | | 鎳 | 鉻 | 硼 | 矽 | 鐵 | 碳 | 鈷 | 銅 | 鉬 | 鎢 | 磷 | 鈮 |
| 225 | 900 | 13～18 | 8.59 | 其餘 | | 0.5 | 2.2 | | | | | | | 1.9 | |
| 226 | 935 | 16～21 | 8.58 | 其餘 | | 0.8 | 2.2 | | | | | | | 1.9 | |
| 227 | 915 | 22～27 | 8.53 | 其餘 | | 0.9 | 2.7 | | | | | | | 2.1 | |
| 228 | 930 | 28～33 | 8.46 | 其餘 | | 1.0 | 3.7 | | | | | | | 2 | |
| 42 | 980 | 35～40 | 8.5 | 其餘 | 4.0 | 1.2 | 2.8 | 0.3 | 0.2 | | | 3.0 | | | |
| 43 | 980 | 35～40 | 8.5 | 其餘 | 4.3 | 1.15 | 2.8 | 0.1 | 0.15 | | | 3.2 | | | |
| 5 | 1025 | 45～50 | 8.24 | 其餘 | 13.8 | 2.3 | 3.4 | 4.8 | 0.5 | | | | | | |
| 56 | 1030 | 56～61 | 8.18 | 其餘 | 13.2 | 2.6 | 3.8 | 4.4 | 0.6 | | | | | | |
| 6 | 1030 | 56～61 | 8.1 | 其餘 | 14.3 | 3.0 | 4.2 | 4.0 | 0.7 | | | | | | |
| 62 | 1025 | 56～61 | 8.07 | 其餘 | 15.0 | 2.8 | 4.5 | 4.0 | 0.6 | | | | | | |
| 63 | 1030 | 56～61 | 8.07 | 其餘 | 15.0 | 3.2 | 4.8 | 4.0 | 0.6 | | | | | | |
| 635 | 1055 | 58～63 | 11.46 | 其餘 | 8.0 | 1.9 | 3.0 | 2.5 | 2.3 | 2.3 | | | 30.8 | | |
| 69 | 1030 | 58～63 | 8.06 | 其餘 | 16.5 | 3.6 | 4.8 | 3.0 | 0.55 | | 2.1 | 3.5 | | | |
| 705 | 1025 | 58～63 | 13.38 | 其餘 | 5.4 | 1.5 | 2.3 | 2.5 | 2.0 | 0.1 | | | 48.0 | | |
| 98 | 1015 | 55～60 | 8.31 | 其餘 | 8.0 | 3.2 | 4.2 | | 0.06 | | 2.5 | 2.0 | | | 2.0 |
| 22 | 930 | 28～33 | 8.58 | 其餘 | 0.3 | 1.0 | 3.7 | 0.2 | 0.03 | | | | | | |

| Colmonoy編號 | 熔點(℃) | 硬度(HRC) | 密度(g/cm³) | 成分 | | | | | | | | | | | |
|---|---|---|---|---|---|---|---|---|---|---|---|---|---|---|---|
| | | | | 鎳 | 鉻 | 硼 | 矽 | 鐵 | 碳 | 鈷 | 銅 | 鉬 | 鎢 | 磷 | 鈮 |
| 24 | 1065 | 16～23 | 8.64 | 其餘 | 0.08 | 1.5 | 2.5 | 0.12 | 0.02 | | | | | | |
| 4 | 1050 | 35～40 | 8.39 | 其餘 | 10.0 | 2.2 | 2.3 | 2.5 | 0.4 | | | | | | |
| 52 | 1065 | 45～50 | 8.24 | 其餘 | 12.2 | 2.2 | 3.7 | 3.8 | 0.5 | | | | | | |
| 53 | 1065 | 45～50 | 8.24 | 其餘 | 12.3 | 2.2 | 3.7 | 3.8 | 0.55 | | | | | | |
| 72 | 1060 | 57～62 | 9.51 | 其餘 | 13 | 2.9 | 3.8 | 4.0 | 0.7 | | | | 13.0 | | |
| 730 | 1060 | 58～63 | 12.36 | 其餘 | 8.4 | 1.8 | 2.4 | 2.5 | 2.4 | 2.3 | | | 39.2 | | |
| 75 | 1065 | 58～63 | 11.25 | 其餘 | 7.5 | 1.4 | 2.4 | 2.5 | 2.9 | 6.2 | | | 41.4 | | |
| 750 | 1060 | 58～63 | 12.17 | 其餘 | 6.8 | 1.4 | 1.8 | 2.4 | 3.0 | 6.1 | | | 46.8 | | |
| 84 | 1095 | 40～45 | 8.84 | 其餘 | 29.0 | 1.4 | 2.0 | 2.4 | 1.1 | | | | 7.5 | | |
| 88 | 1100 | 59～64 | 9.89 | 其餘 | 15.0 | 3.0 | 4.0 | 3.5 | 0.8 | | | | 16.5 | | |

（資料來源：Wall Colmonoy 公司）

自熔合金在直接雷射沉積過程中，由於熔融液體的快速流動，沉積後具有相當緻密的結構。圖 6-6 所示為直接雷射沉積自熔合金的橫截面金相，從微結構的金相組織可以發現，自熔合金沉積層緻密性佳，且沉積層與基材之界面接合狀況良好。

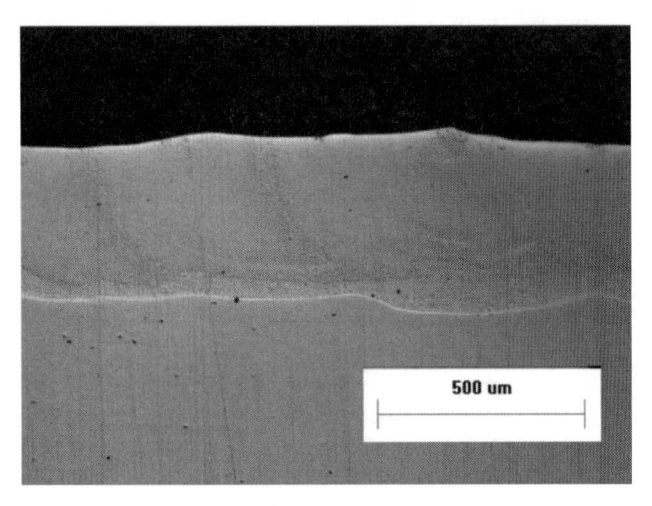


**圖 6-6　直接雷射沉積自熔合金的橫截面金相**

### 6.3.8 碳化物材料的添加

碳化物是碳化鎢、碳化矽、碳化鉻、碳化鈦、碳化鉭、碳化釩、碳化鈮等的統稱，碳化物材料具有相當高的硬度，因此在耐磨耗的表現上，通常是相當地優秀。直接雷射沉積技術所常用的碳化物材料，通常具有高的硬度及抗磨耗性質，因此藉由碳化物材料添加的直接雷射沉積層，在抗磨耗的應用上，占有相當重要的地位。以下針對幾項常見的直接雷射沉積用碳化物添加材料，進行介紹。

#### 6.3.8.1 碳化鎢

碳化鎢（Tungsten Carbide, WC）是硬度極高的碳化物材料，硬度高達 2800～3500Hv，熔點約爲 2,785～2,830℃。碳化鎢雖然硬度很高，但是卻相當脆，加工相當地不容易，可以藉由直接雷射沉積、熔射或燒結技術將碳化鎢製作成所需之產品。直接雷射沉積技術所使用的碳化鎢材料，通常是藉由黏結金屬，在高溫熔融後和碳化鎢黏結在一起。最早發現碳化鎢材料的科學家，爲法國的莫瓦桑（Henri Moissan, 1852～1907），1927 年時，維迪亞公司推出第一件商業化之產品。

早期的碳化鎢產品，大多採用鈷（Cobalt, Co）爲黏結金屬，後來有些應用開發出添加碳化鈦、碳化鉭、碳化釩、碳化鈮、碳化鉻及氧化鋁等材料，以提高碳化鎢產品之硬度、耐磨耗性及韌性。碳化鎢在直接雷射沉積或燒結過程中，容易因爲製程之高溫，而造成碳化鎢再結晶或晶粒成長，而使得碳化鎢軟化，爲了抑制碳化鎢晶粒成長，可以添加微量的其他碳化物材料，例如添加碳化鈦、碳化鉭、碳化釩、碳化鈮及碳化鉻等材料。另外，過高的溫度也可能造成碳化鎢吸碳、脫碳或是相分解，使得碳化鎢軟化。

影響碳化鎢複合材料硬度之因素，包括有碳化鎢顆粒之粗細、黏結金屬比例、材料孔隙率、碳化鎢顆粒分散狀況及碳化鎢中碳的化學劑量比等。欲提高碳化鎢複合材料硬度，碳化鎢顆粒必須要盡可能的細，如果碳化鎢顆粒細到奈米等級尺度，碳化鎢材料之硬度將會非常之良好。碳化鎢複合材料之中黏結金屬比例，將影響材料的硬度，降地黏結金屬之比例，將有助於提高材料之硬度。但是，相對地也將降低材料之韌性，造成材料容易脆裂。

表 6-12　碳化鎢之物理性質表

| 碳化鎢（Tungsten Carbide, WC） | |
|---|---|
| 密度 | 14.95 g/$cm^3$ |
| 導熱係數 | 60～80 W/m deg k（293K） |
| 熔點 | 2870°C |
| 沸點 | 6000°C |
| 電阻係數 | 2×10-4 ohm-m（298K） |
| 硬度 | 2800-3500 Hv |

爲了改善各種機械元件的表面性能，碳化鎢由於其在高硬度和耐磨方面的獨特性能，已在各不同領域被採用，應用在各種元件上沉積硬質碳化物顆粒層。爲了減少碳化物沉積中的孔隙率和裂紋形成，金屬鈷、鐵或鎳等常與碳化物材料結合形成碳化物 - 金屬複合材料，其中金屬添加的目的是作爲黏合劑。對於碳化鎢而言，鈷是最常用的黏合劑之一。WC-Co 碳化物金屬複合材料由於其塗層具有優異的附著力、抗沖蝕、抗磨損和耐磨性佳等，被廣泛用於改善許多工業元件的應用。在直接雷射沉積過程中採用高含量的 WC 和 Co 基金屬基體，利用氬氣作爲保護氣體，製作後硬度範圍可達 900～1000 Hv。直接雷射沉積隨著複合材料中 WC 相的增加，沉積層的硬度增加。隨著雷射作用時間的增加，金屬基體中碳化鎢相的溶解度提高。直接雷射沉積沉積 WC-Co 複合材料，塗層中 $W_2C$ 與 WC 的比率在雷射加工後呈現增加趨勢。後續的應用需求，需要更具抗腐蝕性的材料添加，因此除了鈷合金外，鎳基金屬材料添加成爲基底材料的應用，也漸漸地成爲趨勢。

碳化鎢的高硬度常用來製作抗磨耗塗層，用來取代鍍硬鉻等方式的表面處理。藉由直接雷射沉積所製作之碳化鎢塗層，到目前爲止已廣泛地應用於工業界，應用的範圍包括抗磨損、滑動、摩擦及侵蝕等。在常見的碳化鎢塗層中，一般是以碳化鎢硬質顆粒爲主要的抗磨耗材料，而其中的鈷金屬則主要提供碳化鎢顆粒黏結作用，並且提供適當的支撐強度以作爲塗層的基底。碳化鎢 - 金屬沉積層性質中的硬度、抗磨耗性及韌性，主要受到碳化鎢晶粒大小及體積分量的影響，以碳化鎢 - 金屬沉積層而言，也受到孔隙率及鈷金屬黏結相成分的影響。在燒結碳化鎢 - 鈷部分，碳化鎢的晶粒傾向於彼此碰觸到，形成連續性的碳化物骨架，而鈷金屬黏結材料則分布於碳化鎢晶粒間；而碳化鎢 - 鈷沉積層部分，則和燒結碳化鎢 - 金屬不太一樣，直接雷射沉積碳化鎢 - 金屬沉積層傾向於降低碳化鎢顆粒的量，因爲過多的碳化鎢量，在製作過程中因凝固收縮易造成裂縫產生。

直接雷射沉積碳化鎢 - 金屬沉積層的品質狀況受到相當多的因素所影響，所形成的沉積層也由於沉積層性質的不同而使用於各種不同的應用上。即使碳化鎢 - 金屬沉積層在表面上看起來相似，碳化鎢 - 金屬沉積層也會因爲不同的製程參數，或不同的粉末形態，所製作而成的沉積層在特徵上也將有所差異。在直接雷射沉積層的微結構中，沉積層的孔洞狀況與裂紋是常見的幾個觀察重要指標。在陶瓷金屬複合材料沉積層中，沉積層緻密度是相當重要的觀察指標，主要是因爲沉積層緻密度直接影響沉積層的抗腐蝕及抗磨耗性質，沉積層的孔隙率增加，將降低沉積層的抗腐蝕及抗磨耗性質。因此，常見的抗磨耗陶瓷金屬複合材料沉積層提高抗磨耗性質的做法，通常是先提高沉積層的緻密度。然而，在碳化鎢 - 金屬的直接雷射沉積過程中，提高直接雷射沉積熔池溫度會提高碳化鎢的脫碳現象，因此控制在熔融過程中僅熔融與凝固時間，將有助於降低碳化鎢的脫碳現象。當碳化鎢 - 沉積層的顆粒較大時，選用顆粒較大碳化鎢 - 金屬的狀況，可以藉由提高黏結金屬鈷的含量，以製作出較緻密的塗層。

鎢（Tungsten, W）和碳（Carbon, C）結合後可形成六方堆積（Hexagonally Close Packed, hcp）結構碳化物材料，如圖 6-7 碳化鎢的六方堆積結晶結構示意圖所示。其中碳化鎢在高溫時可能裂解爲碳化二鎢（$W_2C$），如圖 6-8 的 W-C 相平衡圖所示。碳化二鎢則可以再細分爲 β、β' 和 β'' 相等，如圖 6-9 所示，圖中的介穩相（Metastable Phase）γ 爲 γ-WC1-x。碳化鎢包含 6.13wt%C，硬度約爲 2400 kg/mm$^2$，碳化二鎢包含 3.16%C，硬度約爲 3000 kg/mm$^2$，但是碳化二鎢較碳化鎢脆。目前常見的金屬碳化物材料中，僅碳化鎢和碳化二鉬（$Mo_2C$）爲六方堆積結晶結構，而大部分其他的金屬碳化物，例如碳化鈦（Titanium Carbide, TiC）、碳化鉭（Tantalum Carbide, TaC）、碳化鈮（Niobium Carbide, NbC）及碳化釩（Vanadium Carbide, VC）等則爲面心立方（Face Centered Cubic, FCC）結構。不過六方堆積結晶結構碳化鎢，仍然會因爲部分晶格的位移而轉變爲面心立方結構，因此碳化鎢和其他碳化物材料可以互相固溶在一起。[151, 152]

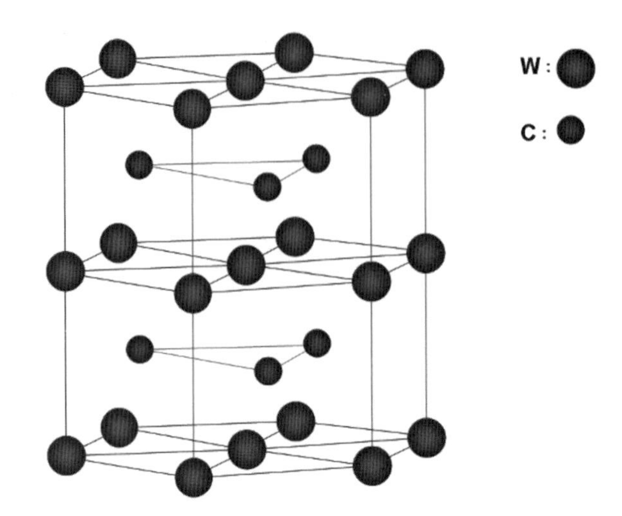


圖 6-7　碳化鎢的六方堆積結晶結構示意圖

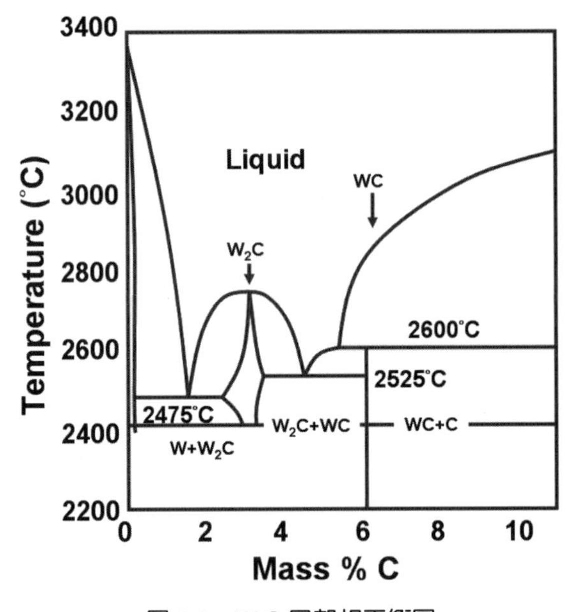


圖 6-8　W-C 局部相平衡圖

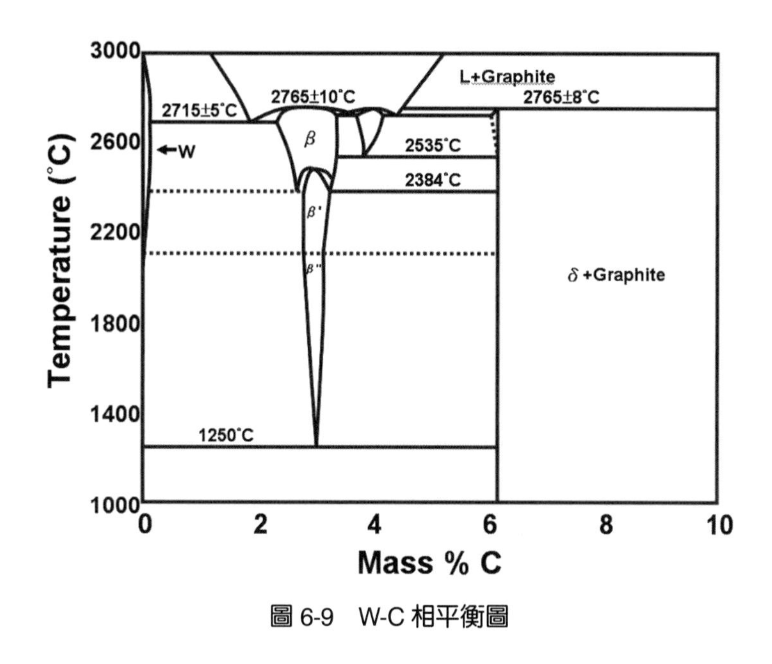


圖 6-9 W-C 相平衡圖

碳化鎢和黏結金屬間的潤濕性（Wettability）較其他碳化物材料好，這項要素主要和複合後材料的韌性（Toughness）有關，黏結良好的金屬與碳化鎢複合材料，可提供良好的韌性及高硬度碳化鎢 - 金屬複合材料供使用者應用。鈷（Cobalt, Co）是目前應用最廣的碳化物黏結材料，主要是由於鈷和碳化物材料間的潤濕性及結合性良好。

純碳化鎢和鈷金屬在大氣環境下並不會互熔在一起，但是碳化鎢在 2780℃左右會裂解為液相和石墨，此時鈷元素則容易進入碳化鎢中。在遠低於 2780℃的溫度下，碳化鎢即會固熔於鈷金屬內，此結果對於直接雷射沉積來說是極為重要的資訊，顯示為何在低於碳化鎢裂解的溫度下，碳化鎢和鈷黏結材料可以互相反應。這也是為何 $Co_3W_3C$ 和 $Co_6W_6C$ 會隨著溫度的變化而有所修正，例如 $Co_3W_3C$ 在 1470 至 1700 K 溫度下存在範圍為 $Co_{3.1}W_{2.9}C$ 至 $Co_{2.2}W_{3.8}C$。儘管碳化二鎢在 1250℃下為介穩相，然而即使是在緩慢卻的狀況下，卻仍然常見於在碳化鎢 - 金屬材料中，這種狀況常見於商業用的粉末及塗層內。然而，在介穩相中的 γ 相或 $WC_{1-x}$ 相，在室溫下則僅在材料快速脆火冷卻的狀況下才會出現。不只碳化鎢沒有穩定的熔融相，當碳的含量爲非計量比（Nonstoichiometric）時，很容易會形成其他的脆性相。因此，碳化鎢 - 金屬材料在高溫直接雷射沉積過程中，很難避免材料的氧化（Oxidizing）／脫碳（Decarburizing）狀況，特別是在直接雷射沉積過程中。

碳化鎢 - 金屬材料藉由直接雷射沉積製作成爲塗層後，金屬黏結相的微結構呈現層狀結構（Lamellar Structure）分布，碳化物相主要分散於金屬黏結材料間，而碳化物相的大小則由原料及直接雷射沉積製程參數所決定。通常研究者會藉由光學顯微鏡（Optical Microscopy, OM）或掃描式電子顯微鏡（Scanning Electron Microscopy, SEM）來觀察塗層的橫截面顯微結構，常見的微結構評估項目，包括孔隙率、碳化物殘留的大小及分布等。由掃描式電子顯微鏡的背向散射電子（Back-scattered Electron, BSE）影像可以發現，鎢元素含量較高的位置，呈現白色相分佈，主要是由於鎢的原子序較高；碳化二鎢的相次白，碳化鎢相則較碳化二鎢深色，鈷黏結相顏色最深色，碳化二鎢及 η 相則通常會呈現樹枝狀（Dendritic）結構。

在直接雷射沉積的製作過程中，針對碳化鎢 - 金屬材料部分的主要的考量因素爲直接雷射沉積過程中熱的影響，因爲碳化鎢 - 金屬粒子在直接雷射沉積過程中，會由於高溫的加熱熔融，造成碳化鎢 - 金屬材料物理及化學性質上的改變。碳化鎢粒子在直接雷射沉積過程中所造成的物理或化學性質改變，包括結合成爲較大顆粒、固溶於黏結金屬中、因氧化而造成的裂解與脫碳反應等。一般常用碳化鎢 - 鈷粉末，通常只含有純碳化鎢和純鈷的金屬黏結相，然而在直接雷射沉積過程中的高溫加熱熔融，會使得碳化鎢裂解爲碳化二鎢或鎢，部分的碳化鎢可能會溶解於鈷金屬中形成鈷 - 鎢 - 碳的三元合金相。到目前爲止，已有部分的碳化鎢 - 鈷粉末將 $Co_3W_3C$ 作爲黏結金屬使用，在製作成爲直接雷射沉積塗層後，$Co_3W_3C$ 仍然會殘留在碳化鎢 - 鈷塗層中[153]。雖然 $Co_3W_3C$ 比純鈷黏結金屬脆，但是在熔融金屬的應用中，$Co_3W_3C$ 具有相當良好的抗腐蝕表現。

目前商業化的粉末，已可以藉由直接雷射沉積技術製作出碳化鎢結構組織均勻分布於黏結金屬中的沉積層，如圖 6-10 所示。最近的研究結果顯示，碳化鎢 - 金屬塗層會出現帶狀的不規則結構，主要是由於直接雷射沉積過程中，粒子溫度不均勻分布所造成。因爲各別粒子的溫度及形狀與顆粒大小分布狀況不同，將使得粒子的裂解狀況有所差異。當粒子的溫度高於 2600℃以上時，將會讓碳化鎢裂解爲液

態的碳化二鎢和碳 [154]。大量的碳化鎢裂解將提高液相中鎢的濃度，顯微結構也會接近碳化鎢裂解後的特徵。

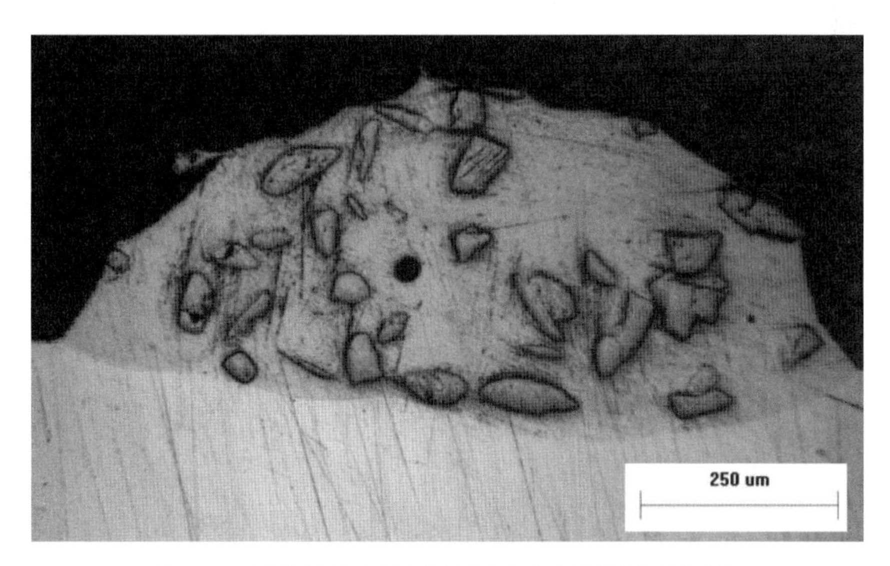


**圖 6-10　碳化鎢分布於金屬基地内之光學顯微結構影像**

在直接雷射沉積過程中，碳化鎢 - 鈷粉末容易造成脫碳或氧化等反應，或是在碳化鎢和鈷黏結金屬間產生裂解反應等，產生如碳化二鎢、CoxWyCz（$Co_3W_3C$，$Co_6W_6C$，$Co_2W_4C$，$Co_3W_9C_4$）、三氧化鎢（$WO_3$）或鎢（W）等硬脆相。

#### 6.3.8.2　碳化鉻

碳化鉻（$Cr_3C_2$）材料相較於碳代鎢而言，在室溫下較碳化鎢軟，硬度值約爲 1336 kg/mm$^2$，然而在高溫蒸氣環境下碳化鉻材料則呈現優異的抗滑動磨耗特性及抗氧化性。因此，碳化鉻沉積層相當適合於高溫腐蝕及侵蝕環境下的保護沉積層應用。碳化鉻常用於金屬元件的表面處理，可以鎳鉻合金混合後直接雷射沉積於金屬材料的表面，製作後的表面具有相當優良的高溫抗磨耗效果。此種金屬基複合材料的沉積層，主要是藉由嵌入鎳鉻合金基體的硬質碳化鉻陶瓷顆粒組成，已提高沉積層耐磨耗性，鎳鉻合金基體本身有助於塗層的耐腐蝕性。目前已運用於蒸氣渦輪機的抗腐蝕損壞、應力腐蝕損壞及疲勞腐蝕等應用，例如蒸氣機、蒸氣管路及加熱器等。碳化鉻沉積層可以降低在蒸氣環境下使用的侵蝕速率。

碳化鉻 - 鎳鉻材料，在工業上的應用相當地廣泛，特別是在高溫環境下的抗腐蝕及抗磨耗的應用，碳化鉻 - 鎳鉻材料更是扮演著相當重要地角色。相較於碳化鎢 - 鈷材料而言，碳化鉻 - 鎳鉻在 700～900℃的高溫環境下，具有更優異的高溫穩定性，不像碳化鎢 - 鈷在這樣高溫的環境下容易產生裂解，碳化鎢相在此溫度環境下，容易因爲脫碳反應成爲硬度值較差的 $W_2C$ 相。然而，藉由直接雷射沉積所製作的碳化鉻 - 鎳鉻沉積層，結合了鎳鉻合金優異的抗腐蝕特性及碳化鉻良好的抗磨耗性，使機械零件在高溫環境下的應用，有更佳的表現。

### 6.3.9 金屬基複合材料

金屬基複合材料（Metal Matrix Composite, MMC）使用合金粉末和各種碳化物材料混合，藉由碳化物材料的硬質顆粒提升金屬基材的硬度及耐磨耗性，由於金屬基複合材料具有比一般材料更高的硬度和耐腐蝕性，因而受到歡迎。由於 MMC 材料是金屬基複合材料，比個別單一的合金材料具有更多的性能。金屬基複合材料通常由金屬基體和各種硬質合金組成，目前添加在金屬材料內的硬質顆粒包括多種的碳化物（WC、TiC、SiC、$B_4C$ 和 $Cr_3C_2$）、硼化物（TiB、$TiB_2$ 和 $Ti_2B$）和氧化物（$Al_2O_3$、$ZrO_2$ 和 $TiO_2$）等。

鋁基複合材料是最常被研究的金屬基複合材料，鋁基複合材料廣泛用於汽車和航空工業。SiC、$Al_2O_3$ 和 $B_4C$ 等增強化合物可以在熔融鋁中有效地混合。鎂基複合材料具有類似的優點，但由於製造上的限制和較低的熱導率，與鋁基複合材料相比，應用並不廣泛。由於鎂及其合金的低密度，已經爲航空、電腦、手機和通訊產業等開發了鎂基複合材料。鈦合金在高溫下具有良好的強度和優異的耐腐蝕性，因此鈦合金被用作製造金屬基複合材料的基體材料。與鋁相比，鈦合金在更高的溫度下能可以保持良好的強度，這樣的特性在製造飛行速度非常高的飛機和導彈結構方面具有優勢。在導熱性和高溫強度性能方面，銅基複合材料優於其他金屬基複合材料。

### 6.3.10 高熵合金

高熵合金（High-Entropy Alloys, HEAs）的概念，是利用等摩爾或接近等摩爾比的多元素化合物，與傳統的金屬合金化不同的是，該方法藉由高混合熵以避免形成脆性金屬間相，在合金開發領域取得了突破性進展。根據各種研究結果顯示，高熵合金材料表現出高強度和延展性，並且具有良好的耐腐蝕性和耐磨性。高熵合金材料在製造承受複雜應力的元件使用上，具有巨大潛力，另外在離心和彎曲混合應力需求的應用環境，亦可以提供足夠延展性的高強度材料作爲應用。

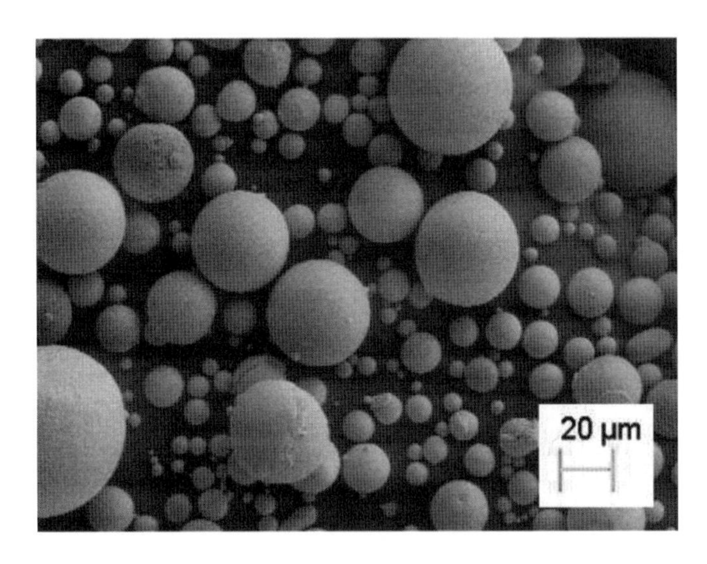


圖 6-11　高熵合金粉末

高熵合金設計通常超過三個主要元素，大量的化合物中會在凝固過程中透過固溶體的方式形成。然而，這種假設依賴於熔體的快速冷卻的狀況下限制擴散，從而限制凝固過程中金屬間化合物的生長。因此，直接雷射沉積其冷卻速率可達到 $10^4$ K/s，作爲高熵合金的製造，可以呈現出另外一種特殊的高熵合金凝固過程。研究顯示直接雷射沉積製作的 AlCrCoFeNi 系的高熵合金沉積層，可產生細晶粒固溶體的微觀結構，並且沉積層無裂紋。薄壁和體積小的直接雷射沉積製造，會導致高熵合金細晶粒微觀結構呈現體心立方（BCC）相組成。經過高於 800℃熱處理後，有機會形成較軟的面心立方（FCC）相，可降低高熵合金的脆性和降伏強度，同時增加延展性。

### 6.3.11 特殊材料

直接雷射沉積技術具有廣泛的應用性，可以將金、銀、鈀和鉑等貴金屬製造成為複雜形狀的元件，例如珠寶、牙冠和電連接器等。直接雷射沉積技術還具有生產高熔點難熔合金元件的獨特功能，這些高熔點難熔合金難以使用傳統方法進行加工成為元件。利用粉末送料方式的直接雷射沉積技術，利用粉末輸送的方式也可用於製造不同成分合成的產品，並且可以得到良好結構和性能的產品。以下將針對難熔金屬、貴金屬和成分漸層合金的直接雷射沉積技術進行說明。

#### 6.3.11.1 高熔點金屬

高熔點金屬又稱為難熔金屬，例如鎢、鉭、鈮和鉬等金屬元素及其合金，是熔點相當高的金屬，具有 BCC 或 HCP 晶體結構。這些金屬和合金具有獨特的性能和應用，包括高溫強度、生物相容性、低熱膨脹、超導性或高密度等，常用於高輻射環境中的結構應用。難熔金屬在高溫下容易與氣體產生反應，在大氣環境下保護不足的情況時進行加工，會失去延展性。因此，這些合金的製作通常需要藉由真空或氣氛保護下進行。這些材料因為需要在氣氛保護下的施工方式，使得應用部分也會受到了局限，例如製作的高成本與製作的形狀會受到局限等。由於這些金屬的熔點相當高，所以使用傳統金屬加工技術製造變得更為困難，因此直接雷射沉積是這些材料在應用時不錯的選項之一。直接雷射沉積技術製作過程，可以減少相較於傳統加工較少的步驟需求，採用加法方式生產，可以顯著減少昂貴材料的耗損。

鎢合金在高溫下具有低熱膨脹係數和高強度的優點，在熔爐和高溫環境下已有需多應用。由於鎢的密度高，在輻射屏蔽、離子佈植準直和平衡重量等有相關應用。鎢為高硬且脆的材料，一般傳統的切削加工方法不易成型鎢合金，傳統的加工方式是利用高溫燒結的方式成型鎢合金材料，利用直接雷射沉積的方式則可以直接成型為形狀複雜的產品。

鉭的熔點為 2996℃，是一種高韌性的難熔金屬，具有生物相容性和耐化學性。鉭可用於醫療應用，包括支架和塗層，例如將鉭金屬披覆於鈦基材上，以產生用於骨植入物的多孔表面，另外也會添加於 CoCr 合金中形成多孔塗層；鉭金屬也適用於高溫隔熱和熔爐等的應用。

鈮的熔點為 2495℃，在所有元素中具有最高的超導轉變溫度，超導轉變溫度為 7.5K，因此，常為直線加速器的超導射頻腔體的材料選項之一。鈮金屬的成形，通常採用傳統深拉（Deep Drawing）和離子束的銲接製造方式，因為成型困難高，且製造後晶粒結構不均勻，因而降低了機械強度。藉由直接雷射沉積製程參數的適當控制，並在適當的氣氛保護環境中製作鈮金屬元件，機械性能與可以與一般加工方式製作的鈮金屬相近。

鉬的熔點為 2620℃，是用於高溫應用的材料，可使用於核反應堆的內壁。鉬金屬與鎢金屬相似，由於其脆性和對於裂紋敏感性，是一種難以銲接的材料。直接雷射沉積透過改變雷射功率、沉積層厚度和掃描軌跡重疊條件調控，可以用來製作所需的鉬金屬元件。

### 6.3.11.2 貴金屬

金、銀、鉑和鈀等貴金屬合金因其光澤、價值、耐腐蝕性和易於製造，在珠寶中得到廣泛應用 [155]，黃金首飾則在全球黃金市場中占有很大的市場。

鈀、銠、釕及鋨等貴金屬可提供耐高溫化學塗層，目前可以利用直接雷射沉積技術進行沉積，可製作成為淨成型的結構，不過很多的應用是用於難熔金屬元件的塗層。

### 6.3.11.3 功能梯度材料

功能梯度材料（Compositionally Graded Alloys）或稱為漸層材料，是一種藉由材料混合濃度梯度改變，製作逐漸改變材料配比的一種材料控制技術。直接雷射沉積製造時，可以利用是利用不同的粉末材料配比，同時送入熔池中，進行材質的調控，以製作漸層材料。

傳統的功能梯度材料的製作，可能因為異種金屬沉積，例如成分、結構和性能的快速改變，造成製作材料的損壞，直接雷射沉積製造的方式提供另外一種可行的替代方案。與傳統的攪拌摩擦銲接相比，兩種合金之間的功能梯度材料性能的逐漸變化降低了過渡接合的應力。霍夫曼等人 [156] 研究結合 304L 不鏽鋼和 Inconel 625

的有限元模型，顯示透過合金之間的漸層調控，因熱膨脹引起的熱應力可以減少 10 倍，主要是由於熱膨脹係數的平滑變化所影響。此外，由於在沉積接合處易形成脆性金屬間化合物相 [157, 158, 159]，功能梯度材料的應用有利於改善這類問題。一般而言，功能梯度材料的應用，可以潛在地緩解由於不同的彈性和熱性能所導致的局部應力集中問題，藉由成分的逐漸變化，可以改善這些問題的存在。

不過在直接雷射沉積技術製作功能梯度材料存時，仍然存在著一些挑戰。例如在直接雷射沉積過程中，隨著在直接雷射沉積層增加，冷卻速率可能會因爲材質的變化而逐漸降低，熔池尺寸可能會隨著增加。另外，在功能梯度材料中混合不同材料，這些不同的合金或元素可能具有不同的熔化溫度，這將影響熱輸入對材料熔化有效性的影響，還可能導致某些元素優先蒸發 [160]。此外，組成金屬之間的熔化溫度、熱膨脹係數和液體表面張力的差異會導致未熔化的粉末 [161] 或孔隙率 [162] 的改變，這些通常是無法改變的內在屬性。然而，通過雷射功率的改變或掃描速度等參數的調控，可以減輕由此類現象所產生的影響 [163]。此外，材料的彈性模數、熱膨脹係數和晶體結構或晶格參數的差異，則會導致顯著的殘餘應力，進從而導致元件裂縫產生等的狀況，這類的狀況也可以利用功能梯度材料的應用來進行改善。

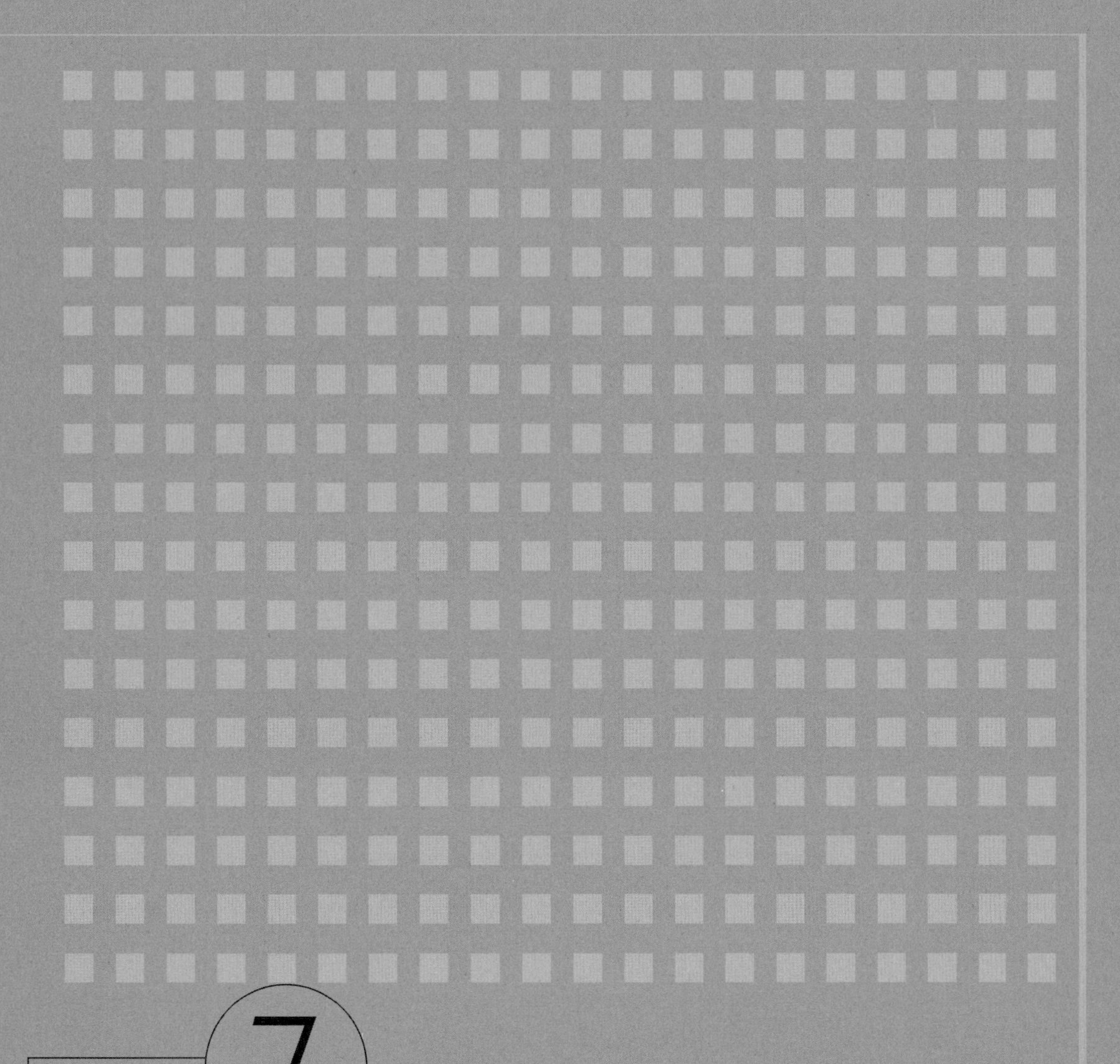

7

# 粉末輸送

直接雷射沉積技術不僅應用於零件製造，還應用於表面熔覆和零件修復。此技術利用聚焦雷射熱源來創建熔池，將原料材料注入其中，從而增加熔池的質量和體積。透過加工機或機械手臂可以帶動熱源的移動，藉由原料的輸送和基板支撐逐層累積製作元件。粉末原料從儲存罐輸送到熔池的技術，對製作後元件的品質及製程效率有著相當重要的關係。一般常見的粉末輸送任務，是藉由氣體帶動的方式來執行。本章節敘述幾種類型的粉末進料方式與噴嘴型態，並比較這些不同輸送方式的優點和限制。通常粉末輸送的方式會採用惰性載氣來輸送粉末原料，以降低粉末輸送過程或送入熔池時，所產生的不良反應。以下將針對粉末輸送相關的技術進行介紹。

直接雷射沉積技術所使用的原料，可以是金屬絲或粉末的形式。以線材爲原料的方式可以使直接雷射沉積能夠快速地沉積速率製造元件，但是由於高沉積速率和熔池的均勻性不易控制，製作後的元件通常尺寸精度和表面平整度較差 [164, 165]。送線式直接雷射沉積的優點是材料沈積效率高，且線材的成本較粉末便宜，因此可以以更快的速度且便宜的方式生產元件。但是，由於以線材形式送料的材料可用性有限，因此使用在 3D 列印用的材料選用範圍較少。與線材原料相比之下，利用粉末輸送的技術，可以實現高的尺寸精度和較小的特徵尺寸等的元件製作，主要的原因有部分來自於製作過程中，可以使用較爲細小且粒徑分布較爲均勻的粉末顆粒。

就直接雷射沉積技術而言，粉末是最常見的原料輸送形式，常見的直接雷射沉積的粉末輸送設置，大多數採用氣體帶動的方式輸送粉末。與粉體床熔融成型（Powder Bed Fusion, PDF）技術相比，直接雷射沉積所使用的粉末粒度要大得多。一般來說，粉體床熔化成型所使用的粉末粒徑範圍約爲 10～50 μm [166, 167]，而對於直接雷射沉積而言，使用的粉末粒徑範圍約爲 50～150 μm [168, 169]。這些粒徑範圍被視爲一般的經驗法則，從這些資訊顯示，直接雷射沉積與粉體床熔化成型相比需要較大的粒徑。相較於較小的顆粒而言，在直接雷射沉積過程中，較大的顆粒提供較佳的粉末流動性，並且較可以在送入熔池的過程中，衝擊並破壞熔池的表面張力，因此可以提供更高的沉積效率 [170]。較小的顆粒也容易產生結塊的現象，會造成流動性的降低，影響送粉量的均勻性。直接雷射沉積的粉末粒徑的選擇，相當地重要，選用顆徑尺寸過小的粉末會導致沉積效率降低，而選用過大的顆粒尺寸，會導致表面粗糙度過高。

## 7.1 送粉系統

直接雷射沉積技術的粉末處理，可以簡單分為三個獨立的階段，包括粉末計量、粉末輸送和粉末進料，如圖 7-1 所示。送粉的第一個階段是粉末的計量，主要牽涉到粉末量的測量，並控制從送粉容器輸送到熔池的適量粉末。第二階段是控制送粉裝置到噴嘴的粉末運輸，這通常在氬氣等的惰性氣體載氣的保護下完成。第三階段的粉末進料部分，是藉由粉末輸送噴嘴完成送料至直接雷射沉積熔融區域，主要是將粉末流匯聚成粉末束，並聚焦在同一個焦點上。

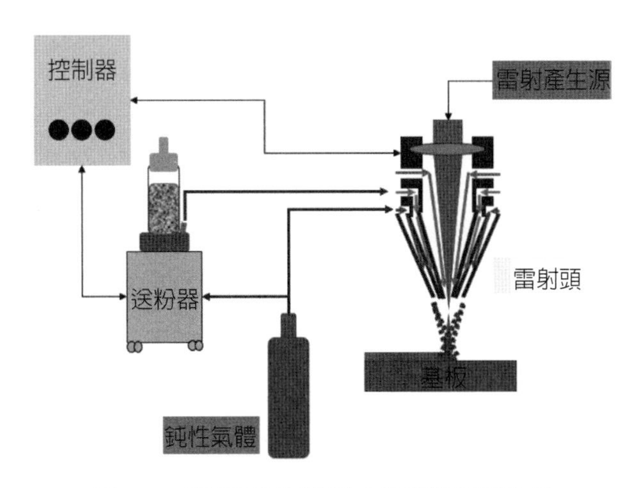


**圖 7-1 直接雷射沉積粉末輸送裝置示意圖**

## 7.2 粉末計量和輸送系統

粉末在受到振動或旋轉等運動時，較容易使粉末顆粒分開 [168]。這種藉由運動現象讓粉末顆粒分散或分開的方式，通常會受到粉末顆粒的尺寸大小、形狀和密度變化所影響。藉由特定的流動條件和幾何形狀的相互作用，來預測分散狀況，事實上是一項極為複雜的工作。粉末顆粒的流動與一般液體的流動不同，沒有單一種顆粒流動方程可以完全描述，或是用來解釋多種成分組成或是單成分組成的系統。大多數的粉末混合，以及機械輸送裝置等的設備，可以用來提高粉末的均勻性與分散性，相關的設計與決定，大部分是從小規模實驗的驗證和工程上的判斷獲得 [171]。在製作漸層材料（Functionally Graded Materials, FGMs）的時候，成分偏析的問題會更加嚴重，因此將兩種或多種成分事先給定比例後混合，再將粉末材料送入熔池中，較利於控制成分。在特定局部流動條件的情況下，粉末顆粒的運動可以在多個噴流區域中運行，每個區域都由不同的法線和切線向量粒子速度識別。因此，一個成分有可能發現自己處於一個流動區域，該流動區域將其更快地推向出口，而不是和其他添加的元素結合 [171]。因此，可以設計在計量器下游安裝混合室或是分散室等空間，可以確保粉末原料均勻性。粉末混合室可以消除因爲計量器所造成的微小原料比率波動，但對於較大的變動則無效。

目前有許多種方法可以對粉末進行計量和運送，這些方法包括螺桿／螺旋法、振動輔助粉末計量和輸送、重力驅動法及氣動法等，下面針對這些方法進行介紹。

### 7.2.1 螺桿／螺旋送粉

阿基米德螺旋（Archimedean Screw）可能是最古老的顆粒物質運輸方法，早期的直接雷射沉積技術製程使用螺旋輸送裝置，進行粉末計量和運送。此設計由電機驅動的螺桿組成，螺桿可控制固定數量的粉末，並將固定數量的粉末推入密閉的氣室，再藉由惰性氣體從氣室中推送計量的粉末，粉末推向到輸送噴嘴，圖 7-2 示意性顯示此裝置的設置。

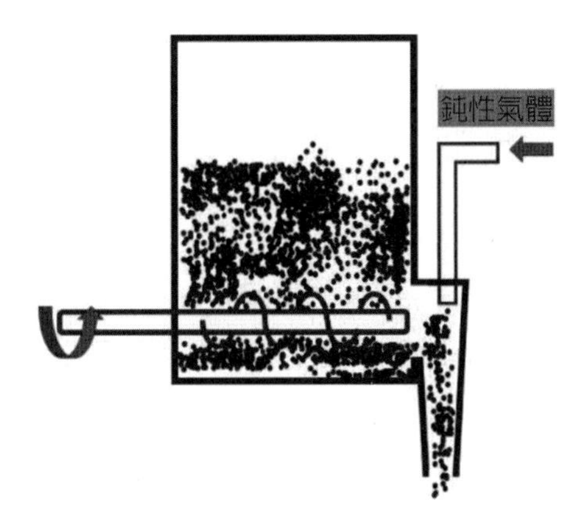


圖 7-2　螺桿／螺旋法粉末輸送裝置示意圖

### 7.2.2 振動送粉-輔助粉末計量和輸送

利用機械振動的方式來計量和輸送顆粒狀材料的方式，圖 7-3 示意圖顯示結合軸向和徑向振動的方式來運輸較細粒狀物質，在振動循環的向前衝程中，材料被向前推，在向後衝程中，徑向振動將粉末顆粒從輸送器表面上送出，使材料在單一方向上運送 [172]。

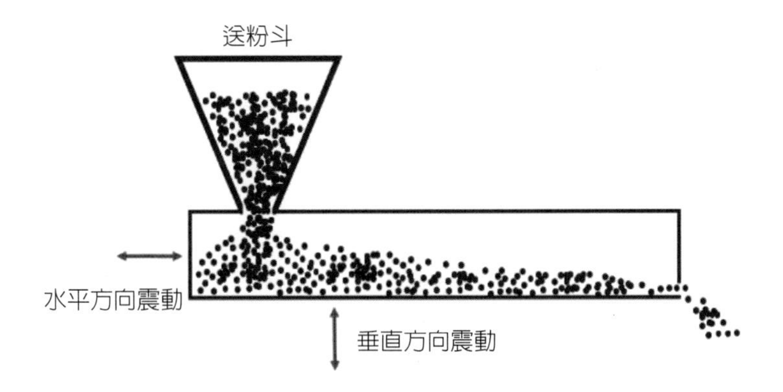


圖 7-3　結合軸向和徑向振動的方式輸送裝置示意圖

### 7.2.3 重力驅動送粉（Gravity-Fed Powder Feeder）

利用重力方式來驅動粉末送料的方法，如圖 7-4 所示，此方法與振動系統的方式類似，在直接雷射沉積技術的設置中，使用重力作爲粉末輸送的處理方法較爲少見 [174, 175]。粉末藉由通道狹窄的流槽，利用粉末本身重力的作用向下流動，此種方式的粉末輸送，容易有間歇性粉末流動，即在流動過程中，顆粒材料分離成緻密的高顆粒密度和低顆粒密度的稀薄區域，因而導致流動的不穩定性，圖 7-5 示意性地顯示了這些區域 [175]。

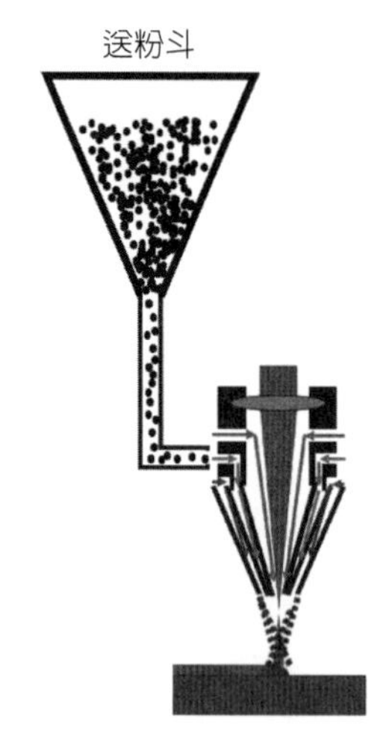


圖 7-4　重力驅動法粉末輸送裝置示意圖

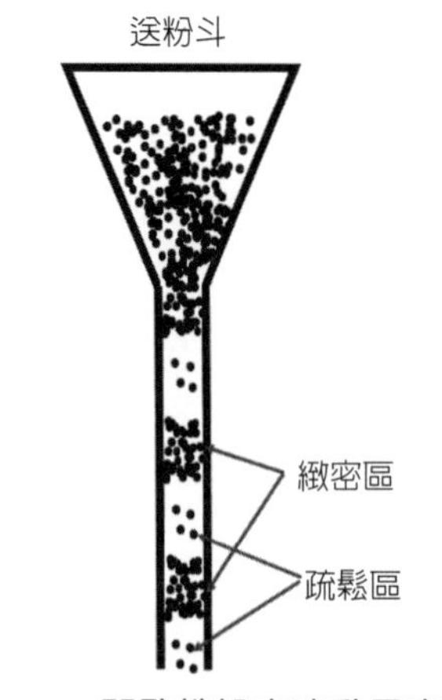


圖 7-5　間歇性粉末流動示意圖

重力輸送方式的另一個挑戰是干擾（Jamming）現象，如圖 7-6 所示，粉末在輸送過程中，容易因爲堵塞通道而形成拱形結構，此種干擾現象會阻礙粉末顆粒的流動。此種干擾現象主要和粉末顆粒的外型有關，和粉末的材質關聯性較低，複雜形狀的粉末影響較大，圓形的粉末較未受到干擾現象影響。另外送粉管開口的直徑亦會影響，孔徑較大較不受到干擾現象的影響，孔徑小時影響較爲顯著，粉末粒徑較大時，亦會有類似的現象產生。

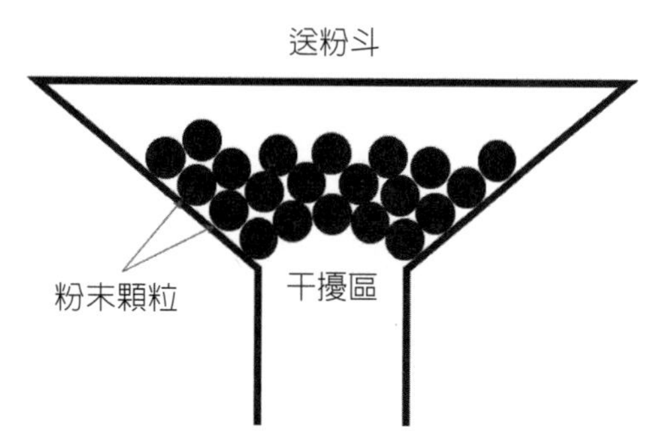


**圖 7-6　重力輸送方式的干擾現象示意圖**

### 7.2.4 氣動送粉法

氣動送粉的方式是目前直接雷射沉積製程最常見的粉末原料輸送方法。目前商業用的直接雷射沉積系統大部分採用此種方法進行粉末計量和輸送。氣動方法利用通過連接管和導管的壓力差來將粉末輸送至直接雷射沉積槍頭，如圖 7-7 所示[176]。

此系統藉由分度盤的旋轉進行劑量，分度盤的底部具有一圓形孔，當分度盤的圓形孔和壓縮氣體的輸送入口與送粉系統的出口對齊時，就會形成粉末出口的通道，並藉由氣體將粉末送出。在這種配置下，高速惰性氣體流入系統內部，藉由文丘里效應（Venturi Effect），送粉斗內的粉末藉由適當的設計被吸入氣流中，圖 7-7 顯示裝置的示意圖。當所有的孔和端口都對齊時，才會將粉末輸送到送粉管線，因此可以依據對齊的時間長短，控制並且計量粉末的流量。

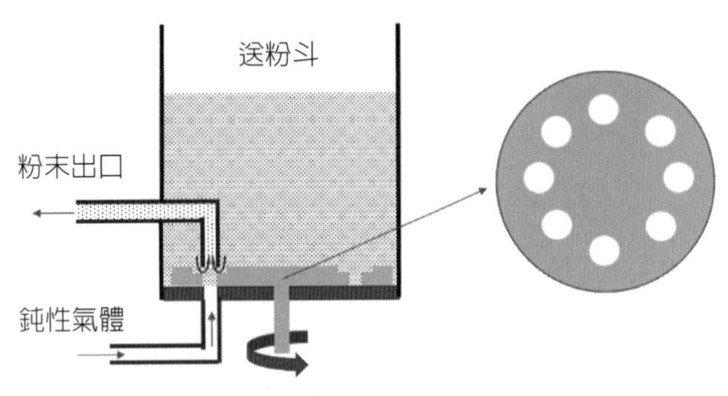

圖 7-7 氣動方式送粉裝置示意圖

圖 7-8 所示的轉盤式輸送粉裝置，是目前所有送粉機制中最常見的，由 Douche 等人在 1992 年開發 [177]。此種轉盤式輸送粉裝置採用旋轉盤作爲粉末分料及計量裝置，轉盤頂面有一個粉末填充用的凹槽。其中一端，凹槽與送粉斗持續接觸，粉末在重力作用下落入凹槽中；另一端連接氣體管線，轉盤將粉末旋轉送至此區後，隨後被送入粉末輸送管線，並運送至雷射槍頭，進行直接雷射沉積熔覆。圓盤轉速的變化，可以控制並改變填充在凹槽中的粉末量。另一種粉末計量方式，是採用轉輪式的計量方式，利用幾何形狀的分隔，計量粉末落入送粉室內，使用惰性載氣從送粉室中噴出的粉末沿管線向下傳送，隨後藉由惰性氣體將粉末運載至送粉管路，如圖 7-9 所示 [178]。計量轉輪轉速的變化可以改變並且控制聚集在送粉室中的粉末量，從而計量粉末流量。

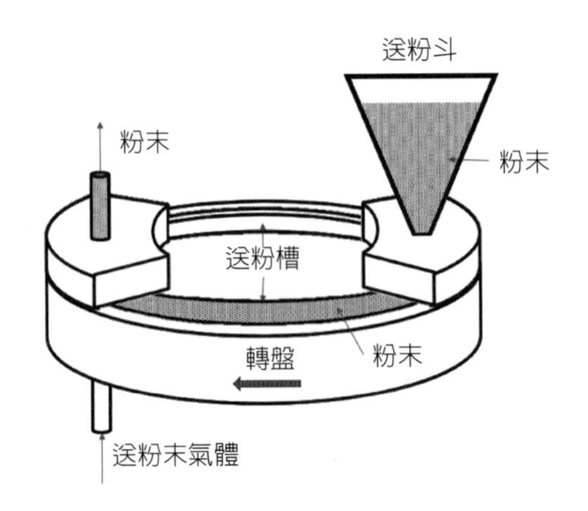

圖 7-8 轉盤式輸送粉裝置示意圖

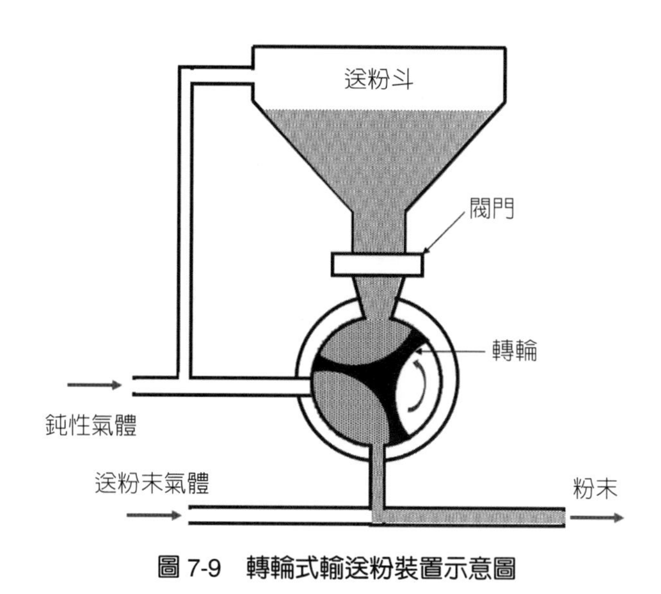


圖 7-9 轉輪式輸送粉裝置示意圖

## 7.3 粉末輸送噴嘴

用於直接雷射沉積的粉末輸送噴嘴，依據熱源與進料的相對方向來做爲區分的話，常見的不同類型的粉末輸送噴嘴，通常可以簡單分爲三種類型，分別爲離軸（Off-Axis）噴嘴（圖 7-10）、連續同軸（Coaxial）噴嘴（圖 7-11）和多束同軸噴嘴（圖 7-12），常見的多束噴嘴形式爲 4 束噴嘴。其中離軸噴嘴較不適用於 3D 列印元件的製作，主要是離軸噴嘴具有方向性的問題，通常適用於旋轉物件的表面熔覆。其他兩種類型的連續同軸和多束同軸噴嘴等的粉末送料方式，具有全方向性的能力，較適用於 3D 元件的製作，也可以使用在零組件的修復。全方向性意味著無論基板或雷射沉積頭的行進方向爲何，沉積軌道的材料和幾何特性並不會有差異。

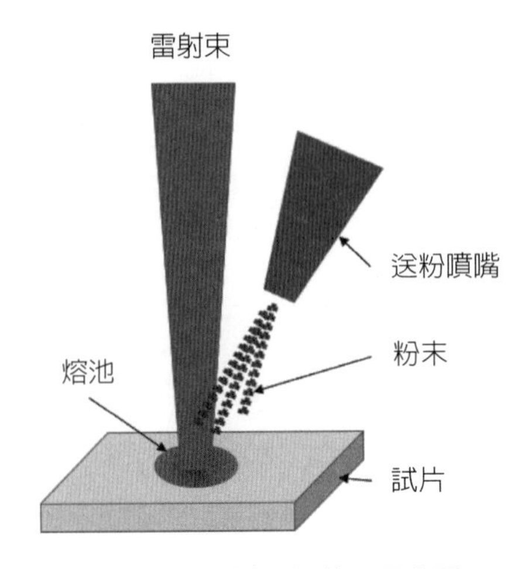


圖 7-10　離軸送粉裝置示意圖

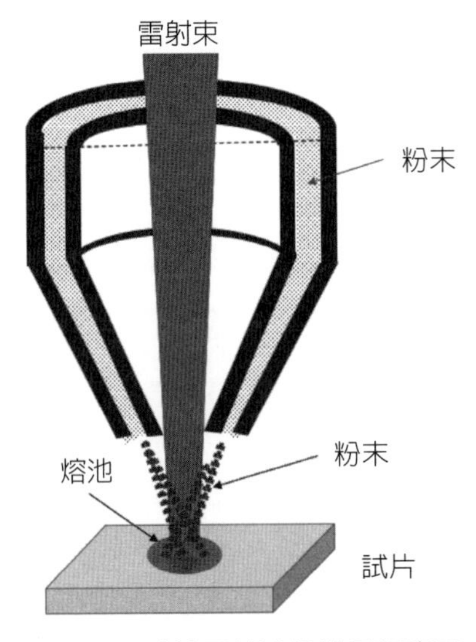


圖 7-11　連續同軸送粉裝置示意圖

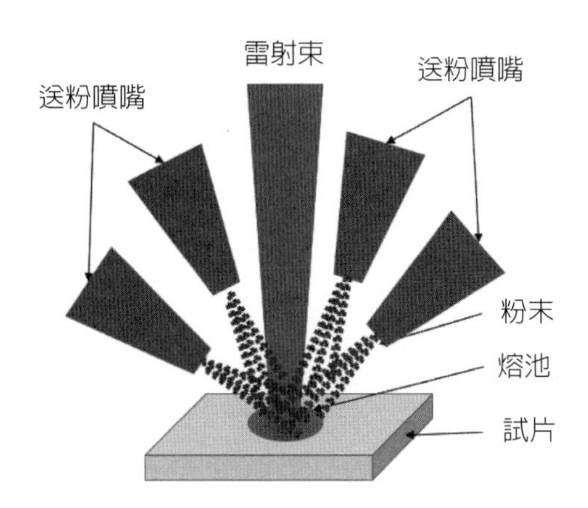


圖 7-12　多束同軸送粉裝置示意圖

### 7.3.1 離軸／橫向進料噴嘴

離軸噴嘴又可稱爲橫向進料噴嘴，此種送粉噴嘴的粉末進料與熱源呈現傾斜的方式送料，粉末進料的方式較爲簡單，但有一些限制。與同軸進料的噴嘴相比，同軸噴嘴的粉末捕集效率高於離軸噴嘴，特別是在較高的粉末進料速率下。

離軸進料噴嘴在直接雷射沉積過程的熔池形狀造成不對稱的分布，包括粉末溫度和雷射束強度等造成影響。部分的研究嘗試避免這些不對稱性的產生，同時保有噴嘴配置的簡單性，但是此類系統通常需要動態計算進料方向並快速調整以匹配熱源的行進方向。因此，爲了避免直接雷射沉積製程中，製作元件因方向性所造成的品質差異，並得到更高尺寸精度的元件，同軸噴嘴優於離軸進料噴嘴。同軸噴嘴，由於能夠在雷射束周圍產生均勻的粉末分布，有助於雷射槍頭的運動，具有更高的運動自由度，進而可以製造生產更複雜的物件。

### 7.3.2 同軸噴嘴

由於離軸進料噴嘴在直接雷射沉積生產複雜零件時受到較多的限制，因此同軸噴嘴較常用於直接雷射沉積技術應用。同軸噴嘴配合雷射槍頭的設計，可以將粉末分配的流通通道、雷射束通道與保護氣流通道結合在一起，形成整體設計良好的圓柱形元件佈置。在圓柱形元件的包覆情況下，同軸進料噴嘴所輸送的粉末及雷射光學元件，可以受到保護氣體的完整保護，避免受到金屬煙霧或灰塵的影響，保護氣體亦可以保護輸送至熔池途中的粉末流，以及熔池表面氣氛的保護，如圖 7-13 所示。

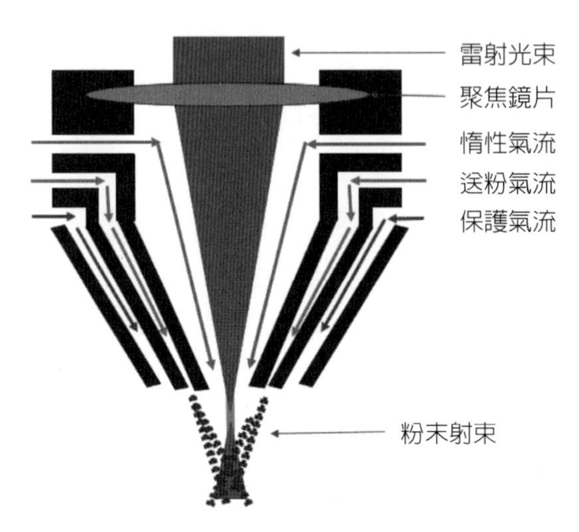


**圖 7-13　同軸噴嘴送粉示意圖**

#### 7.3.2.1　連續同軸噴嘴

除了離軸噴嘴外，其他所有類型的同軸送粉噴嘴都具有全向能力，其中連續同軸噴嘴是最受歡迎的。連續同軸噴嘴可以由它們的環形出口識別，該出口由兩個同軸錐體形成，它們間隔一定量，如圖 7-13 所示。錐體將進入的粉末流匯聚到一個焦點，該焦點的位置與熔池。理想情況下，粉末流焦點的大小不應超過熔池的大小，以確保高收集效率 [179]。粉末流焦點的位置，沿雷射束行進方向，可以通過改變內錐和外錐的錐角來改變。

同軸噴嘴的設計通常會設計將粉末流匯聚成一個緊密的焦點，最好是雷射束尺寸的等級。另外一個設計重點，是希望將粉末均勻地分布在出口處周邊。這兩個條件可以確保沉積軌道性質的均勻性，使沉積後的性質與行進方向無關，連續同軸噴嘴的具有這種能力 [180, 181]。連續同軸噴嘴的設計會在通道的上緣位置，設計聚集空間，使粉末可以在此容納空間進行緩衝，如圖 7-14 所示。粉末流會先被導入到此空間進行緩衝，此設計亦可以設計成爲粉末在被分配到熔池之前的多種進料的混合室 [182, 183]。

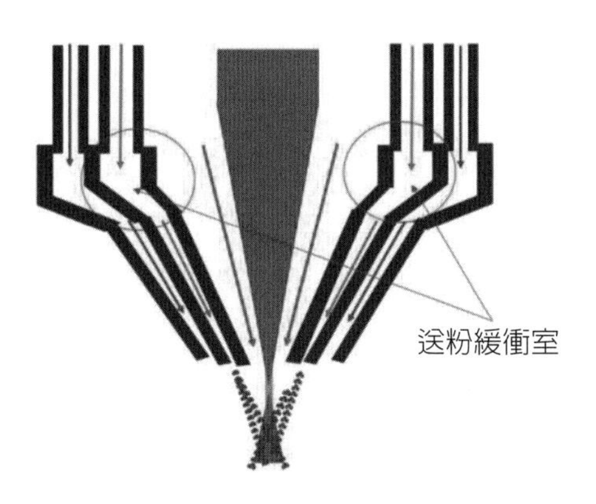


圖 7-14　送粉緩衝室設計示意圖

#### 7.3.2.2　多束同軸噴嘴

多束同軸噴嘴使用多個粉末送粉噴嘴，將粉末原料直接輸送到熔池的中心位置，較常見的多束同軸噴嘴爲 3～4 個。多束同軸噴嘴的設計有一些關鍵的幾何參數，如圖 7-15 示意圖所示 [184]。Rin 和 φ 分別是噴射半徑和噴射角度，Dn 是粉末通道的出口直徑，SD 是噴射距離。

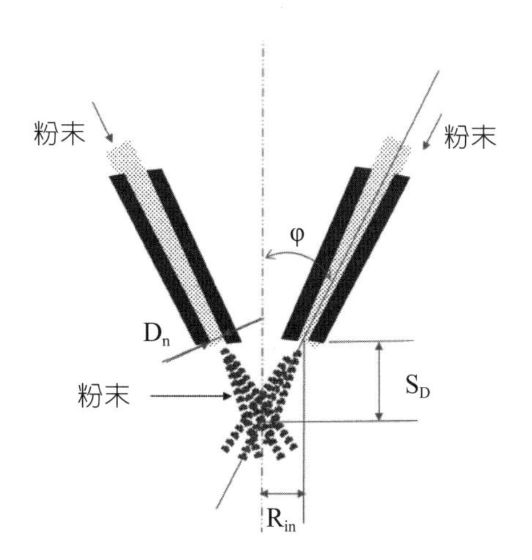


圖 7-15　多束同軸噴嘴送粉示意圖

除了噴嘴的幾何形狀外，對於多束的同軸噴嘴，粉末射流相對於沉積層的空間方向也可以改變，空間方向的變化可以透過噴嘴的旋轉來呈現，透過改變粉末輸送流的進料位置，但仍須保持送粉噴嘴與雷射的同心度。

成功的噴嘴設計，必須了解幾何參數之間的相關性及其對粉末流的影響。在粉末質量密度部分，聚焦光斑在單位面積上的強度，與顆粒數量、噴嘴出口直徑和噴射半徑呈現反比。提高噴嘴出口直徑（Dn）和噴射半徑（Rin）的任何一個，都可以藉由提高聚焦光斑的尺寸來提升粉末的熔融效率。另外，注入角（φ）對光斑尺寸亦有相當程度的影響，隨著噴射角度的增加，焦點尺寸縮小，將有助於提高聚焦處的粉末質量密度。

噴射距離（SD）與噴射角度（φ），和噴嘴出口直徑（Dn）呈反比。噴射距離與噴射角度中的任何一個的增加都會降低噴射距離，並使聚焦平面更靠近噴嘴出口平面。另外，噴射半徑（Rin）與間隔距離呈正比，即 Rin 的增加會增加噴射距離。

圖 7-16 所示爲多束同軸噴嘴將粉末送入雷射束熔融區時的作用情況示意圖。此示意圖簡單考慮兩種情況，第一種情況如圖 7-16(a) 所示，粉末來自於 4 個出口的粉末流合併於雷射束中心位置，其中心靠雷射束區域具有較高的粉末質量密度，此位置標記爲噴嘴的聚焦位置，標示紅點位置爲雷射束。「A」與「B」標示的方向爲雷射頭行進的方向，此兩種方向的雷射頭行進方式，在粉末質量密度上會有所差異，行進方向「A」會行進經過粉末質量密度較高的區域，相對而言，行進方向「B」則會行進經過粉末質量密度較低的區域。

多束同軸噴嘴送粉最佳的狀況，是確保重疊粉末流的高粉末質量密度區域面積大於雷射光斑尺寸，如圖 7-16(b) 所示，可以提高沉積效率，並且確保沉積軌蹟的均勻性。因此確保雷射頭與基材的正確的噴射距離是相當重要的，因爲噴射距離的任何變化都會引起粉末流重疊區域的相對性改變 [184]。因此，不適當的噴射距離不僅會導致沉積效率降低，還會影響沉積軌道的均勻性。

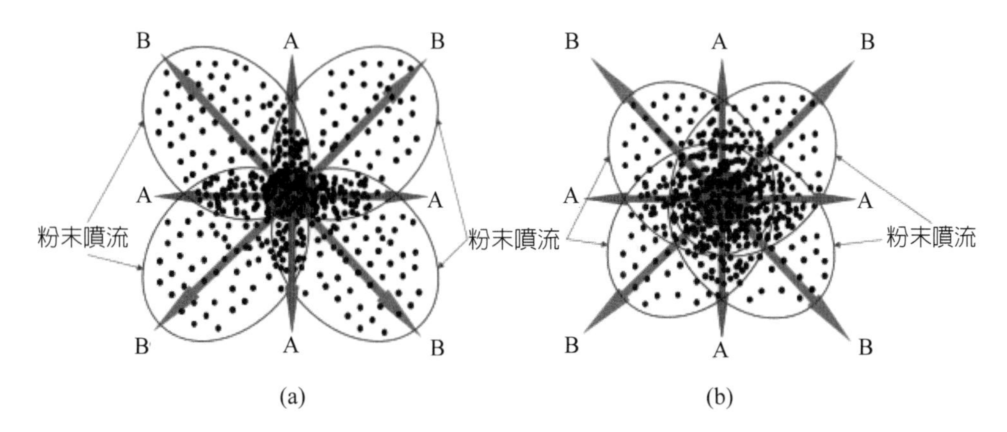


圖 7-16 多束同軸噴嘴粉末聚焦與雷射束作用示意圖

(a) 較小粉末重疊區面積，(b) 較大粉末重疊區面積，紅色區域標示為雷射束

#### 7.3.2.3 連續和多束同軸噴嘴的比較

從多束同軸噴嘴和連續同軸噴嘴比較可以發現，雖然兩種噴嘴都具有相當不錯沉積效率，然而連續同軸噴嘴的沉積效率要比多束同軸噴嘴表現高一些。主要歸因於在連續同軸噴嘴的送粉情況下，較高的粒子速度使粉末粒子能夠穿透熔池的表面張力，而不是從熔池反彈。

多束同軸噴嘴相對於連續噴嘴的另一個優點是能夠控制單個粉末流的載氣流速和流速，當槍頭傾斜時，有助於調整個別送粉氣體的流量，避免粉末因地心引力的影響，造成槍頭傾斜時粉末的同軸性受到影響。

## 7.4 粉末輸送載氣

輸送氣體的使用，在直接雷射沉積系統的設置上是相當常見的粉末載送方式。但是，利用輸送氣體運載粉末的方式，在使用上也受到了某些限制。輸送氣體運載粉末，粉末的飛行速度由運載氣體流速所決定，高粒子飛行速度會導致熔池捕捉粉末的效率降低，同時沉積層的表面光滑度會下降 [185]。高速飛行的粉末粒子，在未被熔池捕捉的狀況下，粉末粒子在撞擊基板後會反彈，可能會沾黏在沉積層的尾部，或是沾黏在加熱噴嘴表面上 [186]。此種現象，可能導致噴嘴的使用壽命降低，且沉積層的表面光滑度也可能變差。

輸送氣體和保護氣體的使用，提高了熔池的對流與冷卻效果，可以提高能量的分散效果。降低屏蔽氣體和載氣的流量，可能會導致在相同的雷射功率下產生更高的熱能聚集，可以提高局部位置的熱效率。

適當的沉積銲道縱橫比在直接雷射沉積的過程中是相當重要，可以確保銲道與基板的充分黏結，且可以控制最小程度地稀釋率。然而，利用載氣來輸送粉末時，沉積銲道縱橫比的控制會變得較爲複雜。粉末顆粒在撞擊熔池時的自由表面會產生高速的移動，主要是由於動量的傳遞所產生的作用力，此作用力足夠大到使自由表面移動。作用力會沿著粒子的軌跡作用，由於流動大多數被引導到熔池的中心，因此產生的軌跡通常會在中心處出現較高的稀釋率，而在邊緣處則缺乏較爲有效的融合 [187]。載氣和保護氣體通常會和粉末顆粒一起進入熔池中，並且施加額外的作用力，此作用力會對熔池產生新的問題。如果在使用離軸噴嘴的情況下，最大稀釋位置會從熔池中心向其側面移動，如圖 7-17 所示 [187]。粒子速度越高，質量流量的影響會越明顯。當載氣流量過高時，甚至有些載氣會進入熔池中，造成孔隙率的增加，導致製作後元件的機械性能下降 [188, 189]。有些研究結果顯示，與氣體輔助輸送粉末的系統相比，無氣體粉末輸送系統的性能更好。

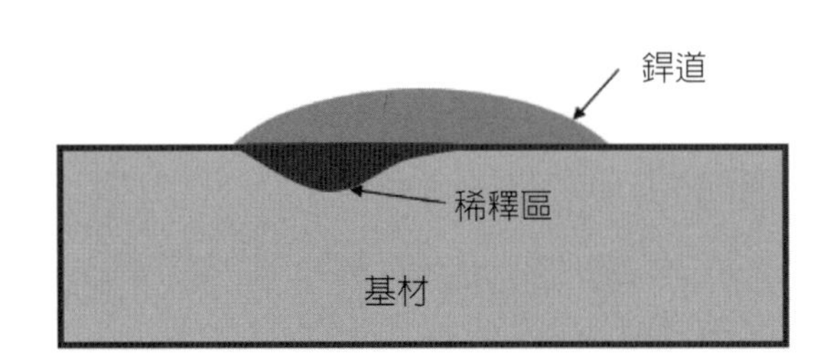


**圖 7-17　使用離軸噴嘴的稀釋位置示意圖**

振動輔助粉末輸送的設計，主要目的是在避免通道內粉末顆粒流的堵塞現象，避免輸送、計量或啓動粉末流動的異常狀況發生。堵塞通常是在受限的空間或通道中，因爲重力的作用造成顆粒流的阻塞。一般流道的設計，爲了避免流道的阻塞，會將流道的尺寸大小設計大於或等於粉末顆粒直徑的四倍以上，此設計標準爲了確保系統處於不被阻塞狀態。另外，可以藉由外部機構，例如振動的方式避免粉末顆粒的阻塞狀況發生。振動頻率、幅度和持續時間的變化，可以用來控制粉末顆粒的流動特性。

## 7.5 粉末噴流特性

粉末的質量流量在直接雷射沉積過程中相當地重要，通常高的粉末的質量流量可以獲得高的沉積率，而高的沉積率可以更快速地製作產品。但是過高流量的粉末粒子流，在製程中並不恰當，因爲過高的粉末粒子流，會由於漂浮在熔池頂部的粒子反彈，造成粉末粒子無法進入熔池中，此種粒子反彈現象稱爲自屏蔽效應（Self-Shielding Effect）。適當的做法是根據熔池尺寸的大小不同，進行粉末流量的調控，使粉末流量低於最大進料速率的限制[169]。

粒子速度是另一個在直接雷射沉積過程中重要的參數。如前面所述，過高的粉末粒子速度不利於系統的捕集效率（Catchment Efficiency），並導致沉積層的表面光滑度下降。此外，高的粉末粒子速度通常會減少粉末顆粒的飛行時間，顆粒從噴嘴離開到撞擊熔池之間的時間縮短，會導致雷射束的輻射加熱時間減少[190]。因此，粒子速度越高，熔化粒子所需的雷射功率就越高。粒子速度過低也對沉積效率和表面光滑度有負面影響，因爲飛行粒子確實需要一定量的動能來破壞撞擊熔池時的表面張力，才能有效率地滲透進入熔池中。因此，在固定熔池尺寸的情況下，最佳粒子速度問題是一個非常重要且值得關心的議題[191, 192]。

粉末噴射的角度對熔池穩定性有顯著影響，直接飛入雷射束路徑的粉末顆粒，隨著數量的增加會增加熔池的不穩定性，進而增加熔池飛濺的狀況產生[193]。噴嘴出口和熔池之間的粒子，在高飛行速度下，雷射與粉末的相互作用會導致熔池不穩定，造成沉積效率下降。因此，粉末噴射角定義爲粉末流相對於雷射束軸的傾斜角的選擇，應使其最小化飛行中的雷射與粉末相互作用，同時促使雷射束具備足夠的加熱能量，以及所需的粉末噴流特性。低粉末噴射角適用於較長的聚焦距離，可以減少粒子間的碰撞，進而促進穩定噴流範圍的增加，以提高沉積效率[194]。相反地，高粉末噴射角、聚焦尺寸減小與聚焦距離縮短，則會影響到粉末噴流聚焦處的粒子濃度高低[184]。

## 7.6 粉末輸送的影響

在直接雷射沉積過程中，粉末原料處理系統的參數選擇和設計考慮因素，在製作過程中需考慮到各種輸入與輸出之間的平衡問題。適當的設計與考量這些參數間的平衡問題，可以使得最終的加工條件有利於零件製造時的最佳狀況。本技術的關鍵在於參數控制，了解各參數間的相互作用，以及它們對整個沉積過程的影響，有助於製作高品質的產品。

較大量的粉末流量，通常會提高的表面粗糙度，並且也會在沉積層內造成較高的孔隙率。在同軸噴嘴的情況下，高質量流量會降低雷射束傳遞到熔池的能量，易造成沉積銲道中心的基板具有較高度的稀釋率，並且在邊緣區域造成缺乏熔合的現象發生[190]。對於固定的熔池尺寸，粉末的質量流量具有一定的極限值，超過該極限值時，顆粒則不易被吸收到熔池中[169]。

粉末粒子飛行進入熔池的速度，會影響基材的稀釋率，粒子速度越快，稀釋率越高[187]。因此，粉末粒子的飛行速度，爲直接雷射沉積製程中的重要考慮因素之一。粒子速度與粉末噴射角是控制粉末粒子暴露在雷射束加熱的重要參數，因爲當進入熔池的顆粒溫度過低時，例如顆粒速度高，需要更高的雷射功率來提高沉積效率[190]。

粉末的顆粒大小的選擇是直接雷射沉積粉末輸送的重要考慮因素，粉末顆粒的直徑或重量的不同，會因爲地心引力或氣體流動的影響而改變運動方向。

粉末材料的材質也會影響沉積的效率，例如鋁和銅等高反射率的材質，適合使用較短波長的雷射進行熔融，傳統的長波長紅外線雷射不易進行加工[195, 196]。銅等導電材料的熔池尺寸較小，主要是由於其高導熱性，因此粉末噴流聚焦需要較小的尺寸。此外，銅基材對顆粒在熔池表面的停留時間亦會受到影響[197]。氧化層的存在，特別是在鋁基材中，顯著增加了顆粒在熔池表面上的停留時間，從而導致粉末捕集效率降低。噴流聚焦處粉末顆粒濃度通常呈現高斯分布，理想情況下，粉末流的聚焦尺寸應小於熔池尺寸，以確保高捕集效率[198]。

保護氣體的主要作用是防止熔池氧化，然而同樣的方法可以用來塑造粉末流，以聚焦在焦點處實現更高的粒子濃度，同時縮小聚焦尺寸[199, 200]。通常藉由額外提供保護氣體，可以保護雷射光學元件，免受金屬煙霧和粉末顆粒的影響[201]。沉積過程中使用的保護氣體類型，及其對沉積性質的影響，是文獻中尚未充分探索的領域，未來仍有研究開發的價值。雖然一些研究表示，保護氣體類型對沉積特性的影響可以忽略不計，但其他研究也指出在熔池溫度和沉積層幾何形狀，包括高度、寬度、稀釋度和沉積層角度等的重要性，已證明保護氣體在使用非氣動粉末輸送噴嘴時，比使用氣動噴嘴更有效。[194, 202]

在直接雷射沉積的零件製造過程中，雷射在沉積期間循環開啓與關閉，粉末噴流也應該做出類似的反應，以確保最少的粉末浪費和最大的利用率，但目前因爲反應時間跟不上雷射的開啓與關閉，因此較少將送粉做出類似的反應。在回收的粉末部分，對沉積特性和零件性能的影響可以忽略不計[170]。研究顯示，回收多達 10 次的粉末原料在沉積效率、零件微觀結構和零件汙染方面的變化是可以忽略不計的[203]。

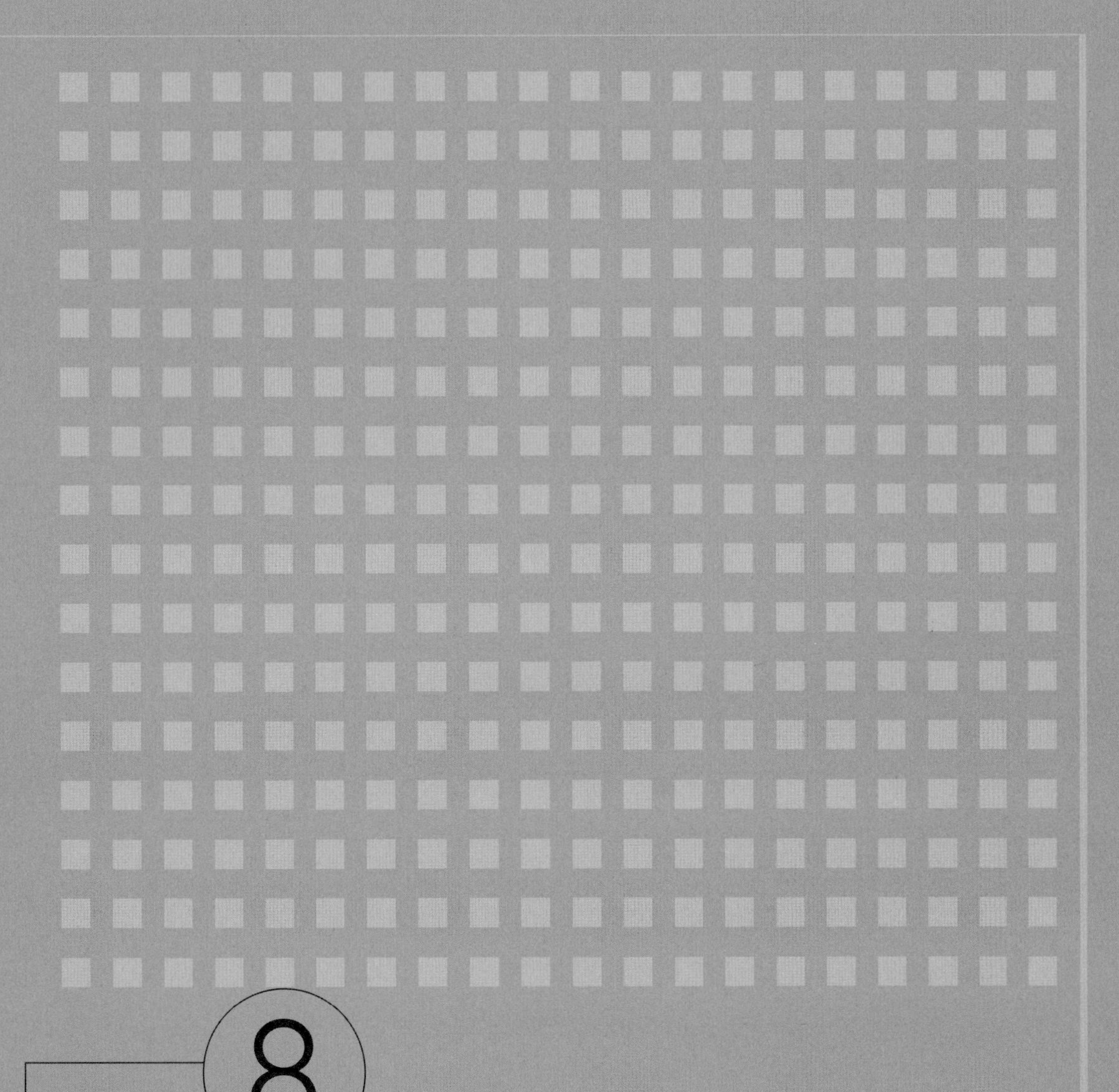

8

# 品質檢測

直接雷射沉積技術所製得的沉積層，因爲不同的材料與製程參數所製作之沉積層，其材料結構與品質將有所差異。爲了確認沉積層的品質狀況，可以藉由許多較爲科學的檢驗方式，以定性或定量的方法，了解並評估直接雷射沉積層的品質狀況。直接雷射沉積層常用的檢驗方法，須根據使用者的需求來衡量。直接雷射沉積沉積層通常需要避免孔洞結構的產生，因此製作低孔隙率的結構，是製程探討的重點項目。另外，在某些用途的使用狀況下，高表面粗糙度是可以被接受的，但是如果過高的表面粗糙度不能被接受時，則需在製程中列入考量，或藉由後加工處理的方式改善。另外，使用者也可能對直接雷射沉積沉積層的硬度、強度或其他性質等，有不同的需求，可以在製程中列入考量。

由於直接雷射沉積沉積層技術，可以在直接雷射沉積過程中，藉由粉末材料成分的調控，或是藉由製程參數的調控，製作出不同的沉積層性質的產品。因此，搭配直接雷射沉積沉積層不同性質變化，可以符合更多使用者的需求，並且使沉積層更具多樣性。

## 8.1 外觀檢視

外觀檢視的目的是藉由眼睛或放大鏡做初步的判斷，藉由目視方式的觀察，可以獲得直接雷射沉積施工後，沉積層外觀的初步資訊。外觀檢驗的觀察重點，在於檢視沉積層表面，是否存在著過粗的表面、裂紋或工件變形等的巨觀缺陷。並且，觀察工件和沉積層外觀的顏色，是否爲正常的顏色，以及沉積層表面的顏色是否均勻等。藉由沉積層和工件外觀的顏色觀察，可以概略性地了解，沉積層或工件是否可能因爲過高的溫度，或惰性氣體保護的不足，而導致工件的表面有氧化現象，或是沉積層氧化現象較爲劇烈等。

沉積層外觀的檢驗，除了可以直接利用肉眼進行觀察外，藉由其他工具的輔助，可以提高外觀檢驗的效率及準確率。輔助外觀檢測的工具，包括放大鏡、數位相機、內視鏡或立體顯微鏡等，藉由這些工具的輔助進行，可以讓外觀的檢視與判斷更爲快速與準確。

## 8.2　表面粗糙度測量

直接雷射沉積製作後的沉積層表面，通常呈現爲較爲粗糙的表面狀態。欲了解直接雷射沉積後的表面粗糙度狀況，可以藉由表面輪廓儀的量測，來取得表面粗糙度的數據，以了解沉積層的表面形態，藉以了解沉積後的表面狀況。一般常用的表面粗糙度表示法，分別爲中心平均粗糙度（Ra）及十點平均粗糙度（Rz）。中心平均粗糙度定義爲粗糙度曲線所在中心線處取長度 L，中心線以上所包圍的面積，除以長度（L）即是，如下式所示：

$$Ra=(\int_0^1 |f(x)|)/L$$

中心平均粗糙度示意圖，請參考圖 8-1 所示。

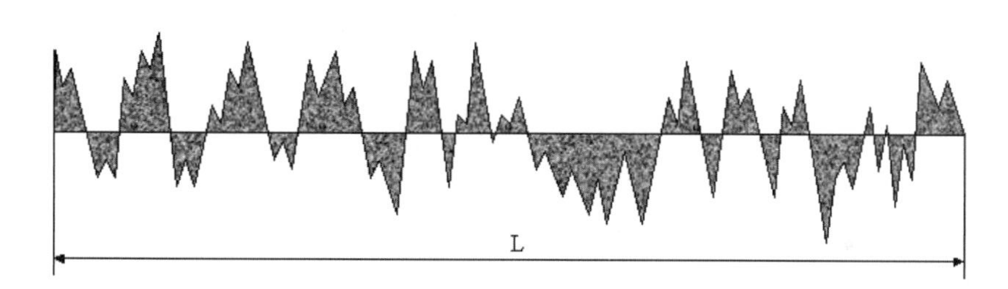


圖 8-1　中心平均粗糙度示意圖

十點平均粗糙度定義爲，粗糙度曲線所在中心線處，取長度 L 的部分，由最高到第五高波峰的高度（pi）平均值，與最低到第五深波谷的深度（vi）平均值的差值，如下式所示：

$$Rz=\left(\sum_{j=1}^{5} pi-\sum_{j=1}^{5} vi\right)/5$$

十點平均粗糙度示意圖，請參考圖 8-2 所示。

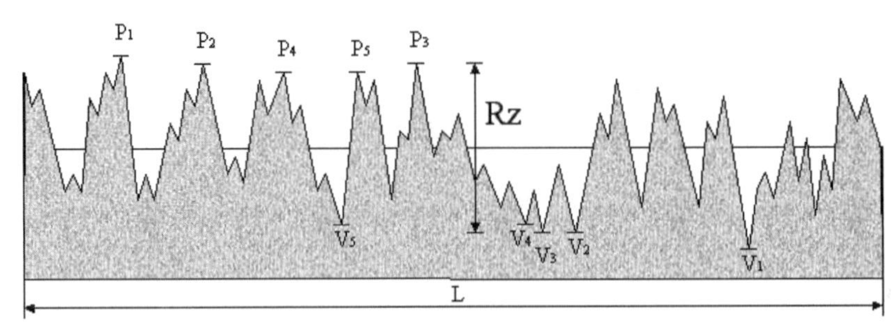


圖 8-2　十點平均粗糙度示意圖

## 8.3　沉積層厚度測量

直接雷射沉積沉積層的厚度量測，一般可以區分爲非破壞性的厚度量測，及破壞性的厚度量測方式。非破壞方式的厚度量測，是藉由游標卡尺或分釐卡的工具測量厚度，或是藉由渦電流與超音波式的非破壞方式，測量沉積層附著後的厚度，此類的量測方式，目的是在不破壞沉積層或工件的狀況下，即可得知沉積層厚度，但是缺點是，材質相近的材料不易量測，且沉積層的表面粗糙度可能影響厚度的判讀。另外一種沉積層厚度測量的方法，是直接從工件和沉積層上取樣，對於外形複雜的工件來說，是一種準確地了解各區域沉積層厚度的好方法。但是，缺點是工件和沉積層會遭受到破壞，這樣的破壞方式，在許多施工環境下，是不被允許的。因此，非破壞方式的厚度測量方式，較常爲一般人所接受，並且廣泛地被應用。

## 8.4　結合強度試驗

結合強度試驗的主要目的，在於了解直接雷射沉積後沉積層間的結合狀況。常見的檢驗方式是利用直接雷射沉積技術製作拉伸強度試驗所需的試棒或試片，再藉由萬能拉伸試驗機進行拉伸測試，以得到材料拉伸後的降伏強度及抗拉強度等數據。圖 8-3 與圖 8-4 所示，分別爲拉伸強度試驗所需的平板拉伸試片與圓棒拉伸試片示意圖，詳細的測試方法及試片準備方式，可參考ASTM A370的規範方式進行。

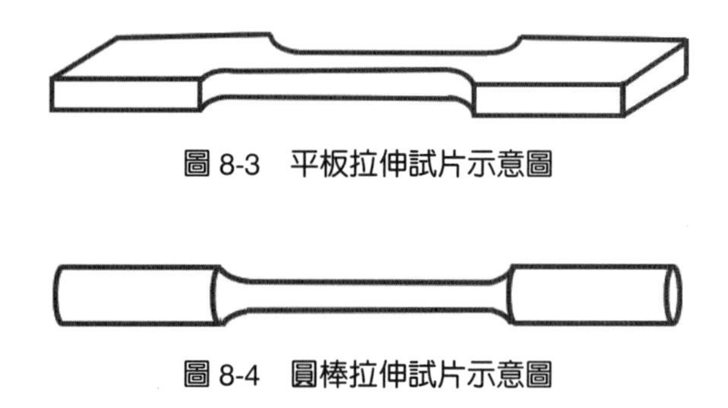

圖 8-3 平板拉伸試片示意圖

圖 8-4 圓棒拉伸試片示意圖

## 8.5 孔隙率測量

直接雷射沉積沉積層的孔隙率量測，可以藉由直接秤重法和金相微結構檢驗法，來取得直接雷射沉積後沉積層孔隙率的數據。然而，直接秤重法可能因爲沉積層材料，在高溫直接雷射沉積過程中，產生相變化，而造成誤判，因此藉由金相微結構檢驗法，來取得直接雷射沉積沉積層孔隙率數據的方法，較常爲大家所使用。圖 8-5 所示，爲沉積層光學顯微鏡的金相照片，黑色區域爲孔洞位置，藉由電腦的判斷可以將孔洞的位置作標示，並且進行運算分析可以得到沉積層孔隙率數據。

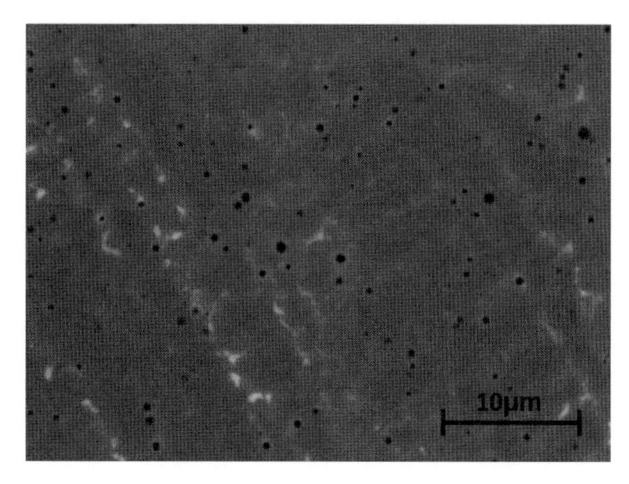


圖 8-5 沉積層孔隙率量測，黑色區域為孔洞位置

## 8.6 金相微結構分析

直接雷射沉積沉積層的金相微結構分析，可以提供部分直接雷射沉積沉積層，品質上的判斷依據，以及沉積層破壞模式的分析，並且可以爲未來新發展的沉積層，提供良好的設計與規劃。準備得當的沉積層金相試片，可以從光學顯微鏡或掃描式電子顯微鏡的觀察中，得到許多直接雷射沉積後沉積層的微結構相關訊息，例如沉積層的厚度、孔隙率、孔洞分布、裂縫及氧化物等。並且，可以了解沉積層和基材間的黏著狀況，以及沉積層間的狀態等。光學顯微鏡可以用來取得直接雷射沉積後沉積層的金相微結構形態資料。研究者必須明白了解光學顯微鏡和掃描式電子顯微鏡成像原理不同，所取得的沉積層外觀照片也不盡相同，因此端看研究的目的爲何，須要得到何種資訊，才來決定用何種方法分析。一般來說，光學顯微鏡較爲經濟、方便，巨觀的資訊較爲完整，然而掃描式電子顯微鏡可以取得同一位置成分的微觀差異，甚至成分影像的顯現，對於微結構的分析和光學顯微鏡的照片有相輔相成的效果。單靠光學顯微鏡或掃描式電子顯微鏡分析，對於新材料或失效分析都無法得到適當的分析結果時，有時還要藉助其他相關儀器分析，例如 X 光繞射分析和穿透式式電子顯微鏡等，才能獲得更完整資訊。以下各小節，則以光學顯微鏡拍攝之照片爲例，加以說明。注意圖 8-5 爲試片截面金相，大部分情況，直接雷射沉積金相是看橫截面狀態，因爲，此時沉積層與基材之介面可以一目了然，偶而在有立即性需求的情況下，才會看表層金相，目的在於觀看沉積層被破壞的表面，並無法藉由此金相了解內部詳細狀況。

### 8.6.1 金相試片準備

一般直接雷射沉積沉積層的金相試片準備動作，包含五個步驟，分別爲取樣、鑲埋、研磨、拋光及蝕刻等。每個步驟各有其準備的技巧及方法，必須特別注意，以免製作出不適當的沉積層金相試片，造成金相微結構分析上的錯誤判斷。

在金相試片的準備過程中，必須了解直接雷射沉積製作沉積層的方法，以及直接雷射沉積沉積層和基材的材料種類，才能準確地製作適當的金相試片。不同的直接雷射沉積製作參數和材料，所製作出來的直接雷射沉積的沉積層，將會具有不同密度和微結構。另一方面，可以從沉積層的微觀結構來評估，直接雷射沉積沉積層微結構，是否具有孔洞或裂紋等缺陷。

金相試片準備製作，盡可能的建立單一的金相試片準備標準製作流程，並且在所有試片製作時，採用此標準製作流程，以避免金相試片準備製作流程的差異所造成的誤判。另外一個更好的方法，是使用自動化研磨設備，來進行金相試片的準備。自動化研磨設備的使用，可以使參數的控制變得更加容易，並且，可以確保金相研磨製程的一致性及再現性。

#### 8.6.1.1 取樣

直接雷射沉積沉積層取樣時的必要工作，是選擇適當的切割砂輪，作爲直接雷射沉積後沉積層的取樣工具。切割砂輪的選用，必須配合沉積層及基材材質的考量，例如在切割比較脆的沉積層時，選用較軟或是較容易剝屑的切割砂輪，比較適合於此類沉積層的切割。這種較軟或是較容易剝屑的切割砂輪選用，特別適合在製作高硬度金屬陶瓷複合材料的取樣上。

一般常用於切割砂輪的切削用材料，包括有鑽石、氮化硼、碳化矽及氧化鋁材料所製作的切割片。以硬度來作爲區分的話，以鑽石爲最硬，然後分別是氮化硼、碳化矽，最後是氧化鋁。以切割材料的成本來作爲區分的話，最便宜的是氧化鋁，然後分別是碳化矽、氮化硼，最貴的是鑽石。因爲鑽石和碳化硼材料較爲昂貴，因此通常會將鑽石和氮化硼切割材料，製作成爲可以長期使用的長效型切割片，以降低使用上的成本。而碳化矽及氧化鋁切割片，因爲成本較爲低廉，因此可以製作成爲自我消耗型的切割片。

長效型的切割片，因爲通常是藉由鑽石及氮化硼等超硬的研磨材料所製作而成的切割片，因此切割表面具有相當高的硬度，適合於切割硬度較高的直接雷射沉積沉積層材料，例如碳化鎢等材料。自我消耗型的切割片，由於在切割的過程中，容易因爲研磨粒的剝落，而形成新的研磨表面，新的研磨表面可以持續供應銳利的研磨粒，因此適合於切割脆性材料，以及較具黏性的軟質或延性材料。

切割砂輪在直接雷射沉積沉積層取樣時，可以藉由冷卻液的持續沖洗，來降低切割時所造成的高溫，防止沉積層因爲高溫的影響而產生變化，並且可以將切割過程中所產生的碎屑，藉由冷卻液的沖洗而清除掉。

#### 8.6.1.2 鑲埋

一般較常使用的鑲埋方式，通常可以區分爲兩種，分別爲冷鑲埋和熱鑲埋。熱鑲埋材料在凝固過程會產生熱壓縮應力，冷鑲埋則較沒有此種狀況產生，因此在製作脆型材料或較軟材料時，可以適當地選用。常用的冷鑲埋材料有三種，分別爲環氧樹脂、壓克力及聚酯材料等。環氧樹脂具有最低的收縮率，但是硬化的時間卻較長，和大部分的材料黏著性佳，適合於多孔性沉積層及陶瓷沉積層的鑲埋，並且適用於真空鑲埋的製作。壓克力和聚酯材料的硬化時間較短，適合於大量鑲埋的金相試片準備上。

#### 8.6.1.3 研磨

研磨的目的，在於提供直接雷射沉積的沉積層適當金相觀察的試片，必須是一個平整的表面，以利於光學顯微鏡或電子顯微鏡的觀察。研磨又可以細分爲粗磨和細磨，粗磨的研磨切削量較大，目的在於快速地磨出平整的基準面；細磨的研磨切削量較小，目的在於磨除因粗磨而造成的表面刮痕，以利於後續的拋光處理。研磨常用的研磨材料有鑽石、碳化硼、碳化矽及氧化鋁等，硬度的分布，以鑽石研磨材料爲最硬，然後分別是碳化硼、碳化矽，最後是氧化鋁研磨材料。碳化矽爲粗磨時最常選用的研磨材料；鑽石及碳化硼研磨材料，因爲具有較高的硬度，因此適用於研磨較硬的金屬、碳化物及陶瓷等材料；氧化鋁研磨材料因爲價格便宜，因此，廣泛地應用於金屬沉積層的金相試片研磨。

#### 8.6.1.4 拋光

拋光處理的目的，在於拋亮金相試片的表面，並除去因研磨而造成的表面刮痕。拋光常用的磨粒材料有鑽石及氧化鋁磨粒，一般常用的拋光方法，是將鑽石及氧化鋁磨粒製作成懸浮液狀態，然後再倒入拋光布中進行拋光。

#### 8.6.1.5 蝕刻

藉由直接雷射沉積技術所製作的沉積層，因爲材質相近，不易觀察沉積層界面。可以藉由蝕刻的方法來觀察界面，也可以藉由蝕刻的方法來觀察沉積層的金相微結構組織，例如沉積層晶粒的分布和大小型態。金相試片在蝕刻後，晶粒晶界和扁平化顆粒邊界，會同時浮現在光學微結構影像中，判斷的困難度，有時會因爲複雜的結構而提高，須明瞭所要觀察的標的物爲何，才能做出準確判斷，再決定是否有必要進一步蝕刻。由於直接雷射沉積製程屬於高溫快速致冷的製程，沉積層在凝固後通常是呈現細晶結構。

## 8.6.2 缺陷觀察

從直接雷射沉積過程中熔池的晶粒成長機制、溫度和應力的分布變化等，可以了解直接雷射沉積過程缺陷的形成機制。然而，要確保直接雷射沉積熔覆層的品質和性能，必須從了解缺陷的直接形成原因，才能有效地提出缺陷抑制的方法。直接雷射沉積過程所產生的主要缺陷是氣孔和裂紋，如何改善裂紋和氣孔的生成，對於優化直接雷射沉積層品質具有重要意義。

### 8.6.2.1 孔隙

孔隙的形成會造成塗層品質的下降，另外亦會產生其他的問題，例如應力集中與機械性能下降等。爲了製作性能良好的直接雷射沉積層，有必要深入了解孔隙形成的直接原因，才能進一步抑制孔隙的生成。[204]

直接雷射沉積所使用的粉末材料，粉體本身的孔隙率是造成直接雷射沉積層含有孔隙的原因之一，孔隙率高的粉體材料，在直接雷射沉積後所產生的孔隙率相對地也會較高 [204]。粉末中的小孔或是孔隙，容易讓氣體停留在粉末顆粒中，在直接雷射沉積的過程中粉末中的氣體沒有逸出的話，最終會形成空心粉末。空心粉末中的氣體，在直接雷射沉積過程，隨著粉末送入熔池中，在凝固後殘留在熔覆層內，

圖 8-6　粉體內部或表層含有孔隙的狀況

最終殘留在製造的元件內。因此，選用低孔隙率的粉末材料，可以在直接雷射沉積製程中獲得低孔隙率的熔覆層。

直接雷射沉積過程所設定的參數，會影響到熔池的流動狀況，進而影響到氣孔的形成。根據研究指出，隨著雷射功率的增大，孔隙率先減小後提高[206]。主要是雷射功率較低時，雷射功率的增加會提高輸入的熱量，且凝固速度會因此降低，氣泡容易在熔池凝固前逸出，且粉末熔融狀況的提升，有助於減少粉末熔融狀況不足所造成的孔隙[205]。但雷射功率過大時，熔池中的熔體流動會更猛烈，會加劇粉末將帶入的保護氣體困住於熔池形成氣孔，這也是氣孔增加的原因。另外，送粉率的增加亦會引起孔隙率的增加，主要是大量的粉末送入，使氣體無法往上排出，造成孔隙率上升。在這種情況下，藉由雷射的重熔，可以降低雷射沉積層間的孔隙率。選擇適當的直接雷射沉積參數，例如雷射功率、送粉率、掃描速度等，可以降低熔覆層的孔隙率。[206]

在直接雷射沉積的過程中，因爲熔融熔池的高溫影響，可能造成送粉材料或基材的化學反應生成氣體殘留於熔覆層內，形成孔洞。此種狀況還可以藉由改變熔池中的化學反應，來抑制反應氣體的產生，進而降低熔覆層的孔隙率。適量的 Cr 材料添加，促進氧與 Cr 的反應，有助於抑制碳 - 氧在熔池中產生氣體，可降低熔覆層的氣孔率[207]。另外，在直接雷射沉積之前烘烤粉末，可以烘乾粉末表面的水分，可以降低直接雷射沉積過程中水分蒸發所造成的孔隙率，且也可減少水氣和材料化學反應，降低孔隙的生成[208]。適當的表面清潔工作，可以降低直接雷射沉積過程，表面汙染物因高溫造成的化學反應，降低孔隙的生成。

#### 8.6.2.2 裂縫

在直接雷射沉積的熔覆層中，裂縫被認爲是最嚴重的缺陷，因爲在機械零組件的應用中，裂縫的存在會直接造成元件的損壞。因此，有效的抑制裂紋形成，有助於提高直接雷射沉積層的品質，而如何提升品質，則必須從裂紋形成機制著手。

裂紋敏感性（Crack Sensitivity）一般用來描述直接雷射沉積熔覆層的裂紋生成率，裂紋的形成，通常沿著垂直於雷射熔覆層的掃描方向。直接雷射沉積熔覆層的裂紋可分爲熱裂紋和冷裂紋。熱裂紋的生成是由晶界偏析所引起的熱撕裂所造成，通常是材料中存在著較多的低熔點共晶雜質元素，例如磷、硫或碳等的元素，或是材料內部有較多的晶格缺陷時，在直接雷射沉積的熔池結晶過程中，就容易出現晶界偏析，因此熱裂紋主要受到微觀結構的影響。冷裂紋是在直接雷射沉積熔覆層冷卻到較低溫度時，所產生的裂紋，通常爲熔化和凝固過程中熱應變過大而產生的裂紋。常見的冷裂紋爲延遲裂紋，在沉積後延遲一段時間才產生的裂紋，冷裂紋的延遲時間不一定，由幾秒鐘到幾年不等，主要發生在熱影響區。當熱影響區氫含量較高時，會使擴散接合區產生脆化，並聚集形成大量氫分子，氫是誘發延遲裂紋的活躍因素，故又將延遲裂紋稱氫致裂紋。[209, 210]

一般來說，熱裂紋通常是沿晶界裂開的；而冷裂紋則是穿晶裂紋，不過部分的冷裂紋是沿晶界裂開。熱裂紋斷面通常有明顯的氧化現象，顏色偏暗色；而冷裂紋的破斷面爲金屬亮面。熱裂紋大多數位於熔覆層內，有縱向，也有的是橫向，有時候熱裂紋會延伸到基本；而冷裂紋大多數位於基材或熔合區域，大多數的裂紋爲縱向，少數爲橫向裂紋。熱裂紋一般在熔覆層的結晶過程中即會產生；而冷裂紋一般則在冷卻到約 300℃以下時，或是延後至幾小時或更長時間才會出現，因此冷裂紋又稱延遲裂紋。

由於熱裂紋和冷裂紋的產生原因不同，降低裂紋敏感性的方法也不同。對於熱裂紋而言，可以藉由細化熔覆層晶粒來降低熔覆層的裂紋敏感性。控制熔覆層晶粒細化的方法，主要可以從控制直接雷射沉積的參數或添加特殊元素的方式進行，以降低晶界的析出問題。對於冷裂紋而言，可以採用預熱基材的方式來降低基材熱影響區的裂紋敏感性。另外，適度地降低雷射功率輸入，或提高雷射掃描速度，也可以降低熱影響區的裂紋敏感性 [211]。

在相同的直接雷射沉積參數下，不同的合金粉末具有不同的微觀結構。一般來說，當較低的雷射功率和較高的掃描速度相結合時，由於低輸入能量和高冷卻速率，通常會在熔覆層中形成更精細的微觀結構，而較高的雷射功率和較低的掃描速度會增加熔覆層粗大晶粒的微觀結構，主要是因爲入射能量的提高而降低了冷卻速率，導致熔覆層中的微觀結構較粗。此外，增加送粉率將使未熔化的粉末成爲等軸晶的成核點，從而細化熔覆層的微觀結構 [124, 206]。

直接雷射沉積前的預熱和沉積後的緩冷，可以改善直接雷射沉積層的金相組織，降低熱影響區的硬度和脆性，而且可以加速直接雷射沉積熔覆層內的氫原子向外擴散，以減少熔覆層內應力的作用。選用適當的直接雷射沉積速度，當沉積速度太快時，冷卻速度也會比較快，易形成淬火組織；若沉積速度太慢，會使熱影響區變寬，晶粒變粗大。因此沉積速度過快或過慢，都會促使冷裂紋的產生。清除油酯或鏽等汙染物，可以減少氫原子的來源，降低沉積過程中的擴散氫原子含量。沉積後立即進行消除應力的退火處理，可以減少或消除殘餘應力，改善熔覆層的顯微組織和性能，同時也可以促使熔覆層內的氫原子向外擴散。

## 8.7 磨耗試驗

直接雷射沉積技術在抗磨耗沉積層上的應用，已經相當地廣泛，因此對於直接雷射沉積沉積層抗磨耗性能的了解，是非常必須的沉積層試驗。直接雷射沉積沉積層的磨耗試驗，常用的試驗方法有滑動摩擦試驗、梢盤試驗（Pin-on-Disk）及磨粒磨耗試驗。

滑動摩擦試驗爲試片固定在一定的荷重之下，相對於磨輪磨耗所造成的沉積層重量損失，作爲直接雷射沉積沉積層抵抗磨輪磨耗，所造成的重量損失。滑動摩擦試驗後的試片，其重量損失越多的直接雷射沉積沉積層，顯示抵抗磨輪磨耗的能力越差；相對地，沉積層重量損失越少的試片，顯示沉積層具有較爲良好的抗磨耗能力。

梢盤試驗是將直接雷射沉積堆疊於梢（Pin）的下端面上，然後將梢試片固定在一定的荷重之下，相對於研磨盤（Disk）作相對運動，並測量研磨後所造成的沉積層重量損失，如圖 8-7 的梢盤磨耗試驗示意圖所示。

磨粒磨耗的試驗方法，和滑動摩擦試驗的方法極爲相似，僅是將磨輪改爲橡膠輪，取而代之爲磨粒的磨耗方式，藉由磨粒來研磨直接雷射沉積沉積層，以取得相關磨耗資訊。

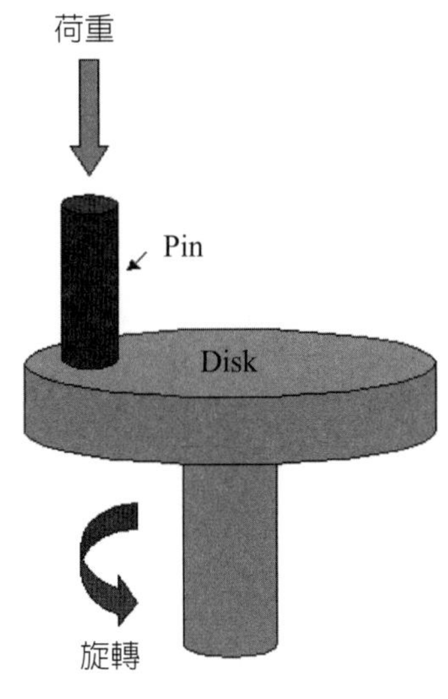


**圖 8-7 梢盤磨耗試驗示意圖**

## 8.8 硬度試驗

直接雷射沉積沉積層的厚度範圍較爲寬廣，厚度可以從幾十微米至數公分的厚度，因此直接雷射沉積沉積層的硬度測試方法，可以透過像塊狀材料的測試方式來獲得。硬度的量測，可以從截面或表面測量。在截面硬度量測部分，可以量測微觀結構的維克氏硬度（Vickers Hardness），可以了解在不同沉積層深度下，直接雷射沉積層的微硬度分布狀況。

維克氏硬度測試法採用鑽石錐頭，來作爲測試材料硬度的探測頭，鑽石錐頭的形狀爲方形錐狀。如圖 8-8 所示，爲維克氏硬度試驗的方法及錐頭形狀示意圖，圖中所示的 F 爲施加在鑽石錐頭上的荷重，單位爲 $kgf/mm^2$，而 d1 和 d2 則分別爲鑽石錐頭兩對角線間的距離，單位爲 mm。錐頭兩平面間的夾角爲 136°，施加在鑽石錐頭上的荷重範圍在 0.001～10 kgf 之間，荷重施加的時間爲 10 至 15 秒。移除荷重後的直接雷射沉積沉積層表面，會留下鑽石錐頭的壓痕，藉由顯微鏡下距離的量測，可以得到 d1 和 d2 的距離數據，在經過換算之後，即可以得到維克氏硬度值（Hv）。維克氏硬度的計算公式如下：

$$Hv = [2F\sin(136° / 2)] / d^2$$

亦可以表示為：

$$Hv = 1.854F / d^2$$

透過以上公式的換算，即可取得維克氏硬度的數據，而維克氏硬度的硬度表示方法，例如維克氏硬度在荷重範圍為 10 g 時，所測得 1000 的值，可以表示為 1000Hv10。

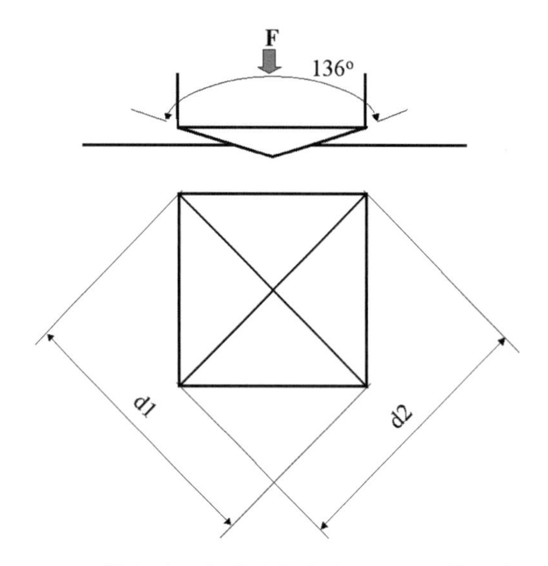


**圖 8-8　維克氏硬度試驗的方法及錐頭形狀示意圖**

# 9

# 相關技術的發展

傳統的金屬加工成型方式，是金屬材料在鑄造、鍛造或壓延成爲初坯的型體結構之後，再藉由機械加工方式，銑切、車削或研磨成型爲所需要的構型，後續可以再經由銲接、鉚接、鎖合等成爲最終元件結構。然而，新世代的加工概念是將銲接爲輔助功能的傳統接合方式，改變爲直接熔融材料堆疊成爲元件型體的方式，將熔融接合的加工方式轉變爲機械元件成型技術的主角，後續再藉由銑切、車削或研磨等方法的輔助，達成元件的最終型體結構。目前藉由此類方法將元件以堆積方式形成三維構型的技術，稱之爲 3D 列印技術，此技術改變傳統的減法加工方式成爲加法加工的方式，已成功地應用在航空、汽車、機械、生醫與珠寶等產業。

最近幾年金屬 3D 列印（Metal 3D Printing）技術，亦或者稱爲金屬積層製造（Additive Manufacturing）技術，已成爲金屬加工與製造的熱門話題 [212, 213]。3D 列印製造的金屬元件提供了生產複雜零件的可能性，且沒有傳統加工製造方式的設計限制，可提供了兼具實用性與美學特性結合的獨特組合模式。目前此技術製造的 3D 金屬元件適用於各種產品，包括各種原型產品的製造、微型縮小模型、珠寶載台及功能元件等 [214, 215]。金屬 3D 列印技術成爲熱門話題的另外原因，是金屬 3D 元件可以藉由連續列印的方式進行批量生產。事實上，現在的金屬 3D 列印技術已經由以前原型設計製作，演進到工業應用上 [216]。目前藉由金屬 3D 列印技術製作的元件與傳統方法製造的元件品質已具有相同的水準，甚至有更好的表現。在傳統製造過程中，金屬元件的製造是一個浪費材料的過程，產生了大量多餘的材料，大部分的金屬材料在製造過程中被切除，然而金屬 3D 列印技術製造之 3D 金屬元件可將浪費降至最低 [217]。

金屬 3D 列印技術製造的加工概念是直接利用熔融材料堆疊成爲元件型體的方式，後續可以再配合傳統的加工方式達成元件的最終型體結構。目前藉由此類方法將金屬元件藉由堆積方式形成三維構型的技術，包括有直接雷射沉積、粉體床熔化成型（Powder Bed Fusion）、電弧銲成型（Arc Welding）、摩擦攪拌銲接成型（Friction Stir Welding）與黏結劑噴塗成型（Binder Jetting）等。目前藉由金屬 3D 列印技術製造的 3D 金屬元件，已成功地應用在航空、汽車、機械、生醫與珠寶等產業 [23, 24]。本章節後續針對這些金屬 3D 列印技術，介紹各技術所使用的方法與原理，並且比較之間的差異性。

## 9.1 直接雷射沉積

直接雷射沉積技術是一種利用雷射於表面加熱產生熔池並將金屬粉末熔融沉積的技術，直接雷射沉積技術常見以噴粉式送料的 3D 列印方法爲主，藉由雷射光束熱源加熱金屬粉末材料，將沉積的材料熔化在基底材料上，建構三維的元件，如圖 9-1 直接雷射沉積成型過程的示意圖所示。直接雷射沉積技術具有快速成型的優點，可以製作極爲大型尺寸的元件，而且材料的使用率高，此技術具有在航空領域內建構大型組件的潛力 [218, 219]。

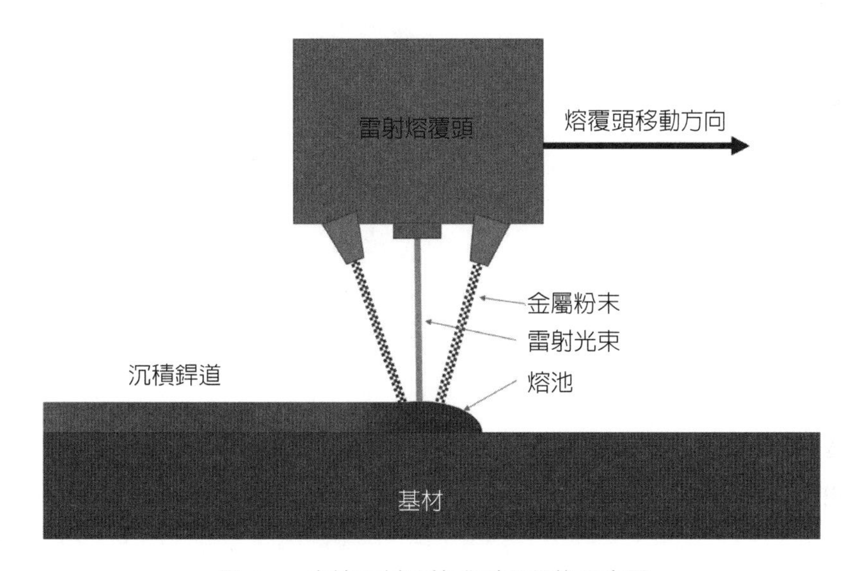


**圖 9-1 直接雷射沉積成型過程的示意圖**

直接雷射沉積技術的應用範圍，一般可以分爲三個部分，一是 3D 列印製造新元件；另外一種方式是在其他元件上附加另外型體的 3D 列印元件；第三種是對元件進行修補或改變型體外觀。在 3D 列印製造新元件部分，可以利用直接雷射沉積技術從頭開始建構元件，例如圖 9-2 直接雷射沉積 3D 列印元件所示，此 3D 列印元件爲 Optomec 公司所提供。Optomec 公司爲直接雷射沉積金屬 3D 列印技術的設備製造商，公司總部位美國新墨西哥州的 Albuquerque，此區域是美國重要的核彈研發機構所在位置，該公司目前的業務範圍遍及全世界，主要的技術包括

**圖 9-2　直接雷射沉積 3D 列印元件**

**（Optomec 提供元件）**

LENS process for high value metalworking 及 Aerosol Jet process for printed electronics 等兩項技術，其中 LENS 這項技術屬於直接雷射沉積技術。LENS 全名爲 Laser Engineered Net Shaping，目的在於藉由雷射的重熔技術，將噴射出的粉末熔融並堆積成爲所需要的型體。目前該公司安裝的系統已超過 140 套 15 個國家。另外，直接雷射沉積技術亦可在其他元件上附加其他型體的 3D 列印元件，可以在現有元件上添加額外的功能，圖 9-3 所示爲直接雷射沉積附加另外型體的 3D 列印元件。此技術亦可以用於修復元件，如圖 9-4 直接雷射沉積表面熔覆層於棒軸所示，上述兩種 3D 列印元件爲 OR Laser 公司所提供。OR Laser 公司總部位德國的迪堡，此區域靠近德國的法蘭克福，是德國重要的工業發展重地。OR Laser 公司目前已併入 Coherent 公司的名下，主要生產的設備包括直接雷射沉積技術與粉體床熔化成型技術相關的兩種設備，該公司的直接雷射沉積技術可以藉由三軸加工機搭配旋轉台的方式進行 3D 列印的製作，亦可以搭配機械手臂與旋轉台的運作進行 3D 列印的製

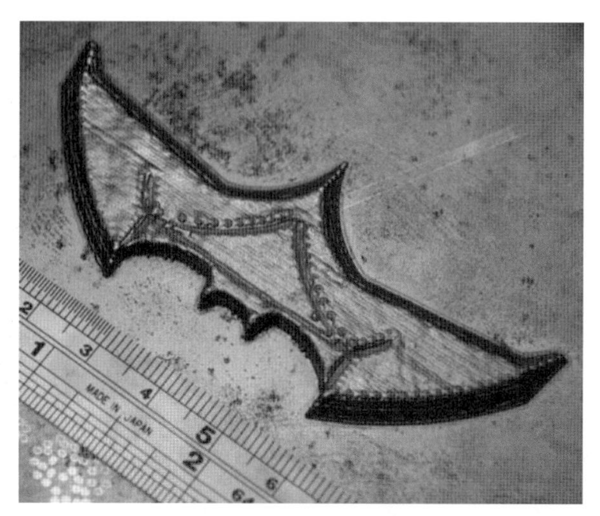

圖 9-3　直接雷射沉積附加另外型體的 3D 列印元件

（OR Laser 提供元件）

圖 9-4　直接雷射沉積表面熔覆層於棒軸

（OR Laser 提供元件）

作，目前所生產之直接雷射沉積系統是藉由雷射熔融噴射的粉末，使之熔融後堆積成爲所需的型體。目前該公司在全球合作的夥伴已超過 30 個國家，業務範圍遍及全世界其中以歐洲爲最主要的合作地區。

## 9.2 粉體床熔化成型

粉體床熔化成型（Powder Bed Fusion）又稱爲選擇性雷射熔融（Selective Laser Melting, SLM），是一種藉由雷射熔融金屬粉末材料並堆疊成型的金屬 3D 列印製造技術，可用於生產形狀複雜的三維元件。粉體床熔化成型後的強度與粉末材料的完全熔化相關，較理想的粉體結合方式是將粉末完全熔融，而非以燒結或粉末顆粒部分熔化的方式結合，圖 9-5 顯示粉體床熔化成型過程的示意圖。在粉體床熔化成型過程中，金屬粉末層散佈在底板的頂部，然後由從上方投射的雷射光束選擇性地熔化需要熔融粉末之位置。雷射光束掃描金屬粉末層的外型，是根據 3D 型體切層分割成爲單層的形狀，然後每層都經過雷射光束選擇性地熔化掃描。在掃描完一層後，粉床向下移動一層厚度，接著是一個自動舖平系統，可以舖上一層新的金屬粉末層，然後雷射光束掃描熔化一個新的橫截面金屬粉末層。此過程包含數百或

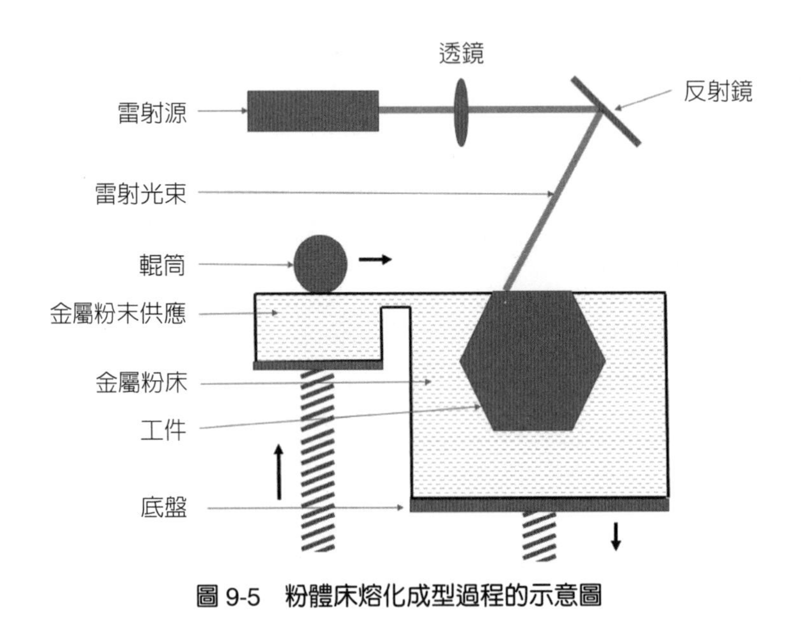


圖 9-5　粉體床熔化成型過程的示意圖

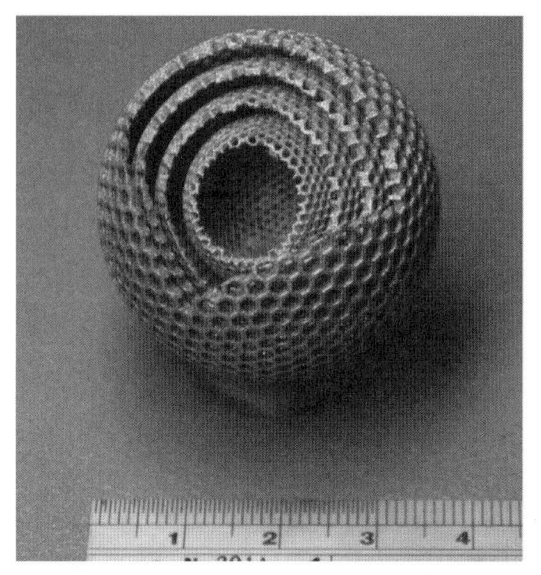


圖 9-6　粉體床熔化成型 3D 列印元件（OR Laser 提供元件）

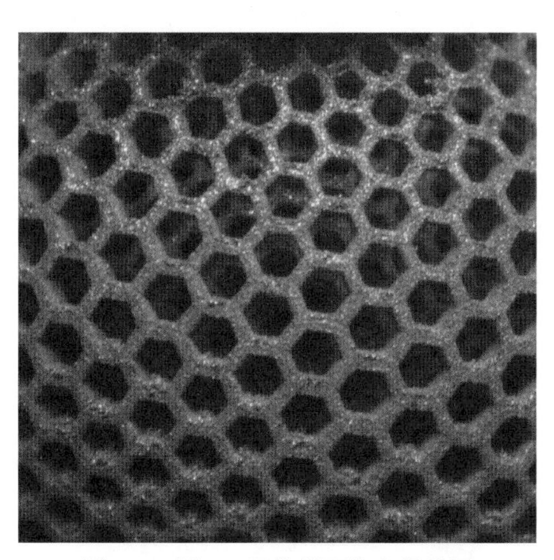

圖 9-7　圖 9-6 元件從下往上視角圖

數千個金屬粉末層，最後重複該過程以形成所需的固體金屬元件。圖 9-6 所示爲粉體床熔化成型 3D 列印元件，圖 9-7 所示爲圖 9-6 元件從下往上視角圖，根據照片中圖像顯示，粉體床熔化成型技術所成型的 3D 金屬元件，下方部分的結構較爲鬆散，主要是因爲雷射光束掃描是由上而下地照射，因此上方位置較容易控制粉末的熔融狀態，而下方位置則較爲困難。

粉體床熔化成型技術具有許多優點，包括可以生產高密度和高強度零件；材料的利用率幾乎可以達到 100%，未使用的粉末可以回收利用，可避免材料的浪費；可生產複雜形狀產品；不需要黏合劑或熔融相，因此此技術可以直接生產純金屬材料元件，亦可以混合不同材質材料的使用。粉體床熔化成型技術到目前爲止仍然是新開發的技術，因此仍面臨各種挑戰，粉體床熔化成型技術存在熔池不穩定性，導致較鬆散的局部位置有向下塌陷的缺陷存在。因此缺陷造成的粗糙或顆粒狀表面，可以藉由後加工處理，例如拋光或研磨處理等，以改善表面狀況。另外，粉體床熔化成型技術在熔融過程中產生的溫度梯度變化，導致分層和變形的風險，並且會在元件內部形成殘留應力 [220, 221]。儘管如此，粉體床熔化成型技術仍然在小型元件部分，具有極大的競爭力。

## 9.3 電弧銲成型

電弧銲 3D 列印成型技術目前正在吸引各種產業製造商的興趣，因爲此技術具有 3D 列印成型大尺寸金屬元件的潛力，而且成本低且生產週期短 [222]。此技術與直接雷射沉積技術的製作原理相似，直接雷射沉積技術採用雷射熔融粉末材料，而電弧銲成型（Arc Welding）技術則採用電弧熔融金屬線材之後堆疊成型，如圖 9-8 電弧銲成型過程的示意圖所示，同樣具有快速成型大型金屬元件的優勢。根據研究顯示，電弧銲 3D 列印成型合金的機械性能與鑄造或鍛造材料相當，且此技術亦擁有製造金屬間化合物材料與功能梯度材料的能力。電弧銲 3D 列印成型所生產的三維元件，在成型後可以藉由後續的機械加工方式，獲得最佳的表面光度和尺寸精度。

電弧銲 3D 列印成型技術可以提高工程元件製造效率，可以滿足少量且需要快速成型 3D 元件的需求。此技術能夠生產接近 3D 元件形狀的預成型件，且不需複雜的工具、模具或熔爐，此種生產方式可以顯著地降低成本和縮短交貨時間，提高材料效率並改善元件性能。電弧銲 3D 列印成型技術可製作的元件解析度約爲 1 mm，堆積速率約在 1～10 kg / 小時之間，電弧銲 3D 列印成型技術的製造速度較

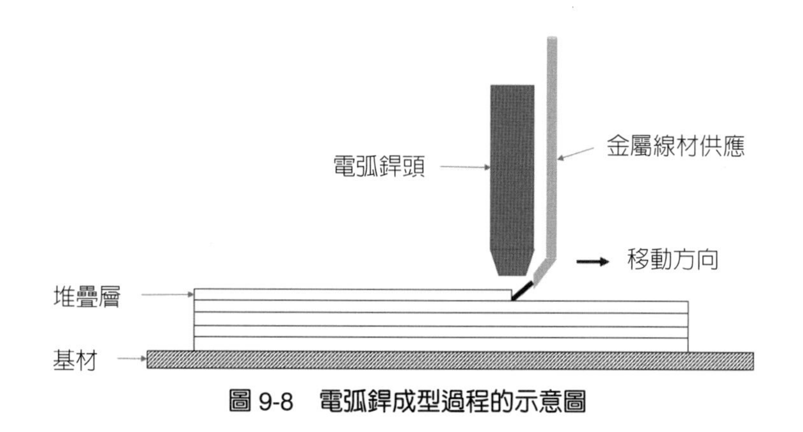


**圖 9-8 電弧銲成型過程的示意圖**

直接雷射沉積技術快，但是準確度不如直接雷射沉積技術，兩種技術間具有互補功能。電弧銲 3D 列印成型控制移動所需的設備，到目前爲止並沒有特定商用的電弧銲 3D 列印成型系統，因電弧銲 3D 列印成型所需要的只是三軸移動控制床台或機械手臂，以及電弧銲設備。目前新的發展是將 3D 列印成型設備與切削加工機整合成爲複合加工機，以得到最快速且最佳加工品質的 3D 列印複合設備。

電弧銲 3D 列印成型技術可以用的材料，以可製作成爲銲線的金屬材料爲主，目前常見的材料包括：碳鋼、不鏽鋼、合金鋼、鈦合金、鎳基合金和鋁合金等。電弧銲 3D 列印成型的金屬 3D 列印元件在各層之間具有良好的黏合性，且在 3D 列印元件內部具有相當低的孔隙率。對於複雜度不高的中型或大型元件而言，電弧銲 3D 列印成型技術具有低成本與縮短前置時間的潛力。而且透過適當的金屬線材選用，可以添加其他的合金材料，藉以優化合金材料元件機械性能。藉由電弧銲 3D 列印成型與金屬加工機平台的結合，則可以再創建其他較不容易成型形狀的加工能力，且複合加工機的自動化整合，有助於提升3D列印元件的表面光度與尺寸精度。

目前在市場上的大多數的金屬 3D 列印機，大部分用於高科技產業的相關應用，而這樣的應用通常需要昂貴的設備，並使用相對成本較高且較爲危險的金屬細粉末。因爲製造成本和技術具有的直接的關聯性，因此對於感興趣的中小型企業而言，利用金屬 3D 列印技術來進行金屬原件產品製造，在成本考量部分，有著極大的成本壓力考量。電弧銲 3D 列印成型技術是一種成本較低的 3D 列印成型技術，未來可望有機會將電弧銲 3D 列印成型機成本，降低到 1200 美元以下。

## 9.4 摩擦攪拌銲接成型

摩擦攪拌銲接成型（Friction Stir Welding）是藉由旋轉摩擦產生能量轉換成熱能，利用旋轉攪拌銲接工具旋轉於金屬板件上移動，並且在旋轉攪拌工具向前移動過程中添加新的金屬材料逐漸堆積，而產生新的沉積層表面，如圖 9-9 摩擦攪拌銲接成型過程的示意圖所示。此技術藉由旋轉摩擦產生能量轉換成熱能，材料在升溫至玻璃轉移溫度後產生銲點，金屬材料在此時並不熔化，僅在熔點溫度範圍以下攪拌進行銲接行為。這使得微觀結構在不熔化的情況下產生晶粒破碎，而使得晶粒更加細緻，並且在部分情況下微觀結構變得更均勻，摩擦攪拌後的微觀結構也具有超塑性。

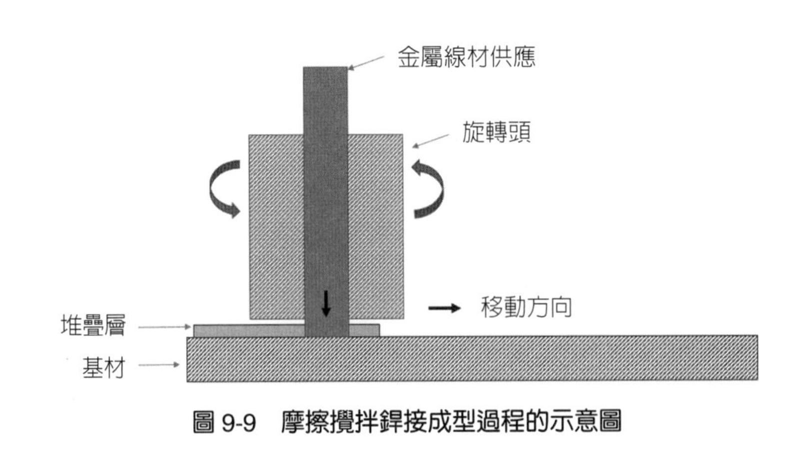


**圖 9-9 摩擦攪拌銲接成型過程的示意圖**

摩擦攪拌銲接成型技術的優點是透過摩擦攪拌銲接，可以連接不被認為是可銲接的金屬；摩擦攪拌銲接可與鋁，鋼，鎂和稀有金屬混合在一起使用；和其他藉由熔融池的銲接技術相比較，摩擦攪拌銲接成型技術具有低殘留應力的優點。目前摩擦攪拌銲接成型技術可以成型鎂、鎂合金、鋁、鋁矽合金、銅、銅合金、鋼、強化鋼和超高強度鋼等材料。此技術可用於製作全新的三維結構元件，亦可以直接在元件表面上進行修復。

## 9.5 黏結劑噴塗成型

黏結劑噴塗成型（Binder Jetting）過程一般會使用兩種材料，分別爲金屬粉末材料和黏結劑，其中黏結劑添加的目的在於黏結金屬粉末材料，使粉末結合成爲三維型體，常見的黏結劑爲液體的形式添加。在黏結劑噴塗成型過程中，金屬粉末層散佈在底板的頂部，然後由上方噴覆黏結劑選擇性地黏結需要黏結粉末之位置，黏結劑噴塗列印頭類似於噴墨印表機之列印頭。黏結劑噴塗黏結金屬粉末層的外型，是根據 3D 型體切層分割成爲單層的形狀，然後每層經過列印頭選擇性地噴塗黏結劑。在掃描完一層後，粉床向下移動一層厚度，接著是自動舖平系統舖上新一層的金屬粉末層，然後再噴塗黏結劑黏結新的橫截面金屬粉體層，黏結劑噴塗成型過程的示意圖如圖 9-10 所示。黏結劑噴塗列印頭沿機器的 x 和 y 軸水平移動，沉積並建構金屬粉體材料與黏結劑材料的混合層。黏結劑噴塗成型的方法，在 3D 列印成型後，金屬粉末間僅藉由黏結劑黏合在一起，通常需要後續的熱處理燒結將金屬粉末黏合在一起，以提高 3D 元件的結合強度 [223]。

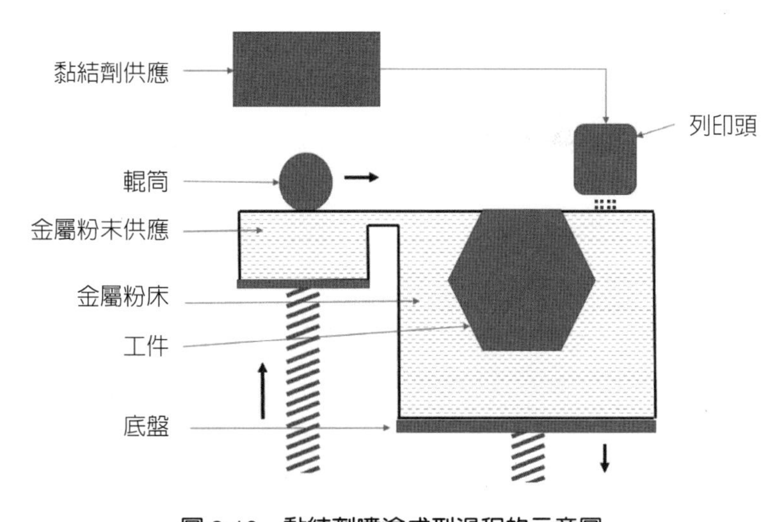


**圖 9-10 黏結劑噴塗成型過程的示意圖**

黏結劑噴塗成型的好處是可以 3D 列印成型金屬、高分子、陶瓷與複合材料等材質；相較於粉體床熔化成型的方式，黏結劑噴塗成型具有快速成型的優點；黏結劑噴塗成型成本較其他金屬 3D 列印技術成本低，且可以列印尺寸小及複雜型體三維元件。黏結劑噴塗成型的缺點是由於使用黏結劑材料，所以在部分情況下並不適用於結構性元件；另一個成型的缺點是在 3D 列印成型後，金屬粉末間僅藉由黏結劑黏合在一起，如果需要提高 3D 列印後元件的結構強度，需要藉由後續的熱處理燒結將金屬粉末燒結在一起。圖 9-11 所示為 Exone 公司所提供的黏結劑噴塗成型後的 3D 列印元件，ExOne 公司是以黏結劑噴塗成型技術為主的 3D 列印設備製造商，公司位於德國格爾斯托芬，所生產之 3D 列印設備包含金屬與砂材的 3D 列印製造等相關設備，此公司初期以砂模製作相關的設備為主；位於德國格爾斯托芬的公司位置為創始本部，後來 ExOne 公司業務擴展後，將公司的業務範圍擴展至北美地區，目前將公司總部設在美國的賓夕法尼亞州 North Huntingdon Township，後來陸續加入金屬 3D 列印設備的製造，目前已擁有大量的工業化設備及 3D 列印產品。圖 9-12 所示為 Digital Metal 公司所提供的黏結劑噴塗成型後的 3D 列印元件，Digital Metal 公司為 Höganäs 粉末大廠所設立的子公司，專門代工生產黏結劑噴塗成型技術所製造的 3D 列印元件，此公司可生產具有極精細和精準公差的小型 3D 列印元件。

圖 9-11　黏結劑噴塗成型 3D 列印元件

（Exone 提供元件）

圖 9-12　黏結劑噴塗成型 3D 列印元件

（Digital Metal 提供元件）

## 9.6　金屬擠製成型

金屬擠製成型（Metal Extrusion）又稱爲金屬結合沉積（Bound Metal Deposition），是金屬3D列印成型技術目前較新穎的一種3D列印技術，此技術類似於廣受歡迎的塑膠材料熔融沉積成型（Fused Deposition Modelling, FDM）3D 列印技術。此技術藉由加熱裝置將金屬混合材料加熱，然後通過噴嘴擠製，於載盤上逐層沉積成爲所需之 3D 列印元件。此技術可以使用金屬混合材料，例如由熱塑性材料和金屬顆粒的混合而成，或是單獨加熱熔融金屬材料。3D 列印過程中，列印頭噴嘴在 x 和 y 軸上移動以列印沉積層，再配合載台在 z 軸方向的下降移動以建構出完整的 3D 元件。熱塑性材料和金屬顆粒的混合而成的 3D 元件，在列印完成後，需要再藉由高溫爐的燒結除去塑料，使金屬顆粒燒結在一起，圖 9-13 所示爲金屬擠製成型過程的示意圖。

熱塑性材料混合金屬顆粒擠製成型的優點是藉由熱塑性材料和金屬顆粒的混合可以快速地列印成型 3D 金屬元件，除了金屬的 3D 列印成型外，此技術亦可以用

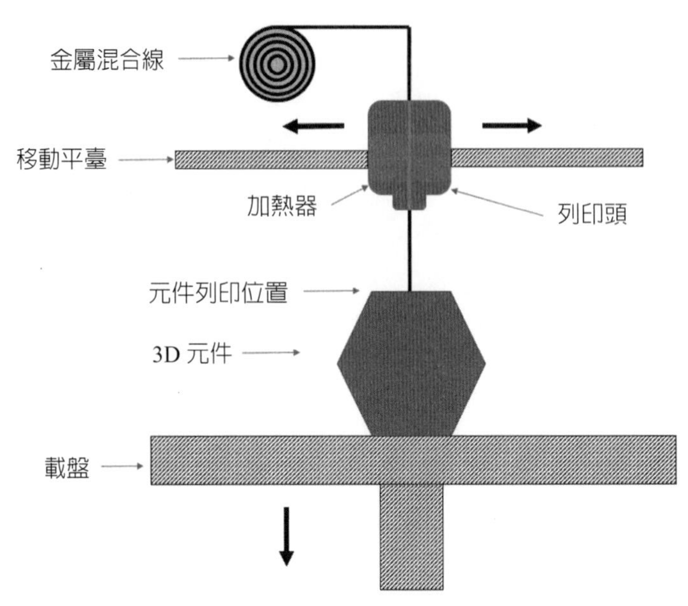


圖 9-13　金屬擠製成型過程的示意圖

來 3D 列印陶瓷材料和高分子材料 [224]。相較於其他 3D 列印成型的方式，金屬擠製成型具有快速成型的優點，且成型成本較其他金屬 3D 列印技術成本低。相對於其他的 3D 列印成型的方式，金屬擠製成型的缺點是如果使用熱塑性混合材料，則不適用於結構性元件，且不易列印尺寸小及複雜型體三維元件，並且在列印成型後，需要熱處理爐將熱塑性混合材料去除，亦需要後續的熱處理燒結將金屬粉末燒結在一起以提高 3D 列印後元件的結構強度。而未添加熱塑性材料混合的金屬材料，由於在 3D 列印成型過程中需使金屬材料成為熔融態，因此對於高熔點的金屬材料而言，相對難度較高 [225]。

## 9.7　未來發展

金屬的 3D 列印成型技術，具有快速成型為三維元件的優勢，其中電弧銲 3D 列印成型技術與摩擦攪拌銲接成型技術是目前金屬 3D 列印成型速度最快技術，然而此兩種技術無法針對複雜元件進行製作；粉體床熔化成型技術與黏結劑噴塗成型技術可製作形狀極為複雜的 3D 元件，但是製作速度較為緩慢，且元件間的鍵結並不像電弧銲 3D 列印成型技術與摩擦攪拌銲接成型技術具有冶金鍵結，因此相對地結構強度較弱；直接雷射沉積技術製作 3D 元件的速度較電弧銲 3D 列印成型技術慢，但比粉體床熔化成型技術快，可製作成型 3D 元件的形狀複雜程度，則介於電弧銲 3D 列印成型技術與粉體床熔化成型技術之間，且此技術製作的 3D 元件具有高冶金鍵結結構強度，是極具競爭力的金屬 3D 列印成型技術。

# 10

# 相關應用

直接雷射沉積技術可以快速沉積金屬材料製作成爲所需的形體，應用範圍可以簡單區分爲三種應用方式，分別爲 3D 列印製造新元件、修補元件與表面堆疊塗層。直接雷射沉積技術具有快速成形之優點，藉由粉體材料輸送進入雷射熔融區域，使粉末融化後堆積快速成型。此製程所使用的粉末材料，可以藉由調控不同的材料組成，或是混入陶瓷材料配分進行改質，可以獲得材料性質符合需求的組成配方。並且可以藉由組成配方的調控，改變堆疊後材料的硬度、強度或韌性等材料性質。

直接雷射沉積技術可應用於需要昂貴生產、組裝或維修費用的高價值元件上，可避免傳統切削機械加工方式造成的材料浪費。目前直接雷射沉積技術已有的工業應用，包括在軍事、生醫、發電、石化、航空或汽車工業等的應用，較具體應用實例有航空發動機零組件的製造、火箭發射器製造、飛彈外殼製造、渦輪發動機葉片修補、模具修補、石油鑽井相關元件的表面硬化層堆疊、生醫用植入物、複雜元件製造、合成材料開發與快速原型製造等。直接雷射沉積技術目前在航空工業的應用材料，主要所使用的材料以鎳基和鐵基合金的金屬材料爲主，這些材料可以用來修補及製造相關金屬元件，常見的材料有 304、316、410、420 不鏽鋼和 617、625、718 等鎳基合金，其他常用的材料還包括 Ti-6Al-4V 鈦合金、Stellite 6、Stellite 21 鈷合金和金屬陶瓷複合材料等 [9]。

## 10.1 3D列印元件

利用直接雷射沉積技術製造 3D 新元件時，需要有一承載的基材做爲 3D 元件製作時的載體，在 3D 元件製作製作後，可以將載體的部分切除，圖 10-1 所示爲直接雷射沉積 3D 構型的外觀。另外，直接雷射沉積技術可以在其他元件上附加其他型體的 3D 列印元件，或在現有元件上添加額外的功能，亦可以用於覆蓋塗層及修復元件。直接雷射沉積技術對航太工業最有價值的部分是製程具有較低的熱量輸入，有助於產品在製作過程減少裂縫產生，且雷射處理後快速的冷卻有利於形成更精細的微結構，此部分的特徵及性能是航空業目前所需求的材料特性。可利用直接雷射沉積技術製作的元件，包括機件的外殼、葉片、轉子和葉盤（Blisk）等。[226]

**圖 10-1 直接雷射沉積 3D 構型外觀**

選擇性雷射熔融技術具有和直接雷射沉積技術相似的製作方式，選擇性雷射熔融技術相對於直接雷射沉積技術而言，更容易製造出複雜的元件，例如內部含有冷卻水路的模具或內部有冷卻空氣通路的渦輪葉片等。直接雷射沉積技術雖然不易製造複雜的元件，但是此技術的優點是在執行修復的過程中，並不需要在控制氣氛的腔體中製作，因此可以更快速地修補元件，圖 10-2 所示爲直接雷射沉積塗層執行堆疊與修復元件的狀況。且直接雷射沉積技術不受到尺寸的限制，可以製作大型的工件。目前在航空工業的應用中，常用在各類金屬元件的修復，或是做爲直接成形元件的製造。直接雷射沉積技術透過快速冷卻的凝固過程，可提供直接雷射沉積層細晶粒的結構，結合優異的機械性能，在航空工業的應用上具有相當不錯的優勢。

直接雷射沉積層材料在製作後可形成與沉積方向平行的柱狀晶粒結構，這種現象的形成原因，主要是由於熱量容易從基板的方向流動而產生的。熱影響區（Heat Affected Zone, HAZ）的存在，在直接雷射沉積後是顯而易見的，可以在沉積層和底材的界面之間觀察到微熱影響區的存在。由於在沉積過程中，沉積層會重覆再加熱，因此亦常發現較爲巨觀的熱影響區。直接雷射沉積元件的特性會依據不同的構建方向而產生變化，主要是因爲微觀和巨觀熱影響區的存在導致的微結構變化。元

圖 10-2　直接雷射沉積層的堆疊與修復

件的表面粗糙度會根據雷射功率而變化，低功率雷射產生的表面比高功率雷射產生的表面更爲光滑。

對於特定的材料而言，不同的積層製造方式的選用，會對 3D 列印後的元件的機械性能造成影響。藉由選擇性雷射熔融和直接雷射沉積技術所製造的金屬元件，其製造後的機械性質具有明顯的差異，且直接雷射沉積技術所製造的金屬元件，其元件的抗拉強度與降伏強度優於選擇性雷射熔融方式所製作的元件。不過有一個例外材料是鋁合金，由於鋁合金的高反射特性，使鋁合金不易藉由直接雷射沉積的方法製作。

透過雷射特性的改良，直接雷射沉積技術可以直接構建 3D 立體形狀的新品元件，薄壁結構和自由形狀構造，已可以藉由調控雷射光斑尺寸及雷射功率來達成。

## 10.2　修復

直接雷射沉積技術目前已用於修復燃氣渦輪發動機的各種元件，包括修復葉片的軸承座，或是用於燃氣渦輪發動機的軸承維修。另外軸承箱的尺寸超出公差範圍時，可藉由直接雷射沉積技術的修復恢復原來的功能，除了可以降低替換所需成本，亦可以縮短停機時間。直接雷射沉積技術可應用於修復壓縮機的密封件，此種密封件對於防止燃氣渦輪發動機中的氣體洩漏是相當重要的。此應用的壓縮機密封件常使用 Inconel 718 合金所製成，當迷宮式密封件的磨損直徑超過 0.08 英寸時，發動機的效率會降低，並且被認為不適於運行。使用 Inconel 718 合金粉末在燃氣輪機上進行修復，不僅節省了時間，而且維修的成本約只需要新品的百分之五左右。

直接雷射沉積技術進行修補高壓渦輪（High-Pressure Turbine, HPT）保護罩，高壓渦輪保護罩的功能是防止渦輪葉片尖端周圍的空氣洩漏，可提高燃氣渦輪發動機的效率，保護罩在圓周方向上並排佈置以形成密封，熱空氣沿軸向通過時，其表面的熱空氣由於冷卻孔的設計而被冷卻。這些冷卻孔的設計降低了發動機的過熱現象，可減低渦輪葉片上的應力負荷。

進行元件修復一般的步驟，是先藉由 3D 掃描器建構元件的 3D 圖面，後續再藉由直接雷射沉積技術進行修補。此種作法主要是因為修補的過程需要區分修復的區域與其他不需修復區域的差異，並且有助於為直接雷射沉積雷射頭定義修補的路徑，修補工作主要所面臨的挑戰是在不影響表面冷卻孔的情況下執行修復。直接雷射沉積的其他應用，包括使用於修復燃氣渦輪發動機箱的應用，勞斯萊斯公司已使用直接雷射沉積修復外殼，使用適合於金屬沉積的特殊直接雷射沉積噴嘴，使元件在修復過程中更加靈活。

由於環保意識的抬頭及材料資源的缺乏，擴大了全球對於循環再利用的關注，對於循環經濟的需求，也日益地增加。如何使產品、元件和材料可以永續的循緩使用，成為了現代社會極為重要的課題。也因為如此，各種工業用途元件的修復與再製造等相關的議題，受到了研究學者與工程師們的高度重視，如何提高產品的生命週期成為循環經濟的重要技術之一。直接雷射沉積是在積層製造技術中的一種非常靈活的製作方式，是最適合於汽車和航空產業等工業用元件的修復和再製造。它的應用可以修復損壞的零件，並更換使用中損失的材料，使零件恢復其原始狀態。早期鎢極惰性氣體保護銲（Tungsten Inert Gas Welding, TIG）常被用作為主要的修復方法，但是其熱影響區較大，且修復品質較差，因此部分的修復已改由其他的技術取代。與傳統的銲接技術相比，藉由直接雷射沉積進行修復具有更多優勢，包括低的熱量輸入、低翹曲和低變形，高的冷卻速率、良好的冶金鍵結、高精度及容易自動化等的特性。因此，直接雷射沉積的修復方法是一種相當不錯的修復方法之一，圖 10-3 所示爲直接雷射沉積修復元件時之狀況。

**圖 10-3 直接雷射沉積修復元件時之狀況**

在機械元件的使用過程中，局部衝擊、腐蝕、疲勞和熱循環可能導致元件局部的缺陷產生，或是造成元件的破裂或損壞。例如在渦輪引擎的使用過程中，軸和葉片可能由於高週疲勞或腐蝕而可能引發裂紋。這些高性能和高價值的元件在失效後可能被作爲廢棄物丟棄，主要是因爲此類元件，因爲局部元件的疲勞和應力裂紋可能引發其他元件的破壞。目前已有許多的研究在如何減少元件的損壞程度，並且增加元件的壽命部分進行努力，直接雷射沉積修復則是目前不錯的選項之一。

維修和再製造是將損壞的零件恢復到可用狀態的修復過程，再製造過程的步驟可以包含元件的拆卸、清潔、檢查、維修或更換損壞的元件等，並且在元件修復後重新組裝元件做最終測試。在某些情況下，維修後的元件可能會比新製造的元件表現更好，因爲在修復的過程中，可以藉由新材料或設計的導入，提供元件更優異性能的表現。

當元件損壞時，必須檢視元件的損壞程度，並判定元件是否可以修復，無法修復的元件則判定爲無法修復，可回收或廢棄物處理。因爲修復再利用一般只需要不到一半的資源消耗與勞動力，因此修復再製造的過程比新品製造過程的費用便宜，可以節省和重複使用資源。對於天然資源相對較少的國家而言，維修和再製造技術可以降低材料資源被掌控的困境。

早期的維修是利用銲接技術進行修補，因此大量採用鎢極惰性氣體保護銲，但是這種方法的銲接修補技術，會因爲銲接品質的問題而導致元件失效。失效的原因，主要來至於高殘餘應力及零件變形有關。後續爲解決這些問題，開發出替代銲接技術，例如等離子轉移電弧銲（Plasma Transferred Arc Welding, PTAW）和電子束銲（Electron Beam Welding, EBW）等。但是，這些設備的複雜性和高成本限制了它們的應用。直接雷射沉積技術已成爲維修元件的另一項技術，此技術具有優於常規方法的優點，並且可以在修復後部分地減少變形，並且可以沉積薄且無孔的塗層。然而，直接雷射沉積修復後通常需要進行大量的二次加工，這也限制了其應用。直接雷射沉積技術是修復受損組件的合適技術之一，與傳統方法相比，此技術具有較高的修復技術的能力，主要因爲殘餘應力較低、重複精度高。

利用直接雷射沉積技術來沉積耐磨和耐腐蝕塗層，沉積的材料和基材之間可以得到良好的鍵結強度，並且沉積速率高，材料的浪費少。殘留應力在修補的過程中，是一項極爲重要的考量因素，直接雷射沉積修復和再製造受損的元件，具有修復後殘留應力低的優點，因此具有高價值零件的修復能力。許多高科技製造公司越來越多使用直接雷射沉積技術，主要是常規的修復技術面臨許多的挑戰，例如高殘餘應力、修復後元件的變形、後加工及幾何形狀的低靈活性等。面對這些問題和挑戰，直接雷射沉積技術具備有解決這些問題的能力。

越來越多的文獻探討，關注於直接雷射沉積技術在受損元件的維修和再製造的應用。關注的焦點主要集中在於直接雷射沉積技術的優點，例如高精度、聚焦的熔融區域、低熱影響區及製作後元件的變形量低等。其他直接雷射沉積修復金屬元件的關鍵問題，也包括修復的類型、元件的微觀結構、修復的元件及其界面狀況。另外，修復後元件的機械性能，與原來的元件相比較的性能等，也須要列入考量。傳統加工的元件，熱影響區的微觀結構和機械性能，使用不同材料修復部件，並改善其性能的可行性，亦是直接雷射沉積技術的重要研究項目。

直接雷射沉積技術對於元件內部裂紋的修復，比表面裂紋的修復要困難，這種困難度是由於裂縫的可修復性不同。在內部存在裂縫的情況下，有必要進行大量研磨以消除裂縫和周圍區域，然後再重新塡充相同的材料以作必要的元件修補。直接雷射沉積層具有精細的微觀結構和良好熔融的沉積層，但是孔隙的形成仍然是重要的問題。採用直接雷射沉積技術維修火力發電用蒸汽迴路元件，並且在元件上塗覆鈷基和鎳基系列的塗層，可提供元件更好的保護，且可以提升使用壽命。塗覆的鈷基和鎳基塗層，在高溫環境使用下，具有良好的抗衝擊性、耐氧化性和耐蝕性。與傳統的銲接技術相比，直接雷射沉積鈷基合金具有一些優勢，包括低的熱應變、較小的沉積區及較小的熱影響區。在直接雷射沉積技術修復合金模具的可行性部分，修復後模具的微觀結構可分爲三個不同的區域，包括沉積層、熱影響區和基材金屬。微觀結構的分析顯示，液／固界面的過冷度影響沉積層的微觀結構，這意味著由於過冷的變化，晶粒從沉積層的底部到表面，從不規則晶粒轉變爲規則晶粒。此外，典型的晶粒生長方向，垂直於具有最大溫度梯度的液／固界面。

在模具製造中最重要的步驟之一是材料的選擇，從成本的考量及經濟的角度來看，材料選擇也非常重要。材料的選擇對模具的壽命及成本有直接關聯性的影響，在模具的設計與生產部分，材料的選擇包括疲勞強度、韌性、延展性、耐磨性和耐腐蝕性等皆是重要的考量因素。在製程參數與材料選用的部分，包括材料的硬度、表面拋光性、切削性、尺寸穩定性等，都應予以考慮。在不同的工作環境下，不同的材料表現不同，並且可能在不同使用環境下產生多種損壞模式。實質上，在工作條件下模具的尺寸、幾何形狀和材料特性的變化，將影響其性能並導致模具損壞。從模具修補經驗來看，修補後的模具，藉由適當修補材料的選用，修補和再製造後恢復功能的模具，使用壽命可能比原來的模具壽命還長。

在軌道工業的維護和更換部分，鐵路路網的營運需耗費相當大的費用，來維持軌道的正常運作。磨耗和滾動接觸疲勞（Rolling Contact Fatigue, RCF）所造成缺陷，是縮短軌道壽命主要常見的因素。軌道的開關和岔心（Crossings）部分，是軌道運作最常出現磨損的元件，其維護成本約是每米直軌的 330 倍左右。此部分的軌道磨耗和滾動接觸疲勞可以透過表面處理的方式，改善軌道局部位置的磨耗和滾動接觸疲勞性能。這些表面處理的方式包括表面硬化、珠擊或表面塗層等。直接雷射沉積製作沉積層的方法，可以將不同的材料沉積在軌道運行的表面上，可有效地降低易於磨耗和滾動接觸疲勞區域軌道的磨損。因此，當軌道的開關和岔心部分磨損時，建議是修復並附加抗磨耗性佳的塗層後繼續使用，而非更換爲新品。

柴油發動機的曲軸在發動機中大量使用，且是至爲重要的元件之一。曲軸是非常關鍵的組件，需要非常高精度，且生產過程和維修要求相當高。直接雷射沉積技術修補船用柴油發動機曲軸，在沉積層和基材金屬之間有很好的鍵結結合，可有效的延長元件的使用壽命。

驅動軸是傳遞扭矩和旋轉的機械元件，直接雷射沉積技術也可以修復此類的元件。驅動軸在使用環境下，通常需承受施加在扭矩上的高扭力和剪應力，此應力會造成軸表面的損壞。爲了修復這些軸，已有修復方法採用熔射技術進行修補，但是在某些情況下，某些軸在修復後會發現一些缺陷，例如剝落等。直接雷射沉積可以輔助熔射技術，提供更好的冶金和機械結合，並被認爲是修復傳動軸更爲可靠的解決方案。從成本考量的角度來看，直接雷射沉積修復驅動軸的成本，僅須新驅動軸約一半的生產成本。

可以使用直接雷射沉積技術修復成功的另一個元件，是四衝程的船用活塞。船用活塞在運作過程中，須承受燃燒爆炸所產生的高溫和作用力，此高溫和作用力會損壞活塞表面。磨損是在這種環境下使用常見的缺陷，在使用環境下容易在溝槽的邊緣造成磨損。因此，一旦溝槽達到公差極限，應立即修理或更換活塞。透過直接雷射沉積技術可以修復這些活塞，這是一種較爲經濟解決方案，不僅可以修復零件，而且還可以提高溝槽的抗腐蝕和抗磨耗能力。

由於原材料和製造成本的增加，使航空及火力發電用的燃氣渦輪機的製造成本提高，因此如何渦輪、低壓和高壓渦輪葉片、壓縮機密封件等元件的使用壽命，以及零組件的維護和修復，在航空及火力發電工業中是極爲重要的課題。燃氣渦輪機的渦輪、低壓和高壓渦輪葉片、壓縮機密封件等元件是相當重要的高價值元件，使用直接雷射沉積技術可以進行修復。燃氣渦輪機元件的修復成本約不到新元件的一半費用，並且在修復過程可以在元件表面上附加延長使用壽命的塗層，從經濟的角度來看，直接雷射沉積作爲修復技術具有巨大的潛力。

在各種機械元件的修復上，不同的行業有不同的修補需求，想要修補或再製造的需要及工作條件也不盡相同，元件所面對的環境及能夠承受條件亦有所差異。因此，如何提高修復的品質，以達到與原始元件相同的性能，是修復元件部分重要的課題。直接雷射沉積是一種成熟的積層製造技術，它可以修復的範圍從汽車到航空等各種行業，可以修復複雜的幾何形狀，並且爲昂貴零件修復提供了新的可能性。

與傳統方法相比，直接雷射沉積技術的主要優勢在於，此技術可依據立體建造模型的輔助進行修復，且此技術具有較低的熱量輸入，以及較小的熱影響區及較低的殘餘應力。直接雷射沉積技術的修復，使元件的再利用不僅節省了成本，而且節省了時間。直接雷射沉積技術的自由成形性，還可以在受損鑄件和鍛件中添加特殊功能，以修復並改善其性能，提升了現有製造技術的水準。

## 10.3 雷射熔覆

雷射熔覆（Laser Cladding）是表面處理技術領域的一項新興技術，因雷射熔覆過程中所使用的雷射束具有高能量密度，且配合移動系統的多功能性和多樣化的選擇搭配，可以生產出高品質的厚膜金屬或陶瓷金屬複合塗層，圖 10-4 所示爲直接雷射熔覆於工件上的表面外觀。雷射熔覆所製作的塗層，塗層的性能及品質，受到雷射熔覆設備、材料與參數的影響。因此，如何有效地控制熔覆過程中的變數及參數，並且了解熔覆過程中複雜物理現象變化等，是雷射熔覆製程中極爲重要的工作。藉由模擬系統及相關技術的輔助，可以提高塗層特性預測的準確性，有利於縮短雷射熔覆製程試驗所需的時間。

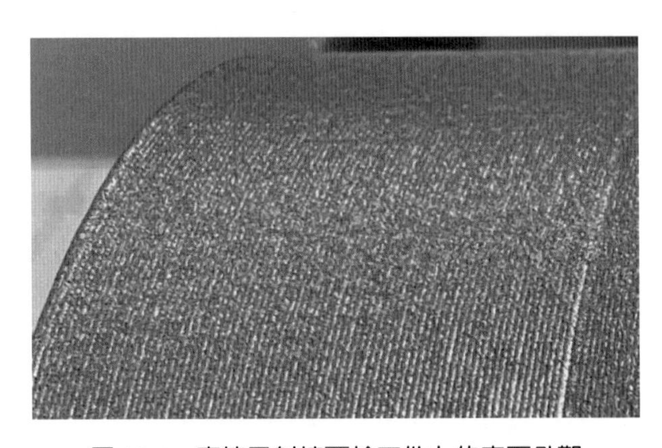

**圖 10-4　直接雷射熔覆於工件上的表面外觀**

雷射熔覆所製作的塗層性質，主要和選用的粉末材料材質與型態等，有相當重要的關聯性。適當的粉末材料選用，可得到適當的雷射熔覆塗層。另外，藉由陶瓷硬質顆粒適當地混入金屬粉末中，有助於提高雷射熔覆層製作後塗層的硬度。

磨耗、磨損、腐蝕或疲勞等是工程應用上常見的問題，影響到機械元件的使用壽命。磨耗的形成對經濟產生極大的影響，因爲磨耗現象會導致零件需要更換、維修或維護，造成材料成本增加，且可能因爲工廠的停產造成生產損失。雷射熔覆塗層提供一種減少磨耗、腐蝕或疲勞的解決方案，被廣泛認爲是許多塗層製作技術中重要的部分。機械元件的使用過程中，表面的損壞或故障大多數是由於磨耗、疲勞或腐蝕所引起的。到目前爲止，耐磨耗及耐腐蝕塗層的應用，是常見用來保護機械元件的方法之一。雷射熔覆塗層具有改變表面化學成分的優點，可以藉由材料配方的設計，製作成爲複合多功能性能，或是複合材料組成的雷射熔覆塗層。

雷射熔覆在汽車、航空、航海、國防等工業領域中，變得越來越重要，此技術與堆銲技術有類似的功能。雷射熔覆技術是一種塗層製作技術，利用雷射熱源在基板上熔融沉積外加材料的塗層，以形成保護塗層。此技術藉由熔融基材的同時，填入材料，使填入的材料與基體材料熔合在一起，於材料表面覆蓋形成保護塗層。雷射熔覆可以透過粉末或線材的材料輸送方式，將材料熔融沉積到基材上。雷射熔覆過程中，雷射束掃描熔融表面，會在材料表面形成熔融的熔池，熔池的組成混合送入的粉末原料及熔融部分的基材。配合雷射束的移動，熔池在凝固後形成塗層。在雷射熔覆的過程中，可以使用惰性的保護氣體來保護熔融材料，避免受大氣中的氧氣影響，形成氧化物。

與其他常見的火焰、電漿或電弧等熱源相比，雷射的能量密度更高，且雷射束可以高度集中於局部細小的區域內，能量集中且準確度高，可以精準地加熱基材表面的細微區域。雷射的獨特性，促使雷射熔覆可以製作更薄的塗層，且可以控制並縮小受基材影響的稀釋率等問題。雷射熔覆層和基材之間的接合，具有冶金鍵結強度，結合非常牢固。雷射的高能量密度，使得熱源與基材之間的相互作用時間縮短，因此具有較高的凝固和冷卻速率。較高的凝固和冷卻速率，有利於生成細晶粒的微結構組織，此種微結構組織通常含有非平衡相和過飽和固溶體，可限制外部添加材料的微偏析和溶解。由於雷射於加熱過程中輸入基材的熱量較低，因此也減少了基材的變形和微結構變化。儘管與傳統的製造技術相比有優勢，但是雷射熔覆還存在一些缺點，例如雷射高度集中的能量及高速度的掃描會產生較大的溫度梯度，使得耐熱震能力較差的塗層材料製作難度較爲困難。

目前雷射熔覆所使用的粉末材料，已使用在航空相關應用的零組件上，另外各種工業的應用亦廣泛的被使用，包括鑽探用工具、工業用軸、發動機零組件及機械零組件表面硬化等應用。雷射熔覆除了可以將硬質材料塗層批覆於基材表面外，雷射熔覆技術另外一個好處，是可以複合多種材料熔覆在一起成爲複合塗層，或是製作功能性梯度分布塗層。

### 10.3.1 製程原理

雷射熔覆可以透過兩種方式將欲熔覆的材料沉積到基材上，第一種方式是將欲熔覆的材料預先放置在基材表面上，再藉由雷射將材料加熱熔覆於基材上，製作過程包含兩步驟，分別是放置材料與熔覆。另外一種方式是在雷射加熱的過程中，直接送入欲熔覆的材料，直接加熱熔覆材料於基材上。

預置材料的雷射熔覆方式，第一步是將欲製作塗層的材料放置在基材上，第二步是透過雷射束熔化預先放置的材料。預置材料可以有不同的形式放置，例如粉末、線材或箔片等，另外也可以用熔射或電鍍的方式放置材料。雷射選用的功率，與預置材料的厚度有相對的關係，預置材料厚度較厚時，雷射的功率需要增加才能完全熔覆材料。一般來說，相較於同步送料方式雷射熔覆的方式，預置材料的雷射熔覆方式所需的雷射能量較高。

同步送料方式的雷射熔覆在熔覆過程中，於雷射束加熱過程中同時送入材料，常見的同步送料方式是以粉末的方式噴入雷射束中，同步熔融粉末批覆於基材上形成塗層。另外送線或送絲材的方式，亦可以選用作爲同步送料方式的雷射熔覆。粉末送料的雷射熔覆是較爲常見的熔覆方式，主要是因爲粉末形式的材料和合金種類較多，且粉末與雷射束之間的耦合效率（Coupling Efficiency）很高，具有相當不錯的堆積效率。

粉末送料式的雷射熔覆技術，在粉末進料的過程中，系統必須能夠確保適當的粉末量可以輸送到雷射束加熱的作用區域。粉末送料的方式可以藉由重力或氣體加壓的方式輸送粉末。氣體送料的方式較常被選用，主要是因爲氣體送料的方式可以從任何的方向與角度送入雷射束加熱區域，並且可以提供惰性氣體的保護，以避免粉末或熔池在加熱過程中產生氧化。

雷射熔覆的沉積效率取決於熔池的形成，雷射熔覆過程中所形成的熔池可以捕集粉末的注入，一般來說，沉積效率基本上由熔池尺寸所決定，通常約在 40% 至 90% 左右。使用較細的粉末可以提高沉積效率及生產速度，且製作後塗層表面粗糙度較低，但是過細的粉末容易造成粉末顆粒氧化或是孔洞的生成，另外過細的粉末容易產生團聚，粉末的流動性較差，可能影響粉末注入時的穩定性。

### 10.3.2 製程參數

雷射熔覆塗層的性能和品質，會受到雷射熔覆過程中的各種熔覆因素所影響，而這些熔覆因素可以透過各種熔覆的參數進行控制或改變。影響雷射熔覆塗層性能和品質的因素，包括熔覆層的形狀、變形狀況、殘餘應力、表面粗糙度、缺陷、稀釋度及微結構變化等。可控的熔覆參數包括雷射束的功率、光斑大小、掃描速度與角度等；進料的速度、角度及送粉氣體流量等；以及粉末材料的粒徑大小、粒徑分布、材料組成、形狀等。其中，雷射的功率、掃描速度和送料速度等，被認爲是影響雷射熔覆塗層最主要的參數，主要是因爲這些參數對塗層的特性影響最大。

熔覆層的的高度隨著送料速度的增加而增加，送料速度與雷射熔覆層的高度間的關係通常呈現線性比例的增加，送料速度越快，塗層累積的速度也越快。熔覆層的橫截面面積與高度一樣，隨著送料速度的增加而增加。

雷射功率對熔覆層高度的影響較爲有限，一般來說，雷射功率的增加可以提高粉末的熔融效果，熔融效率可以獲得提升。熔覆層的寬度主要由雷射束的光斑大小所決定。但是，如果希望在小光斑的狀態下，達到與大光斑相似的效果的話，可以藉由低的雷射掃描速度和高的雷射功率來獲得相似於大光斑的效果。一般來說，熔覆層寬度隨著掃描速度的降低而增加，雷射功率的增加亦會增加熔覆層寬度，而增加的速度通常是呈現線性的關係。

高寬比定義爲熔覆層的高度與寬度之比值，主要會受到送料速度和掃描速度影響。稀釋率隨著雷射功率的增加而增加，隨著送料速度的增加而降低，而掃描速度的增加，通常會降低稀釋率，但是對於單層厚度較高的熔覆層而言，影響變得較不重要。

## 10.3.3 熔覆層特性

常見用來描述雷射熔覆塗層的特性或特徵的幾個數據，主要藉由單一道塗層的橫截面特徵來表示，包括熔覆層高度、寬度、深度、橫截面積、熱影響區深度、熱影響區面積及潤濕角等，如下圖雷射熔覆單層的橫截面特徵示意圖所示。

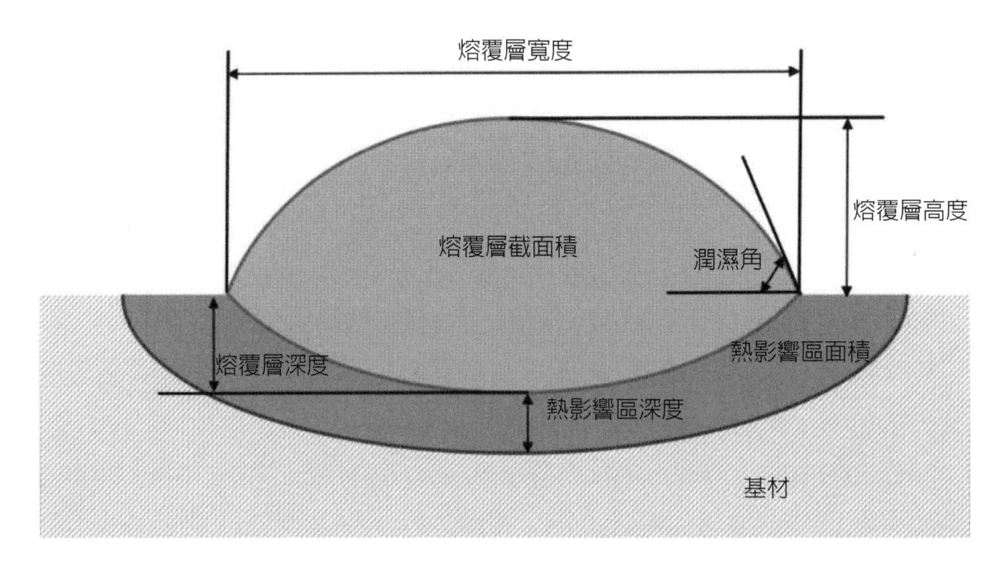


**圖 10-5 雷射熔覆單層的橫截面特徵示意圖**

### 10.3.3.1 稀釋率

稀釋率（Dilution）是指熔融基材材料的橫截面積與熔覆層的總橫截面的比值（稀釋率 = 熔融基材橫截面積 / 熔覆層總橫截面）。爲了控制基材材料混入對熔覆層的影響，稀釋率被認爲是相當重要的因素。一般來說，適當的稀釋率可以確保熔覆層與基材的良好黏結，過低的稀釋率可能使熔覆層黏結不佳，過高的稀釋率也可能對塗層的性能產生負面影響。

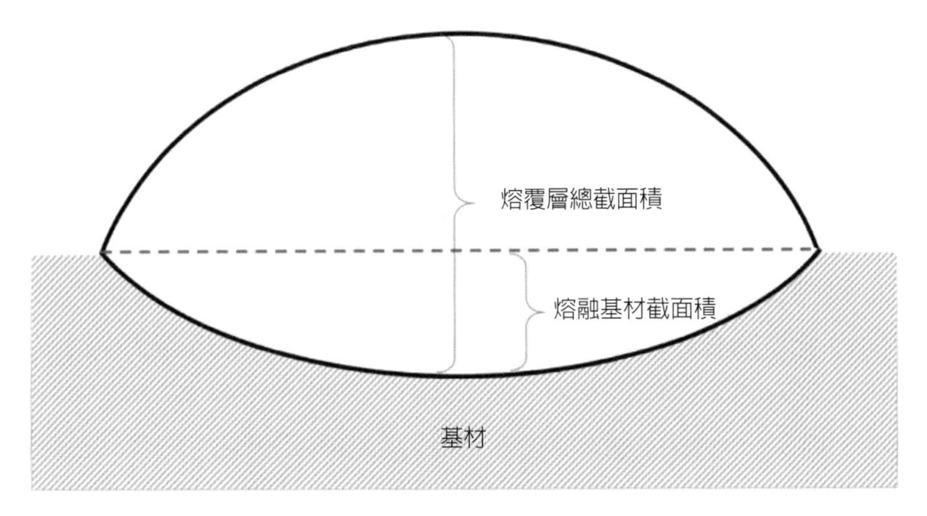


**圖 10-6 熔覆層橫截面積的稀釋率示意圖**

### 10.3.3.2 微結構組織

雷射熔覆技術所製作的塗層，其塗層的性能和品質，主要取決於雷射熔覆製作後的塗層微結構。雷射熔覆成功進行熔覆的第一個條件，是保持熔覆過程中熔池的成分均勻性。一般來說，熔覆過程中熔池的成分均勻性，是透過熱對流的方式來確保熔池的成分均勻性。

實際上，熔池中較大的熱梯度是經由馬蘭哥尼效應（Marangoni Effect）所產生的強烈對流 [227, 228]。對液體均質性影響的對流參數，主要是以表面張力 S 表示，方程式定義爲

$$S = (d\gamma dT) \cdot Q \cdot Du \cdot V \cdot k$$

其中 $d\gamma/dT$ 爲表面張力的溫度係數，Q 是雷射束每單位面積的淨能量流（Net Energy Flow），D 是雷射束直徑，$\mu$ 是熔池黏度，V 是掃描速度，k 是熔覆材料的熱導率。對於低的表面張力而言，對流的影響可以忽略不計，因爲熔池中的傳遞物質主要是以擴散爲主，因此由於熔池的壽命短，容易導致成分分布不均勻。對於高的表面張力來說，對流具有傳熱和傳遞物質的關鍵作用，並且可以使熔池獲得化學

成分的均勻分布。一般而言，金屬的對流速度比掃描速度高很多，所以熔池相當容易非常快速的均勻化 [229]。

熔覆層材料與熔池能否均質的混合良好，是在熔覆過程中一項重要的關鍵指標，熔覆後的品質可以從熔覆層的微結構觀察得知。熔覆層的品質與熔池的凝固有重要關聯性，控制凝固過程可以獲得所需的微結構熔覆層。在雷射熔覆過程中，熔融後熔池的冷卻速率非常地快速，冷卻速率通常在 $10^3$～$10^6$ K/s 的冷卻速度。因此，除了熔覆層材料的化學組成和物理性質外，最終的顯微結構組織，主要由凝固的過程所決定。在雷射熔覆過程中，由於固液界面的生長速率通常大於 10 mm/s，因此凝固通常很快，在雷射熔覆層中檢測到的典型微觀結構是平面狀、蜂窩狀或樹枝狀的結構。

#### 10.3.3.3 雷射熔覆層缺陷

雷射熔覆所製作的塗層，一般常見的主要缺陷是裂紋和孔洞。雷射熔覆層的裂紋可分爲脆性裂紋和熱裂紋，熱裂紋類似於銲接的熱裂紋，這類的裂紋缺陷也稱爲凝固裂紋，主要是因爲低熔點相或雜質的存在引起的，通常出現在凝固結束時的熔合區。由於裂紋的形成會早於溶質或雜質元素偏析，所以熱裂紋通常沿雷射熔覆槍移動的方向，沿著晶粒邊界發生。在凝固過程中，蜂窩狀的晶粒沿著尖端迅速生長，進而形成低凝固溫度的液膜。在凝固和冷卻後，可能會形成樹枝狀收縮孔。低的稀釋率和高凝固速度可以限制熱裂的問題產生，主要因爲溶質分配量較少，因而可以使凝固結構的成分更爲均勻。

在雷射熔覆層的冷卻過程中，熔融的塗層在收縮時容易產生脆性裂紋，且受到相對較冷基材的拉扯所產生的拉應力，更容易造成裂紋的產生。因此，爲了避免此類裂紋的形成，基板預熱是一種不錯且有效的解決方案。

雷射熔覆層中孔洞或空隙的存在，可能是由多種原因引起的，可以根據其在熔覆層中的位置進行分類。熔覆層內部的孔隙可能是由於氣泡進入凝固的熔池中，所造成的結果。另外，如果沿著不同方向進行凝固，則也可能存在內部孔隙。熔覆層與基材界面的孔隙，可能是基材表面上的細小缺陷，例如油脂、氧化物、裂紋或孔洞等所引起的，這些缺陷可能影響表面張力，進而影響塗層材料與基材之間的結合。在多銲道雷射熔覆過程中，相鄰銲道之間可能會出現銲道間孔隙，這類型的孔洞，通常是由於雷射熔覆技術設計不良所引起的，例如縱橫比太低等。另外，過度稀釋和成分不均勻，一般也被視爲是雷射熔覆塗層中的缺陷。

#### 10.3.3.4 殘留應力

在雷射熔覆的過程中，雷射束的加熱位置是非常局部的區域，具有瞬間高溫加熱和短時間的加熱作用時間。因此，在雷射熔覆層加熱位置和相對較冷的基材之間，會出現較大的溫度梯度差，在多銲道雷射熔覆的情況下，相鄰的銲道之間亦會出現較大的溫度梯度差。在快速冷卻過程中，熔覆層材料趨於收縮，但收縮的過程會受到基材和相鄰銲道的限制，因此導致拉張應力的形成。

這些因爲雷射加熱區與周邊區域溫度差所造成的拉張應力，可以透過塑性變形和潛變達到部分的緩解。在凝固冷卻的第二階段，雷射熔覆層從熔融溫度下降到環境溫度，會形成殘餘應力。在這種情況下，應力的大小取決於加工過程中熔池和基材之間的溫度差、塗層和基材之間的熱膨脹係數差、塗層材料和基材機械性能差異、冷卻速度、基板幾何形狀及最終的體積變化等。

溫度差對殘留應力的影響是較爲明顯的，熔池和基材之間的溫度差異越小，殘留應力就越低。在任何條件下，降低熔池和基材之間的溫度差的方式，例如將基材預熱，對降低塗層中的拉應力具有相當不錯的作用。且由於降低了冷卻速度，基板預熱有利於緩和應力的釋放，進而使塗層有更多的時間發生塑性變形和潛變。

如何有效地降低在塗層中形成拉應力是必要的處理過程，殘留應力會對塗層的品質具有不利的影響，例如裂縫及缺陷的產生，嚴重的狀況下，可能造成熔覆層的剝離。

### 10.3.4 熔覆效率

在雷射熔覆過程中，加工所需的能量由雷射提供。雷射束、粉末顆粒和熔池之間的相互作用，包括雷射的吸收及反射現象等，對於雷射能量吸收和熔融具有決定性的影響。這樣的影響，不僅會決定最終的塗層品質，而且還會影響最終塗層的特性。

在雷射熔覆的過程中，雷射束加熱基材的同時，雷射束穿過粉末顆粒射流時，亦會同時加熱飛行中的粉末。因此，雷射束的能量，在通過飛行粉末時，一部分的能量已被粉末所吸收，雷射束的能量在到達熔池前，已被粉末射流衰減，因此在熔池表面處可用的有效雷射功率降低。雷射束撞擊熔池時，一部分能量從熔池表面反射出來，而大部分則被熔池所吸收。工件吸收的能量主要分爲兩個部分，一部分的能量用於加熱熔融粉末和基材，另一部分的能量由熔池往基板的方向傳導而損失，其餘的一小部分因熔池輻射與對流而損失。

熔池表面對於雷射束的吸收與反射，在能量的轉移和吸收扮演重要且關鍵的角色。金屬表面對雷射的吸收，主要取決於雷射的偏振（Polarization）、波長，以及塗層材料的對於雷射的光學吸收率。一般來說，使用波長較短的雷射，材料對雷射能量的吸收趨向於增加。熔池對於不同的雷射光源，會有不同的吸收率，依不同的雷射源而言，通常雷射熔覆的能量效率估計約爲 1～50%。此效率低於傳統的銲接技術，傳統的電漿轉移弧銲（Plasma Transfer Arc Welding, PTA）約爲 50～70%，鎢極惰性氣體保護銲（Tungsten Inert Gas Welding, TIG）約爲 60～80%，金屬惰性氣體保護銲（Metal Inert Gas, MIG）約爲 70～80%。

能量效率直接影響沉積速率，因爲生產率主要與系統可利用的有效雷射功率有關。在不同的材料上進行雷射熔覆的沉積速率是雷射功率的函數，隨著雷射功率的增加，沉積速率趨於提高。另外，短波長雷射源有利於更高的沉積速率。

## 10.4 複合金屬製造

除了將直接雷射沉積作爲塗層的塗布技術外，此技術還廣泛地作爲元件的製造技術，此技術在製造複雜幾何形狀元件時，可以製作接近最終形狀元件的製造能力，可節省昂貴的材料成本。與其他積層製造技術相比，直接雷射沉積由於具有生產整組金屬元件和功能梯度材料的能力，且在修復應用上具有獨特的潛力。鎳、鈷、鐵、鋁、銅、鈦和其合金等的金屬元件，目前已可以透過直接雷射沉積技術製造，功能梯度材料及雙金屬元件是直接雷射沉積技術製造較爲特殊的能力，在工程的應用上具有特殊的地位，透過不同材料的組合應用所結合而成的元件，可以提供工程應用上最佳的材料結構及使用效率，充分地展現每種材料的性能和優勢。

雙金屬（Bi-Metal）元件是透過異種金屬材料的連結，接合在一起製成爲單一的元件，這種異種金屬材料所製作的元件，具有特殊的機械、物理和化學特性，在耐磨性、耐腐蝕性、導電性、導熱性和機械性能等有特殊的表現。雙金屬廣泛用於許多領域，例如散熱器、熱交換器、軸承、儲油罐、馬達墊片、電接點開關、廚房用具及反應器等。在傳統的製造領域上，已許多技術可以用來製造雙金屬材料，例如鑄造、爆炸銲接、滾軋、擴散結合或粉末冶金等。但是，這些技術只能製作特定形狀產品，其產品形狀的能力受到限制，且雙金屬間的結合能力及高製造成本限制這些技術的應用。直接雷射沉積技術可以在不受傳統技術限制的情況下，可以用於製造雙金屬材料元件。

## 10.5 高速雷射熔覆

目前已有相當多的研究在討論如何修補各種工業上的元件，常見的金屬元件的修補方式包括直接雷射沉積、銲接、熔射及電鍍技術等，修補後的塗層甚至可以提供金屬元件表面，具有很高的耐磨性和耐腐蝕性，可提高修補後元件的使用壽命。然而，各種修補技術各有其優缺點，傳統銲接技術提供相當不錯修補層，孔隙率低且成本低，但是大的熱影響區及熱變形是其主要缺點；熔射技術可提供高硬度耐候性佳的塗層，且可以提供異質材料的塗層，但是鍵結強度不及銲接技術；電鍍技術具有銲接與熔射技術兩者間互補的特性，但是只能塗覆相對較薄的尺寸厚度。如果可以在銲接與熔射技術兩者間取得平衡的互補特性，將有助於改善上述的缺點，並且強化修補後的功能性。鍍硬鉻處理是目前使用最爲廣泛的抗磨損與抗腐蝕的表面保護技術，此技術是將工件浸泡於含有三氧化鉻的酸性溶液槽中，施加高電流使其產生電化學反應，於工件表面形成氧化鉻塗層，塗層最大厚度約爲 100 μm。然而，這項塗層製作技術因爲製作過程會產生高度的污染性，目前已被許多國家所禁止，因此這類的塗層技術在未來可能會變得不那麼有吸引力，甚至完全被禁止。就技術、經濟和環境特性而言，高速雷射熔覆（High-Speed Laser Cladding, HS-LC）技術是一種相當不錯的替代方案。

高速雷射熔覆技術可用於修復或改變表面性質，高速雷射熔覆層和基底材料之間具有冶金結合，並且控制良好的能量輸入可以降低熱影響區。在大面積的應用中，可用於表面製作塗層保護，或是局部沉積以用於修復目的。高速雷射熔覆過程中，雖然金屬粉末在此過程中完全熔融，但基材部分僅表面局部熔融，這可以讓沉積的材料和基材之間具有非常強的冶金鍵結。在相同的雷射源的狀況下，僅需改變不同的粉末進料噴嘴，即可以切換雷射熔覆（LC）或高速雷射熔覆（HS-LC）。

雷射熔覆技術在製作大面積塗層時有一個問題，製作過程的低沉積率限制了雷射熔覆在大面積塗層的應用，高速雷射熔覆技術是克服這些缺點的一種新方法 [230]。高速雷射熔覆技術是結合銲接與熔射技術製作原理間的一項新的沉積層製作技術，此技術的開發可以追溯到早期的雷射輔助熔射噴塗技術，熔射噴塗的過程中透過雷射束對基材的熔融輔助，可以降低塗層的孔隙率，提高塗層的鍵結強度與製作品質 [231, 232]。

高速雷射熔覆技術透過粉末顆粒通過雷射束的軌跡和速度的控制，使雷射束的能量有效地傳輸到粉末顆粒中，粉末顆粒在到達基材前即已被雷射束加熱而熔融，僅部分的雷射能量用來熔融基材。高速雷射熔覆技術的特點是沉積速度提高至 20～200 m/min，與傳統的直接雷射沉積技術相比，沉積速度提高了 10～100 倍。高速雷射熔覆技術透過提高雷射的功率及改良粉末的輸送方式來實現沉積速率的提升，此技術針對雷射束及粉末顆粒的軌跡與速度進行控制，目的是將雷射束的能量集中於粉末顆粒中而不是基材中，此方式與熔射噴塗技術較爲相似，與傳統直接雷射沉積將雷射能量集中在基材的熔池上有所不同。粉末顆粒會在未到達基材之前，即因爲雷射束得加熱而熔融，雷射束的功率中只有一小部分轉移到基材上，所以在基材表面上僅形成一個較爲稀薄的熔池。高速雷射熔覆技術可以提供比傳統直接雷射沉積更小的熱影響區，熱影響區的影響範圍可以控制在小於 50 μm [230]。因此，高速雷射熔覆技術可以將材料沉積在對熱較爲敏感的材料上，或是容易產生裂紋的材料上。

就硬度或拉伸性能而言，機械性能通常較一般的材料參考值高，由於高速雷射熔覆的冷卻速率非常高，導致微觀結構非常精細，從而提高硬度。由於這種微觀結構效應，可以呈現在許多材料的高強度和硬度上。高速雷射熔覆技術與傳統雷射熔覆技術的主要區別，在於材料顆粒在撞擊工件之前會被雷射束熔融。高速雷射熔覆技術具有以下優勢，傳統雷射熔覆層的厚度每層約爲 500 μm，高速雷射熔覆降低到每層 50～300 μm；表面粗糙度 Rz 約爲 10～20 μm，表面較爲光滑，可以根據應用進行少量修整或不修整；熱影響區的尺寸僅爲 5～10 μm，可以製作熱敏感較高的塗層材料，例如鋁或鑄鐵；高速雷射熔覆是物理塗層技術，不需要化學物質，總能量輸入相對較小；從成本及經濟角度來考量，高速雷射熔覆可以提供相對低的製作成本。高速雷射熔覆進給速度高達 500 m/min，表面速度高達 1200 $cm^2$/min。透過快速地工件的旋轉，可以提供高的進給率。與傳統的雷射熔覆相比，進給率可以提高 50～100 倍。在傳統的雷射熔覆中，使用 2～4 mm 的雷射光斑尺寸，而高速雷射熔覆中通常使用 1.5 mm。然而，傳統的雷射熔覆技術，可以使用幾種常見的噴嘴類型，例如同軸、橫向或多噴嘴等類型，高速雷射熔覆通常只使用連續同軸噴嘴。因爲，雷射熔覆和高速雷射熔覆系統的主要技術差異之一，是在送粉的技術差異。與鍍硬鉻或熔射技術相比，高速雷射熔覆可用在許多不同材質的基材中，以冶金鍵結的方式沉積擴散阻隔層，且不會產生裂紋和氣孔。即使在高機械負載下，該高速雷射熔覆層也不會碎裂或斷裂，並且可以保持穩定運作；高速雷射熔覆的粉末沉積效率高，可容易地達到 90% 以上。

### 10.5.1 原理

利用雷射來進行熔覆的相關技術大約已有 40 年左右的歷史，一直到最近十幾年的研究，才使得此技術更普遍的應用在工業界。其他相關沉積層製作技術，例如電漿轉移弧（Plasma Transfer Arc, PTA）銲接、熔射噴塗或氣體金屬電弧銲（Gas metal Arc Welding, GMAW）等，已是大衆所知道的技術，投資成本低於雷射相關的熔覆技術。雷射熔覆的優勢是熱量的輸入較低、能量轉換效率高、材料損耗較少，且雷射熔覆技術整體所展現的性能較其他技術好。1980～1990 年代大多數的雷射熔覆採用 $CO_2$ 雷射，此種雷射的波長爲 10.6 μm，在金屬表面上具有非常低的吸收率。1990 年代後期，進一步發展高功率雷射源，如波長約 1 μm 的二極管光纖和盤式雷射。在 2000 年後的雷射開發，具有更高的金屬表面吸收率，能源的使用效率亦獲得提高，且雷射設備的占地面積更小。隨著近幾十年的發展，從 10 μm

波長的 $CO_2$ 雷射到波長在 1 μm 左右的高功率固態雷射的高功率雷射源，展現出雷射技術的快速進步，且更低成本和更小的光斑尺寸的雷射。因此，雷射熔覆對於各式各樣的應用越來越受到歡迎，目前表面沉積層的應用部分，最新的雷射技術發展是高速雷射熔覆，表面速度可高達 400 m/min，最主要的關鍵技術仍取決於粉末和基材的性質。高速雷射熔覆技術的高進給速度及低熱輸入，配合模擬技術的開發，開闢了新的應用領域，此應用範圍包括可以製作和以前傳統雷射熔覆所無法製作的材料組合。

傳統的雷射熔覆技術通常使用 0.5～2.0 m/min 的熔覆速度。高速雷射熔覆是德國 Fraunhofer 雷射技術研究所開發另一種新的雷射熔覆方法，高速雷射熔覆使用的熔覆速度約在 20～400 m/min 間的熔覆速度，但最主要的因素仍是取決於粉末的選用和基材性質的搭配。

圖 10-7 顯示爲傳統雷射熔覆與高速雷射熔覆相比較的基本原理，在傳統的雷射熔覆中，大約 80% 的雷射能量提供到基板中，粉末得到其餘部分；而對於高速雷射熔覆，基板 / 粉末的雷射能量比率相反，大約 80% 的能量進入粉末。因此，傳統的雷射熔覆粉末顆粒在它們到達基板上的熔池之前不會熔化，而在高速雷射熔覆中，粉末在到達基板之前已經熔化。

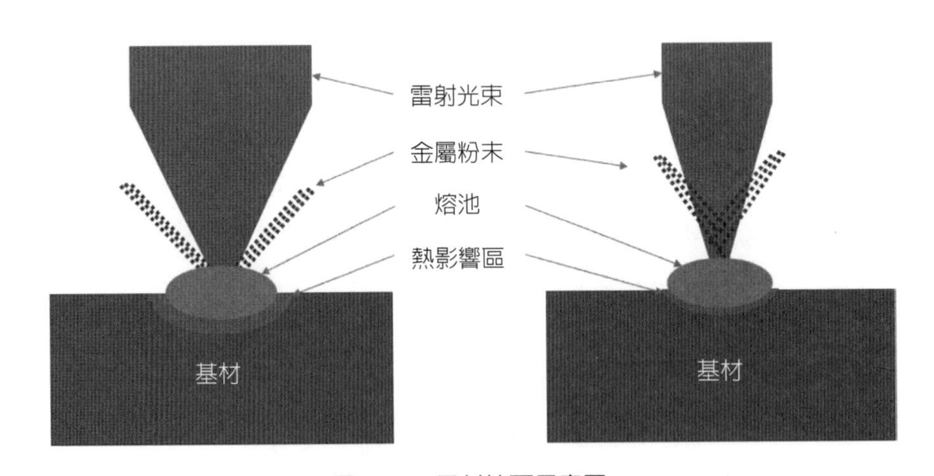


**圖 10-7　雷射熔覆示意圖**

(a) **傳統雷射熔覆，**(b) **高速雷射噴塗**

現代工業用雷射設備，常採用鋁合金等輕質的材料來減少結構和產品重量，但在某些需要在高溫環境的情況下，鋁合金材料所製作的雷射設備，無法達成此類應用的需求。因此有些研究的目的，希望藉由高速的雷射熔覆技術，可以改善鋁合金材料所製造的雷射設備，其設備表面承受的高溫性能等問題。另一方面也希望在高速雷射熔覆，可以製作具有多種厚度，且高沉積效率和高品質的沉積層。

低生產率限制了直接雷射沉積技術，在生產大面積塗層與修補時的應用，高速雷射熔覆技術可以克服這些缺點。高速雷射熔覆技術的特點是可以提高沉積速度，與傳統的直接雷射沉積技術相比，沉積速度可以提高 10 倍以上。此技術透過特別的系統調控技術來提高沉積速度，該技術調控通過雷射束的粉末顆粒軌跡，以及速度的控制，將雷射束的能量有效地傳輸到粉末顆粒中，而不是將能量完全傳輸至基材中。粉末顆粒在到達基材前，即已被雷射束加熱而熔融，僅部分的雷射能量用來熔融基材。因此，可以說高速雷射熔覆技術是介於銲接與熔射技術製作原理間的一項新的沉積層製作技術，並且兼具兩者間的優點。

## 10.5.2 異質材料沉積

高速雷射熔覆技術製作異質材料，沉積異質基財上，堆疊異質沉積層的成功與否，與材料的物理性質有直接的關聯性，包括材料的熔點、熱導率和熱膨脹係數等，將會直接影響到雷射噴塗後的沉積層性質。相似金屬或合金材料雷射噴塗後的沉積層性質，可以透過相關合金相圖的分析可以預測部分問題。然而，不同金屬之間的堆疊熔覆，最主要的性能差異，取決於脆性介金屬相的數量所影響，因爲脆性介金屬相，容易因爲凝固過程中，沉積層的收縮而造成破裂。一般來說，脆性介金屬相容易聚集在粉體的周圍，使中間位置維持較具延展性的金屬相，此現象有利於補償脆性介金屬相缺乏延展性的狀況。

介金屬相的形成主要依賴於熱量的輸入，高熱量輸入將增加介金屬相的數量，因此較低的熱量輸入會限制它們的生長。反過來說，此種介金屬相的控制，意味著高速雷射熔覆可以用於熔覆不同金屬材料的堆疊，例如在較軟的金屬基板上製作較高硬度的堆疊材料層。

透過常規方法成功熔覆堆疊的一個主要限制因素，是選擇的金屬必須具有相似的物理性質，如果材料間的熔點差異過大，將導致高熔點和低熔點材料的相偏析，導致熱裂。如果兩種金屬的熱膨脹係數差異過大，則熔覆堆疊過程中，容易因爲收縮應力而產生裂縫。殘餘應力的差異也取決於彈性模數和材料的降伏強度，如果熔覆堆疊元件需經高溫使用，則還必須考慮導熱係數的差異。

在雷射沉積過程中，雷射沉積過程的穩定性直接影響到沉積層的品質，而雷射沉積的穩定性則受到各種雷射操作參數的影響。根據目前相關的研究結果顯示，雷射沉積過程的不穩定性，主要的原因是來自於熔池的自振盪（Self-Oscillations）[234, 235]。

直接雷射沉積過程中，沉積層表面形成的穩定性，由熔池表面上複雜的物理過程所決定。此物理過程沿著沉積物的產生，以固定的流動方式快速地向沉積層表面移動。在雷射束加熱下的基板熔化，以及粉末噴入熔池中所形成的熔體流動，其的熔體流動的流體動力學穩定性，主要取決於驅動力，此驅動力會導致熔體的流動。在直接雷射沉積過程中熔體的運動方式，其中固相本質的主要驅動力是馬倫哥尼效應（Marangoni Effect）；而液體相對於固相的速度由熱毛細管流速所決定[235]。

11

# 安全防護

直接雷射沉積技術製造過程所使用的雷射源，爲高功率的雷射，此類型的高功率雷射，雷射的能量通常具有可以改變材料狀態的能量，因此也會對人體造成傷害。高能量雷射可以改變材料的狀態，此種材料狀態的改變，包含將材料熔融，或是將材料蒸發，亦或者將材料直接激發成爲離子狀態等。因此，直接雷射沉積技術所使用的高功率雷射，在使用的過程中是非常危險的，如果雷射光束掃射到人的皮膚或眼睛，將會灼傷皮膚或眼睛的視網膜。

爲了有效控制雷射對於人類身體所造成的傷害等風險，雷射產生器的銷售和使用，在世界各國的使用上，通常受到各國政府法令的規定與限制。雷射對於人體的眼睛和皮膚所造成的影響，主要取決於雷射的功率和波長。法令的規定，主要提供雷射的生產廠商及使用者，了解如何標記雷射器具，以特定警告的方式進行標示，並且也提供使用者了解，在操作雷射時選擇合適的護目鏡。對於雷射的安全與危害、雷射的分級與安全標示、雷射防護及護目鏡選擇等，將在後續的內容中，針對雷射相關的安全主題進行介紹。

## 11.1 雷射的安全

雷射使用時的安全性問題，在使用雷射的過程中是一個相當重要的議題，如何安全地使用雷射，首先需要從了解雷射的基本原理著手。雷射是同步性（Coherence）光源，又稱爲建設性光源，受到時域（Time Domain）和空域（Spatial Domain）的影響。時域中的高同步性意味著雷射的光學相位沿著波前（Wave Front）位置，具有良好地對位，可以容易地獲得建設性干涉（Constructive Interference）。由於雷射光具有高同步性，因此在鎖模（Mode-Locked）的超短脈衝或阿秒脈衝（Attosecond Pulses, $10^{-18}$ s）等，可以藉由雷射所產生的高峰值功率進行加工，此雷射光源與傳統的白光光源不同。[90]

高同步性空域中的雷射，提供高方向性和低發散度的光，在長距離的傳輸上具有可忽略的能量損失，因此對於未來的太空任務具有極大的幫助，列如太空望遠鏡系統的設計，可用於傳輸超過 5,000,000 公里的雷射束，可在時空中可探測引力波誘導的應變。高功率雷射對於 3D 列印等的各種應用，具有相當大的幫助。然而，如果設計和使用不當，高同步性也會引發重大的安全性問題。

在時域中，超短脈衝的高峰值功率可以達到兆瓦特（Terawatt, TW, $10^{12}$ W），此雷射可應用於瞬間需要消耗極大功率的用途上。在空域中，雷射可以聚焦在直徑小於 500 nm 的小點上，如果強烈的脈衝雷射聚焦在金屬或透明玻璃上，則材料可以直接熔融成為液態或激發成為電漿態。因此，人的眼睛或皮膚也不例外，所造成的傷害可想而知。因此，為了防止可能暴露於雷射的危害，以下將提供有關雷射輔助 3D 列印的基本雷射危害、安全標準、護目鏡和其他預防措施的訊息。

## 11.2 雷射危害

雷射對人體組織的眼睛和皮膚所造成傷害，主要可以分為兩種代表性的機制，分別為雷射光熱和光化學交互作用（Photo-Chemical Interaction）所造成的傷害。雷射光熱傷害主要損害人體的原因，在於當眼睛或皮膚暴露於雷射輻射時，組織被加熱到蛋白質可以產生變質的程度，即使是中等功率的雷射，也會因其聚焦狀態，而受到雷射光熱效應的傷害。[236, 237]

光化學傷害是在雷射光暴露下，雷射引發的組織化學反應引起的。由於雷射的高光子能量，短波長雷射可以容易地產生光化學損傷，例如藍色或紫外線部分。表 11-1 中列出了對眼睛和皮膚的波長所造成的代表性病理上的效應，超短近紅外雷射脈衝也會透過多光子吸收過程造成光化學損傷。其他來源的雷射危害，例如爆炸性沸騰引起的衝擊波、電擊或汽化材料意外引發的呼吸症狀等。

**表 11-1 波長範圍對眼睛和皮膚所造成的影響**

| 波長範圍 | 病理上的影響 | |
|---|---|---|
| | 眼睛 | 皮膚 |
| 200～280 nm<br>（UV-C） | 光角膜炎（角膜發炎，相當於曬傷） | 紅斑（曬傷）<br>皮膚癌<br>加速皮膚老化 |
| 280～315 nm<br>（UV-B） | 角膜炎 | 增加色素沉著 |

| 波長範圍 | 病理上的影響 | |
|---|---|---|
| | 眼睛 | 皮膚 |
| 315～400 nm（UV-A） | 光化學白內障（眼睛晶狀體混濁） | 膚色變黑<br>皮膚燒傷 |
| 400～780 nm（Visible） | 光化學損傷視網膜和熱視網膜損傷 | 膚色變黑<br>光敏反應<br>皮膚燒傷 |
| 780～1400 nm（IR-A） | 白內障和視網膜燒傷 | 皮膚燒傷 |
| 1.4～3.0 μm（IR-B） | 角膜燒傷，房水（Aqueous Humour）中的蛋白質損傷，白內障 | 皮膚燒傷 |
| 3.0～1000 μm（IR-C） | 只有角膜燒傷 | 皮膚燒傷 |

人類眼睛對雷射光譜的靈敏度和強度反應，在雷射的安全部分是一個相當重要的問題。保護自己免受可能的雷射危害，並不是一項簡單的任務，因爲我們的眼睛無法察覺到短於380 nm的紫外線（Ultraviolet, UV）和長於800 nm紅外線（Infrared, IR）的波長。在一般日照光線條件下，正常視力的人類眼睛在平均波長 555 nm 時最爲敏感，導致 555 nm 的綠光與其他波長的光相比，獲得最高亮度的印象。因爲人類眼睛在 490 nm 處的光譜靈敏度約爲在 555 nm 處靈敏度的 20%，如果雷射在 490 nm 和 555 nm 處向人類眼睛提供相同強度的光，則 490 nm 處的功率比在 555 nm 處的功率強 5 倍。在 3D 金屬列印中常用的雷射，波長通常 > 1.0 μm，然而傳統的 CCD 或 CMOS 相機僅設計與人類眼睛具有相似的光譜靈敏度，因此無法檢測到紫外或紅外雷射，這就是爲什麼我們在 3D 列印設備中的觀察，僅能看到藍色或綠色雷射。因此，對於 3D 列印中的雷射安全性，在安全設計過程中應仔細考慮人類眼睛危害的問題，以及雷射相機和光電探測器的光譜反應等，紅外 / 紫外可視化螢光相機或觀察卡片，將有助於在第一次雷射設備安裝時，可以觀察雷射光束路徑，並且可以作階段性的有效隔離。

## 11.3 雷射束相關的危害

雷射束是對人體來說是相當危險的光束，直接暴露在雷射束下會導致眼睛和皮膚受損，由於雷射具有高度空間建設性干涉，即使在長距離傳播之後也能保持高強度。當眼睛入口處的強度處於中等水平時，雷射束也會聚焦在視網膜上的一個小點上，即使在很短的時間內也會造成嚴重的永久性損傷。皮膚對雷射的敏感度通常遠低於眼睛，但過度暴露的紫外線下會導致短期和長期的光化學危害，此類危害類似於曬傷，而可見光和紅外波長的雷射則主要會引發熱危害。

### 11.3.1 眼睛受損

如果雷射束意外地進入眼睛，它們將通過角膜、房水、虹膜和水晶體，最後在視網膜上成像，如圖 11-1 所示。因爲每隻眼睛對於波長具有不同的吸收率、透射率和反射率，因此眼睛受損的區域也將取決於輸入波長所影響。角膜和水晶體較易吸收紫外線，因此損傷主要位於眼睛的前段，只有一小部分紫外線到達視網膜，所以紫外線對於視網膜相關的位置損傷很小。可見光和近紅外（IR-A）光可以通過角膜、房水、水晶體和玻璃體，因此對這些位置的危害較低，主要影響爲視網膜。[236, 237]

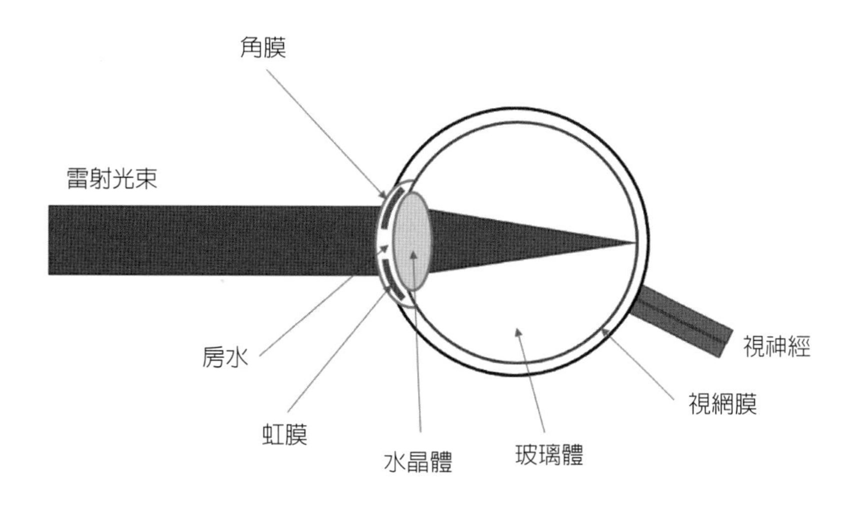


**圖 11-1　雷射束通過角膜、房水、虹膜和水晶體後於人類眼睛視網膜上成像示意圖**

視網膜中的關鍵損傷機制是由眼睛的幾何聚焦所形成的，因爲眼睛將可見光和近紅外光聚焦到視網膜上，高強度的雷射束光斑可以聚焦到視網膜上，這可能比眼睛的視覺點高出 200,000 倍，因此中等功率的雷射即會對視網膜造成嚴重的永久性損傷。中紅外和遠紅外雷射束（IR-B 和 IR-C）呈現出與紫外線相似的行爲，它們主要會被角膜和水晶體吸收，因此會在眼睛前方留下損傷，對於視網膜而言則是較爲輕微的影響，如圖 11-2 所示。[90, 238]

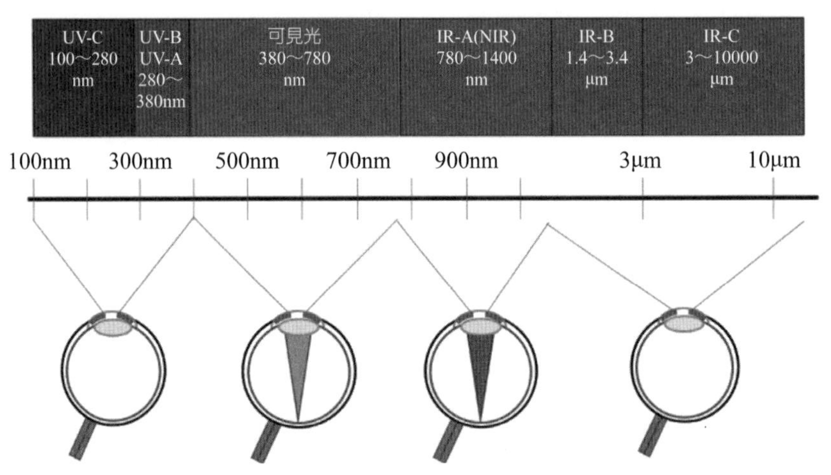


**圖 11-2　不同波長的光通過人類眼睛到視網膜的影響示意圖**

眼睛的前方構造，主要會吸收紫外線，水晶體部分則會吸收波長短於 400 nm 的紫外線，而角膜則會吸收短於 300 nm 的波長，如圖 11-2 和圖 11-3 所示。對於在 300 nm 和 450 nm 之間的波長，房水的吸收率小於 5%。在紫外線範圍內，損傷主要是光化學損傷，即使在相對較低的功率下也是如此，因爲化學反應是由紫外線引發的，並且是會累積。因此，暴露在強烈的紫外雷射下，可能導致角膜灼傷，並導致水晶體的白內障產生。[90]

可見光和近紅外光（IR-A）波長介於 400～1400 nm 之間，在角膜、房水、水晶體和玻璃體上具有高穿透率。因此，可見光和近紅外光範圍內的雷射束，容易穿透眼睛前端，然後聚焦在眼球後端的視網膜上，可能造成視網膜的燒傷。中等功率的雷射就有可能在視網膜上產生瞬間的溫度上升，視網膜在吸收光線後轉化爲熱

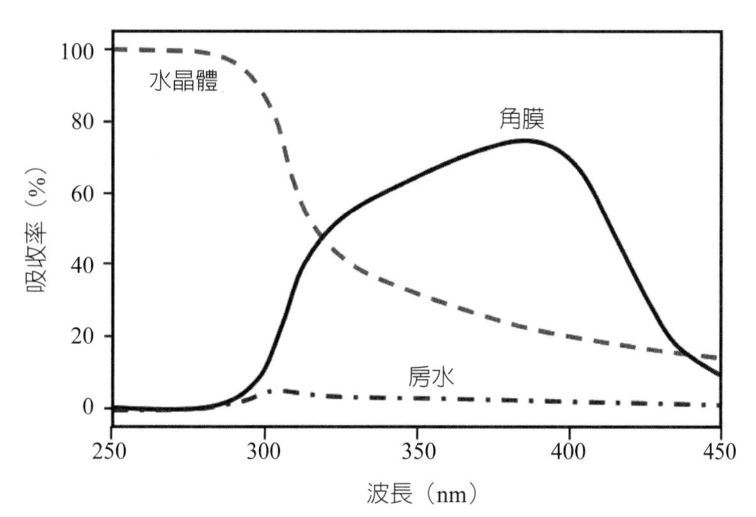


**圖 11-3 眼睛的角膜、房水和水晶體對光吸收率的比較**

量，僅 10℃的微小溫度升高，即會損傷視網膜感光細胞。因此，當雷射具有高功率時，脈衝模式即可能在短時間內，永久損壞視網膜。對於可見光和近紅外波長，眼睛的閃爍運動，有助於防止暴露於低功率雷射時的視網膜損傷，但不適用於高功率或脈衝雷射。

IR（IR-B 和 IR-C）雷射特別危險，主要是因爲我們身體的保護性眨眼反射對紅外線沒有反應。目前已有許多不同類型的 IR 高功率雷射廣泛用於 3D 列印，例如 Nd-YAG 雷射、Yb 光纖雷射，Tm 光纖雷射和 $CO_2$ 雷射，但使用者可能無法識別他們暴露在何種雷射束下，因爲他們的視力可能沒有立即受到損害，眼球的輕微噠聲可能是唯一的視網膜損傷跡象。因此，使用者很容易長時間暴露在紅外雷射光下，而不自覺。當視網膜被加熱超過 100℃時，透過局部爆炸沸騰或直接熔融產生永久性盲點。有一些紅外波長在 3 微米和 10 微米左右的雷射光，在角膜中有強烈的分子吸收性，有可能導致角膜損傷。IR 雷射光造成的大部分損壞都是由加熱過程引起的，首先是加熱組織，然後發生蛋白質的質變。

如果涉及高功率脈衝雷射，則材料吸收特性與中等功率雷射的吸收特性大不相同。儘管材料在特定波長范圍內是透明的，但是大多數材料通過非線性吸收過程可以吸收高功率雷射脈衝。因此，對角膜、房水和水晶體等可穿透的的可見光和近紅外雷射，可以透過在眼睛前部的非線性吸收，進而吸收雷射光，這就是雷射眼科手術和視力矯正的方式。短於 1 微秒的雷射脈衝導致溫度迅速升高，導致液態的爆炸性沸騰，爆炸的衝擊波，隨後可能在相對較遠的地方造成損壞。因此，眼睛在沒有損傷的情況下可以容忍的光量取決於各種不同的情況，包括波長強度和脈衝持續時間等。因此，使用於環境定量下的安全暴露限制，例如最大允許暴露與最大允許能量（Maximum Permissible Energy, MPE），則必須詳細地規範。

### 11.3.2 皮膚損傷

雷射也有可能會對皮膚造成嚴重傷害，雖然相對於雷射對眼睛的傷害而言，皮膚的損傷一般認爲不如眼睛損傷來得嚴重，因爲眼睛的功能喪失會比皮膚損傷更爲嚴重。雷射的傷害除了聚焦在眼睛的視網膜區域外，皮膚和眼睛的損傷程度是可以作爲比較的，例如在 IR（IR-B 和 IR-C）和 UV 波長中，光束並不會聚焦在視網膜上，其皮膚損傷程度與角膜損傷程度相似。皮膚受到雷射傷害的損傷程度可以參考如圖 11-4 所示，當皮膚所受到的傷害爲較寬的表面積時，皮膚損傷的可能性則可能會大於眼睛暴露所受到的傷害。[90, 238, 239]

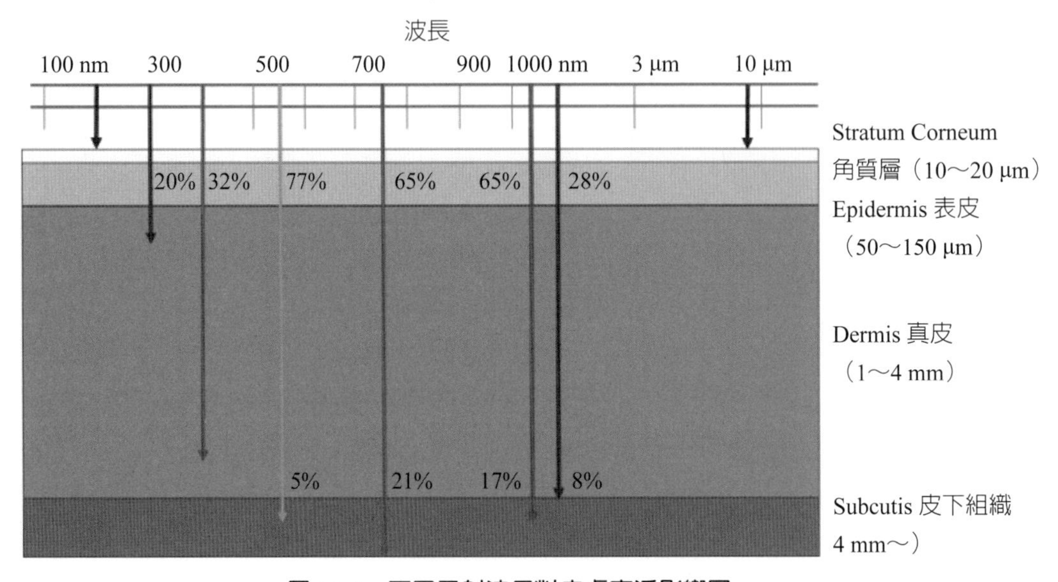


圖 11-4　不同雷射波長對皮膚穿透影響圖

在雷射皮膚危害中，一般可以區分爲三個皮膚組織層，分別爲表皮、眞皮和皮下組織。表皮是位於角質層下方的皮膚最外層的生質層，角質層的厚度範圍約爲 10～20 μm。表皮的厚度根據皮膚的類型在 0.03～0.30 mm 之間變化，最薄的是在眼瞼上最厚的是在腳底。表皮作爲保護身體免受微生物病原體、紫外線損傷和化學損傷的屛障，它還根據不同膚色的黑色素量和分布所影響。如圖 7.8 所示，大多數可見光和 NIR（IR-A）光在通過角質層時功率會衰減，然後到達表皮。由於角質層會強烈吸收 IR（IR-B 和 IR-C）和 UV，因此它們對表皮的作用遠小於可見光和 NIR 的作用。眞皮是表皮和皮下組織之間的皮膚層。它由結締組織 - 膠原蛋白、彈性纖維和纖維外基質組成，可緩解身體外部的壓力和應變。它還包含血管和神經細胞，提供觸覺的機械感受器和提供熱感的熱感受器。皮膚的厚度也取決於其位置，最薄的皮膚在眼瞼上爲 0.3 mm，最厚的在背部爲 3.0 mm。通過角質層和表皮的大部分可見光和近紅外波長，通常都被眞皮所吸收。位於眞皮下方的皮下組織是脂肪儲存層，包含比皮膚更大的血管和神經，此層的厚度隨著身體的部位而有所差異，在不同人之間也有所不同。有一些未被皮膚吸收的可見光，也有可能可以到達皮下組織。[90, 240]

雷射損傷的嚴重程度取決於以下五個因素，包括曝露時間、光波長、光束能量、曝光位置和暴露於光束的組織類型等。雷射損傷主要與雷射束加熱組織的熱效應有關，造成的結果是產生蛋白質的質變。如果雷射束具有長時間的短脈衝，則液態的爆炸性沸騰可能是傷害的主要原因。

### 11.3.3 曝露時間

當皮膚曝露於可見紫外線的雷射時，當 NIR（IR-A）和 IR（IR-B 和 IR-C）的持續時間很短，例如在不到 10 秒的時間內，造成的損害很大程度上局限於淺層，儘管它可能會造成其他皮膚層的壞死，例如角質層和表皮。根據其嚴重程度，這種暫時性損傷可能是痛苦的，但最終會癒合，通常在較大區域長時間暴露下，燒傷跡象會更嚴重，因爲光束進入表皮和眞皮導致嚴重的體液流失。這種類型的大面積長期曝光，較少會發生在雷射 3D 列印的製作過程中，因爲使用者可以較容易地感覺到皮膚上雷射的熱能作用。上述的狀況反應出皮膚受到光和熱效應情況，紫外線部分則會使皮膚受到光化學反應的影響，這可能導致皮膚色素沉著，紅斑（曬傷）和皮膚癌的產生。

### 11.3.4 光波長

光穿過皮膚的穿透深度很大程度上取決於光的波長，700～1200 nm 之間的波長具有最深的穿透深度，超過 60% 的光會穿透到達真皮，超過 10% 的光到達皮下組織。因此，該波長範圍被真皮吸收，導致皮膚組織的深度加熱。IR（IR-B 和 IR-C）光會被表面層吸收並且引起熱效應，由光產生的熱，會造成皮膚灼傷，此種狀況類似於其他方式的熱所產生的燒傷。如果暴露過高時，暴露於可見的 NIR 和 IR 光會引起初始的色素變暗效應，然後是紅斑。UV-A、UV-B 和 UV-C 對皮膚有不同的影響。UV-A（315～400 nm）可引起皮膚過度增生和紅斑。UV-B 和 UV-C 被表皮層吸收，因此引起紅斑和水皰。暴露於 UV-B 範圍會對皮膚造成最嚴重的影響。除熱損傷外，UV-B（280～315 nm）可能直接在 DNA 上或通過潛在的致癌細胞內病毒引起放射致癌。暴露於 UV-C（200～280 nm）和波長比 UV-A 範圍更長時，對人體皮膚的危害較小。

### 11.3.5 雷射束能量

高功率雷射也會對人體皮膚造成灼傷，在 3D 列印製造過程中，各種類型的高功率雷射可用於熔融聚合物、金屬和陶瓷，或者是光聚合或剝離材料。在相同雷射功率的基礎上，光吸收可以分爲兩個不同的範圍，線性和非線性吸收機制。在大多數情況下，光吸收受波長控制。然而，如果功率超過某一程度時，則皮膚吸收機制中開始涉及非線性吸收。因此，除了波長之外，還需要考慮功率強度。短脈衝雷射（包括 ms、us、ns、ps、fs 和 as 雷射）具有比連續波雷射相對更高的峰值功率，因爲功率集中在短脈衝持續時間內。因此，當使用短脈衝雷射時，需要仔細考慮非線性吸收。

### 11.3.6 暴露區域

使用相同的雷射能量，如果暴露區域的尺寸較小時，則傷害將更深且更嚴重。由於雷射即使在長距離傳播後也能保持其光束尺寸，因此即使距離設備很遠，使用者也應該保持謹慎。然而，在某些情況下較小區域暴露有利於感知，人們可以很容易地感知到熱量，並避免暴露於雷射的照射。光吸收產生的熱量提供了足夠的警告，可以防止對皮膚造成嚴重熱損傷。皮膚在暴露於直徑大於 10 mm 時，可以感測到 0.1 W/cm$^2$ 的任何照度。如果身體的大部分面積暴露於 0.01 W/cm$^2$ 的較低輻照度下，長期暴露於紫外線雷射下，已被證明會導致長期的延遲效應，例如皮膚的老化和皮膚癌的病變。

## 11.4 雷射等級和安全標準

爲了給雷射使用者提供正確的處理方法和必要的預防措施，需要給雷射設備不同的雷射等級分類。以目前雷射的分級而言，1 級是危害最小的，而 4 級是最危險的。雷射的安全等級不僅取決於雷射的規格，例如雷射功率、光束品質、波長和準直（Collimation），還取決於所需的預防措施，例如封裝等。這些分類可以用作非常簡化的指導原則，因爲它們僅爲雷射單元提供發射限制，而不深入考慮光束傳輸部分，例如光束直徑、發散與幾何聚焦形狀等。因此，它不是對全雷射設備的適當安全評估。對於雷射設備的完整安全評估，例如雷射的 3D 列印設備，應該考慮整個設備和列印過程的細節。[236, 237]

雷射的額定值通常會考慮它對我們的眼睛和操作模式的可見性，雷射輻射包括跨越 UV-C、UV-B、UV-A、可見光、IR-A、IR-B 和 IR-C 的寬波長光譜，UV-A、可見光和 IR-A 是可見的，而其他是看不見的。危險等級還取決於雷射輸出是連續波還是短脈衝，在連續波（Continuous Wave, CW）雷射中，平均功率（mW、W 或 kW）用於其分類。另一方面，在脈衝雷射中，每脈衝能量（nJ、uJ、mJ 或 J）或峰值功率（kW、MW、GW 或 TW）亦用於它們的分類。雷射分類系統用於標示雷射危險等級和最大可發射程度（Accessible Emission Levels, AEL）。

早期的分類系統基於五個類別分別爲 1、2、3A、3B 和 4，目前已被新的分類所取代，新分類分爲七個類別，分別 1、1M、2、2M、3R、3B 和 4。雷射製造商和雷射相關設備製造商的一項重要職責是對其產品進行分類，並爲其配備警告標籤、安全鑰匙開關、聯鎖裝置和外殼盒等。使用者應注意，當用戶更改雷射產品時，分類可能會改變，此時使用者需重新進行分類。以下敘述雷射危險等級的分類：

### 11.4.1 等級1（Class 1）

在正常使用的所有條件下，等級 1 類雷射都是安全的。這些在合理可預見的操作條件下是安全的，主要是因爲固有的低雷射發射，或是因爲其工程設計意味著雷射系統必須完全封閉，並且在正常操作下人不會進入更高程度的雷射範圍。如果爲了維修或其他目的而移除完全封閉系統的面板檢修，則雷射不再是 1 級，爲了安全起見，必須採用適用於嵌入式雷射的預防措施，直到更換面板完成爲止。

### 11.4.2 等級1M（Class 1M）

等級 1M 類雷射對所有使用條件都是安全的，除非是顯微鏡和望遠鏡等放大鏡下使用。它們的發射波長在 302.5～4000 nm 之間，其總輸出功率超過 1 級雷射常用的允許波長。但由於它們的發散光束或非常低的功率密度，它們在正常使用中不會造成危害，並且符合 1M 類產品的測量條件。但是，如果與放大鏡一起使用，在某些條件下可能對眼睛有害。

### 11.4.3 等級2（Class 2）

等級 2 類雷射是安全的，因爲眨眼反射將曝光時間限制在 0.25 秒以內。該反射反應在合理可預見的操作條件下提供足夠的保護，例如使用光學儀器。該類僅適用於 400 至 700 nm 之間的可見波長。在連續波雷射的情況下，平均功率限制爲 1mW。測量儀器中使用的許多雷射指示器和雷射屬於 2 級。

### 11.4.4 等級2M（Class 2M）

如果不透過光學儀器觀察，由於眨眼反射動作的保護，2M 級雷射是安全的。與 1M 級一樣，2M 級適用於大直徑或大發散的雷射束，通過眼睛瞳孔的光量不能超過 2 級的限制。但是，如果在放大鏡下使用，則可能對眼睛有害。

### 11.4.5 等級3R（Class 3R）

如果小心處理，並且在沒有直接對雷射光束的觀察狀況下，3R 級雷射被認爲是安全的。3R 級可見光連續雷射的平均功率限制爲 5 mW。對於可見光波長，AEL 限制爲不超過 AEL 類別的 5 倍，對於其他波長，AEL 限制爲等級 1 的 AEL 不超過 5 倍。等級 3R 安全風險低於 3B 類雷射，因此對其用戶的製造要求和控制措施較少。

### 11.4.6 等級3B（Class 3B）

如果直接暴露於眼睛，等級 3B 類雷射是危險的，不過在觀察漫射（Diffuse Reflection）部分通常是安全的。用於 315 nm 至遠紅外波長范圍的連續雷射的 AEL 爲 500 mW。對於波長在 400 和 700 nm 之間的脈衝雷射，限制爲 30 mJ。其他限制適用於具有其他波長的雷射和超短脈衝雷射。需要使用護目鏡來防止等級 3B 類等級雷射的直視。等級 3B 類雷射必須配備鑰匙開關和安全聯鎖裝置。

### 11.4.7 等級4（Class 4）

等級 4 雷射是最危險的雷射，因爲等級 4 級是最高級別的雷射，此類雷射在使用時需要格外謹慎。所有功率超過 3B 級 AEL 的高功率雷射都屬於本級別。直接、間接和漫射光束可導致永久性眼睛的損傷和皮膚損傷，此類雷射在使用時也可能會引發火災，這些雷射產生器必須配備鑰匙開關和安全聯鎖裝置。大多數工業、軍用和醫用雷射都屬於這一類，包括雷射的 3D 列印和製造系統等。

表 11-2　雷射的安全級別及雷射種類

| 安全級別 | 雷射種類 | 內容 |
| --- | --- | --- |
| 等級 1（Class 1） | 雷射完全封閉<br>功率非常低 | 雷射功率非常低，不具危險性；或是雷射在合理的受控環境下，不具危險性。 |
| 等級 1M（Class 1M） | 功率非常低 | 在沒有使用聚焦光學元件的情況下，雷射是無害的。 |
| 等級 2（Class 2） | 低功率<br>僅可見光波長 | 雷射限於可見波長範圍（400～700nm），平均功率小於 1mW。<br>在有限曝光（最長 0.25 秒）的情況下，可藉由眨眼反射保護眼睛，對眼睛沒有危險。不過長時間凝視可能會傷害眼睛，尤其是藍色波長。 |
| 等級 2M（Class 2M） | 低功率<br>可見光波長<br>大準直光束直徑或發散 | 與等級 2 相同，但附加的限制是不涉及聚焦光學元件。功率可能高於 1 mW，但光束直徑應足夠大，以限制強度對於短時間曝光下是安全的。 |
| 等級 3R（Class 3R） | 低功率 | 雷射可能對眼睛是危險的，但是可以具有最多部超過等級 2（對於可見輻射）或類別 1（對於其他波長）的允許雷射光功率的五倍。 |
| 等級 3B（Class 3B） | 中功率 | 雷射可能對眼睛產生危害，在特殊條件下也會對皮膚產生危害，漫射通常是無害。在可見光區域允許最高 500 mW。 |
| 等級 4（Class 4） | 高功率 | 此等級雷射對眼睛和皮膚非常危險，即使來自漫反射的光也可能對眼睛有害，另外可能引起火災或爆炸。 |

## 11.5　雷射防護

在識別出雷射危害後，應遵循防護安全設計，計算輻射暴露，確定標示危險區域，並且選擇適當的防護眼鏡是基本要點。將雷射限制在一定的區域範圍內，防止雷射的外露，可以避免外圍人員的傷害。可以根據暴露程度，使用保護性外殼、窗簾、互鎖、觀察窗、觀察卡、光束擋板和防護窗等來加強設備操作外圍的防護。[236]

目前為科學家所認可的雷射預防措施準則，包括使用者在使用雷射的人都應該意識到使用雷射的風險，長期處於雷射環境下，由於看不見雷射，往往會降低風險意識；使用者不應將眼睛放在光束所在的水平面上，以避免被雷射束照射；手錶、珠寶及可能反射雷射光之表面，不應進入實驗室；雷射室內物體表面須經過處理，以防止鏡面反射；進入雷射室須配戴雷射護目鏡。

## 11.6 護目鏡選擇

使用者在雷射操作的過程中，需要提供適當波長選擇性濾波或功率衰減的雷射護目鏡，此類的防護眼鏡可以保護我們的眼睛免受反射或散射雷射的傷害，或是避免直接暴露於危險的雷射束所傷害。因此，在眼睛暴露於 MPE 雷射的工作場所時，需要使用雷射護目鏡操作等級 3B 類和 4 類的雷射護目鏡，應針對特定雷射仔細選擇，以阻擋或衰減適當波長範圍的雷射，並且需使用適當衰減程度的雷射護目鏡。

對於頻率加倍的 Nd:YAG 或 Yb 摻雜的光纖雷射，用於衰減雷射光波長 532 nm 的雷射護目鏡，通常在外觀上顯示橙色。此類雷射護目鏡主要防護的雷射光波長在 550 nm 以下，因此如果將這種護目鏡使用於波長大於 550 nm 的雷射，是沒有保護作用的，例如 633 nm HeNe 雷射，或是 800 nm Ti：藍寶石雷射和 980 nm 二極體雷射等。此外，有些雷射一次發射多個波長，這可能是一些較便宜的倍頻雷射產生器的特殊問題，例如 532 nm 綠色雷射指示器，由 808 nm 紅外雷射二極體激發產生 1064 nm 雷射束，用於產生最終倍頻 532 nm 波長輸出。常規設計的紅色或橙色護目鏡，無法適當地阻擋此類型的雷射。

有一種特殊的雷射護目鏡設計，是用於含蓋倍頻 YAG 與 Yb 光纖雷射的雙波長，但此種雷射護目鏡少見且昂貴。一般來說，選擇雷射護目鏡時需要考慮的另一個重要因素是，雷射護目鏡衰減雷射光的程度。雷射護目鏡的額定光密度（Optical Density, OD），是指光學濾波器衰減入射光束功率的衰減程度，基數是以 10 的對數爲基準。例如 OD 5 的眼鏡會使光束功率降低 100,000 倍。此外，雷射護目鏡亦必須能夠承受高能雷射束的直接衝擊而不會損壞。

ref.

# 參考資料

1. C. Qiu, G. A. Ravi, C. Dance, A. Ranson, S. Dilworth, M. M. Attallah, "Fabrication of large Ti-6Al-4V structures by direct laser deposition", J. Alloys Compd. 629, 351-361, 2015.
2. G. A. Turichin, V. V. Somonov1, K. D. Babkin, E. V. Zemlyakov, O. G. Klimova, "High-Speed Direct Laser Deposition: Technology, Equipment and Materials", IOP Conf. Series: Mater. Sci. Eng. 125, 1-7, 2016.
3. W. J. Sames, F. A. List, S. Pannala, R. R. Dehoff, S. S. Babu, "The metallurgy and processing science of metal additivemanufacturing Themetallurgy and processing science of metal additive manufacturing", Int. Mater. Rev., 61, 315-360, 2016.
4. F. Liou, K. Slattery, M. Kinsella, J. Newkirk, H. Chou, R. Landers, "Applications of a hybrid manufacturing process for fabrication of metallic structures", Rapid Prototyp. J., 13, 236-244, 2007.
5. M. Merklein, D. Junker, A. Schaub, F. Neubauer, "Hybrid additive manufacturing technologies—An analysis regarding potentials and applications", Phys. Procedia, 83, 549-559, 2016.
6. P. Ghosal, M. C. Majumder, A. Chattopadhyay, "Study on direct laser metal deposition", Materials Today, 5, 12509-12518, 2018.
7. A. Singh, A. Ramakrishnan, D. Baker, A. Biswas, G.P. Dind, "Laser metal deposition of nickel coated Al 7050 alloy", J. Alloys Compd. 719, 151-158, 2017.
8. H. Dobbelsteina, E. L. Gurevicha, E. P. Georgeb, A. Ostendorfa, G. Laplanche, "Laser metal deposition of a refractory TiZrNbHfTa high-entropy alloy", Addit. Manuf. 24, 386-390, 2018.
9. A. Sadhua, A. Choudharya, S. Sarkara, A. M. Naira, P. Nayaka, S. D. Pawarb, G. Muvvalab, S. K. Pala, A. K. Natha, "A study on the influence of substrate pre-heating on mitigation of cracks in direct metal laser deposition of NiCrSiBC-60%WC ceramic coating on Inconel 718", Surf. Coat. Technol. 389, 125646, 2020.
10. L. Han, K. Phatak, F. Liou, "Modeling of laser cladding with powder injection", Metall. Mater. Trans. B 35, 1139-1150, 2004.

11. B. Dutta, S. Palaniswamy, J. Choi, L.J. Song, J. Mazumder, "Additive Manufacturing by Direct Metal Deposition", Adv. Mater. Processes, May, 33-36, 2011.
12. J. Mazumder, A. Schifferer, J. Choi, "Direct materials deposition: designed macro and microstructure", Mater. Res. Innovations 3, 118-131, 1998.
13. S. M. Thompson, L. Bian, N. Shamsaei, A. Yadollahi, "An overview of Direct Laser Deposition for additive manufacturing; Part I: Transport phenomena, modeling and diagnostics", Addit. Manuf. 8, 36-62, 2015.
14. F. G. Arcella, F. H. Froes, "Producing titanium aerospace components from powder using laser forming", JOM 52, 28-30, 2000.
15. J. Mazumder , "Laser-aided direct metal deposition of metals and alloys", Laser Additive Manufacturing-Materials Design Technologies and Applications, 21-53, 2017.
16. J. Zhang, "Adaptive slicing for a multi-axis laser aided manufacturing process", J. Mech. Des. 126, 254, 2004.
17. Y. Li, H. Yang, X. Lin, W. Huang, J. Li, Y. Zhou, "The influences of processing parameters on forming characterizations during laser rapid forming", Mater. Sci. Eng. A 360, 18-25, 2003.
18. G. Wu, N. A. Langrana, R. Sadanji, S. Danforth, "Solid free form fabrication of metal components using fused deposition of metals", Mater. Des. 23, 97-105, 2002.
19. M. Gaumann, C. Bezencon, P. Canalis, W. Kurz, "Single-crystal laser deposition of superalloys: processing - microstructure maps", Acta Mater. 49, 1051-1062, 2001.
20. K. Zhang, W. Liu, X. Shang, "Research on the processing experiments of laser metal deposition shaping", Opt. Laser Technol. 39, 549-557, 2007.
21. S. Bontha, N. W. Klingbeil, P. A. Kobryn, H. L. Fraser, "Thermal process maps for predicting solidification microstructure in laser fabrication of thin-wall structures", J. Mater. Process. Technol., 178, 135-142, 2006.
22. S. Bontha, N. W. Klingbeil, P. A. Kobryn, H. L. Fraser, "Effects of process variables and size-scale on solidification microstructure in beam-based fabrication of bulky 3D structures", Mater. Sci. Eng. A, 513, 311-318, 2009.

23. W. S. W. Harun, N. S. Manama, M. S. I. N. Kamariah, S. Sharif, A. H. Zulkifly, I. Ahmadd, H. Miura, “A review of powdered additive manufacturing techniques for Ti-6al-4v biomedical applications”, Powder Technol. 331, 74-97, 2018.
24. Y. Kok, X. P. Tan, P. Wang, M. L. S. Nai, N. H. Loh, E. Liu, S. B. Tor, “Anisotropy and heterogeneity of microstructure and mechanical properties in metal additive manufacturing: A critical review”, Mater. Des. 139, 565-586, 2018.
25. T. M. Butler, C. A. Brice, W. A. Tayon, S. L. Semiatin, A. L. Pilchak, “Evolution of Texture from a Single Crystal Ti-6Al-4V Substrate During Electron Beam Directed Energy Deposition”, Metall. Mater. Trans. A, 48, 4441-4446, 2017.
26. http://dx.doi.org/10.5772/intechopen.76860, 2020.
27. C. O. Brown, E. M. Breinan, B. H. Kear, “Method for Fabricating Articles by Sequential Layer Deposition”, Patent # US4323756A, 1982.
28. D. M. Keicher, W. D. Miller, “LENS moves beyond RP to direct fabrication”, Met. Powder Rep. 53, 26-28, 1998.
29. M. L. Griffith, D. M. Keicher, C. L. Atwood, J. A. Romero, J. E. Smugeresky, L. D. Harwell, “Free form fabrication of metallic components using laser engineered net shaping (LENS)”, Proc. 7th Solid Free. Fabr. Symp., Austin, USA, 125-132, 1996.
30. M. L. Griffith, M. E. Schlienger, L.D. Harwell, M.S. Oliver, M.D. Baldwin, M.T.Ensz, “Thermal behavior in the LENS process”, Proc. 9th Solid Free. Fabr. Symp., Austin, USA, 89-96, 1998.
31. A. J. Pinkerton, W. Wang, L. Li, “Component repair using laser direct metal deposition”, Proc. Inst. Mech. Eng. B J. Eng. Manuf. 222, 827-836, 2008.
32. P. S. Korinko, T. M. Adams, S. H. Malene, D. Gill, J. Smugeresky, “Laser engineered net shaping for repair and hydrogen compatibility”, Weld. J. 90, 171s-181s, 2011.
33. V. Fallah, S. F. Corbin, A. Khajepour, “Process optimization of Ti-Nb alloy coatings on a Ti-6Al-4V plate using a fiber laser and blended elemental powders”, J. Mater. Process. Technol. 210, 2081-2087, 2010.
34. W. U. H. Syed, A. J. Pinkerton, L. Li, “Combining wire and coaxial powder feeding

in laser direct metal deposition for rapid prototyping", Appl. Surf. Sci. 252, 4803-4808, 2006.

35. F. Wang, J. Mei, X. Wu, "Compositionally graded Ti6Al4V + TiC made by direct laser fabrication using powder and wire", Mater. Des. 28, 2040-2046, 2007.
36. J. Mazumder, H. Qi, "Fabrication of 3D components by laser aided direct metal deposition", Proc. SPIE - Int. Soc. Opt. Eng., 38-59, 2005.
37. J. Choi, Y. Chang, "Characteristics of laser aided direct metal/material deposition process for tool steel", Int. J. Mach. Tools Manuf. 45, 597-607, 2005.
38. R. Dwivedi, R. Kovacevic, "An expert system for generation of machine inputsfor laser-based multi-directional metal deposition", Int. J. Mach. Tools Manuf.46, 1811-1822, 2006.
39. R. Dwivedi, R. Kovacevic, "Process planning for multi-directional laser-based direct metal deposition", Proc. Inst. Mech. Eng. C J. Mech. Eng. Sci. 219, 695-707, 2005.
40. F. J. Kahlen, A. Kar, "Tensile strengths for laser-fabricated parts and similarity parameters for rapid manufacturing", J. Manuf. Sci. Eng. 123, 38, 2001.
41. F. Liou, K. Slattery, M. Kinsella, "Applications of a hybrid manufacturing process for fabrication of metallic structures", Rapid Prototyp. J. 13, 236-244, 2007.
42. D. Salehi, M. Brandt, "Melt pool temperature control using LabVIEW in Nd:YAG laser blown powder cladding process", Int. J. Adv. Manuf. Technol. 29, 273-278, 2005.
43. R. Ye, J. E. Smugeresky, B. Zheng, Y. Zhou, E. J. Lavernia, "Numerical modeling of the thermal behavior during the LENS process", Mater. Sci. Eng. A 428, 47-53, 2006.
44. T. Hua, C. Jing, L. Xin, Z. Fengying, H. Weidong, "Research on molten pool temperature in the process of laser rapid forming", J. Mater. Process. Technol. 198, 454-462, 2008.
45. L. Wang, S. D. Felicelli, J. E. Craig, "Experimental and numerical study of the LENS rapid fabrication process", J. Manuf. Sci. Eng. 131, 041019, 2009.

46. A. Raghavan, H. L. Wei, T. A. Palmer, T. DebRoy, “Heat transfer and fluid flow in additive manufacturing”, J. Laser Appl. 25, 052006, 2013.
47. M. Griffith, M. Schlienger, L. Harwell, M. Oliver, M. Baldwin, M. Ensz, “Understanding thermal behavior in the LENS process”, Mater. Des. 20, 107-113, 1999.
48. T. A. Davis, “The Effect of Process Parameters on Laser Deposited Ti-6Al-4V”, University of Louisville, 2004.
49. F. V. squez, J. A. Ramos-Grez, M. Walczak, “Multiphysics simulation of laser material interaction during laser powder depositon”, Int. J. Adv. Manuf. Technol. 59, 1037-1045, 2011.
50. Y. Xiong, W. H. Hofmeister, Z. Cheng, J. E. Smugeresky, E. J. Lavernia, J. M. Schoe-nung, “In situ thermal imaging and three-dimensional finite element modeling of tungsten carbide-cobalt during laser deposition”, Acta Mater. 57, 5419-5429, 2009.
51. O. L. Harrysson, O. Cansizoglu, D. J. Marcellin-Little, D. R. Cormier, H. A. I. West, “Direct metal fabrication of titanium implants with tailored materials and mechanical properties using electron beam melting technology”, Mater. Sci.Eng. C 28, 366-373, 2008.
52. Y. Huang, M. B. Khamesee, E. Toyserkani, “A comprehensive analytical model for laser powder-fed additive manufacturing”, Additive Manufacturing 12, 90-99, 2016.
53. X. He, J. Mazumder, “Transport phenomena during direct metal deposition”, J. Appl. Phys. 101, 053113, 2007.
54. L. Wang, S. Felicelli, “Process modeling in laser deposition of multilayer SS410 steel”, J. Manuf. Sci. Eng. 129, 1028-1034, 2007.
55. H. Qi, J. Mazumder, H. Ki, “Numerical simulation of heat transfer and fluid flow in coaxial laser cladding process for direct metal deposition”, J. Appl. Phys., 100, 2006.
56. A. Simchi, “Direct laser sintering of metal powders: mechanism, kinetics and microstructural features”, Mater. Sci. Eng. A, 428, 148-158, 2006.
57. S. Wen, Y. C. Shin, “Modeling of transport phenomena during the coaxial laserdirect

deposition process", J. Appl. Phys., 108, 044908, 2010.

58. J. P. Kruth, L. Froyen, J. Van Vaerenbergh, P. Mercelis, M. Rombouts, B. Lauwers, "Selective laser melting of iron-based powder", J. Mater. Process. Technol., 149, 616-622, 2004.
59. P. Peyre, P. Aubry, R. Fabbro, R. Neveu, A. Longuet, "Analytical and numerical modelling of the direct metal deposiion process", J. Phys. D: Appl. Phys., 41, 025403, 2008.
60. J. Liu, L. Li, "Effects of powder concentration distribution on fabrication of thin-wall parts in coaxial laser cladding", Opt. Laser Technol., 37, 287-292, 2005.
61. U. Articek, M. Milfelner, I. Anzel, "Synthesis of functionally graded material H13/Cu by LENS technology", Adv. Prod. Eng. Manag., 8, 169-176, 2013.
62. W. Liu, J. N. DuPont, "Fabrication of functionally graded TiC/Ti composites by laser engineered net shaping", Scr. Mater., 48, 1337-1342, 2003.
63. A. Bandyopadhyay, B. V. Krishna, W. Xue, S. Bose, "Application of laser engineered net shaping (LENS) to manufacture porous and functionally graded structures for load bearing implants", J. Mater. Sci. Mater. Med., 20, S29-S34, 2009.
64. K. I. Schwendner, R. Banerjee, P. C. Collins, C. A. Brice, H. L. Fraser, "Direct laser deposition of alloys from elemental powder blends", Scr. Mater., 45, 1123-1129, 2001.
65. Y. Z. Zhang, C. Meacock, R. Vilar, "Laser powder micro-deposition of compositional gradient Ti-Cr alloy", Mater. Des., 31, 3891-3895, 2010.
66. P. C. Collins, R. Banerjee, S. Banerjee, H. L. Fraser, "Laser deposition of compositionally graded titanium-vanadium and titanium-molybdenum alloys", Mater. Sci. Eng. A, 352, 118-128, 2003.
67. W. Liu, J. N. Dupont, "In-situ reactive processing of nickel aluminides by laser-engineered net shaping", Metall. Mater. Trans. A, 34, 2633-2641, 2003.
68. D. Wu, X. Liang, Q. Li, L. Jiang, "Laser rapid manufacturing of stainless steel 316L / Inconel 718 functionally graded materials: microstructure evolutionand mechanical

properties", Int. J. Opt., 2010.

69. L. Wang, S. Felicelli, "Analysis of thermal phenomena in LENS deposition", Mater. Sci. Eng. A, 435-436, 625-631, 2006.

70. W. Hofmeister, M. Griffith, M. Ensz, J. Smugeresky, "Solidification in directmetal deposition by LENS processing", JOM, 53, 30-34, 2001.

71. J. Kummailil, C. Sammarco, D. Skinner, C. Brown, A. K. Rong, "Effect of select LENS processing parameters on the deposition of Ti-6Al-4V", J. Manuf. Processes, 7, 42-50, 2005.

72. W. Hofmeister, M. Wert, J. Smugeresky, J. A. Philliber, M. Griffith, "Investigating solidification with the laser-engineered net shaping (LENS) process", JOM, 51, 6-11, 1999.

73. A. Frenk, M. Vandyoussefi, J. -D. Wagnière, A. Zryd, W. Kurz, "Analysis of the laser-cladding process for stellite on steel", Metall. Mater. Trans. B, 28, 501-508, 1997.

74. A. J. Pinkerton, L. Li, "Modelling the geometry of a moving laser melt pool and deposition track via energy and mass balances", J. Phys. D: Appl. Phys., 37, 1885-1895, 2004.

75. L. Peng, Y. Taiping, L. Sheng, L. Dongsheng, H. Qianwu, X. Weihao, "Direct laser fabrication of nickel alloy samples", Int. J. Mach. Tools Manuf., 45, 1288-1294, 2005.

76. L. Wang, S. Felicelli, Y. Gooroochurn, P. T. Wang, M. F. Horstemeyer, "Optimization of the LENS process for steady molten pool size", Mater. Sci. Eng. A, 474, 148-156, 2008.

77. A. Fathi, A. Mozaffari, "Vector optimization of laser solid free form fabrication system using a hierarchical mutaable smart bee-fuzzy inference system and hybrid NSGA-II/self-organizing map", J. Intell. Manuf., 25, 775-795, 2014.

78. G. Pi, A. Zhang, G. Zhu, D. Li, B. Lu, "Research on the forming process of three-dimensional metal parts fabricated by laser direct metal forming", Int. J. Adv. Manuf.

Technol., 57, 841-847, 2011.

79. V. Neela, A. De, "Three-dimensional heat transfer analysis of LENS processusing finite element method", Int. J. Adv. Manuf. Technol., 45, 935-943, 2009.

80. M. E. Thompson, J. Szekely, "The transient behavior of weld pools with a deformed free surface", Int. J. Heat Mass Transfer, 32, 1007-1019, 1989.

81. B. Zheng, Y. Zhou, J. E. Smugeresky, J. M. Schoenung, E. J. Lavernia, "Thermal behavior and microstructural evolution during laser deposition with laser-engineered net shaping: part I. Numerical calculations", Metall. Mater. Trans. A, 39, 2228-2236, 2008.

82. W. Kurz, C. Bezenc, M. Gäumann, "Columnar to equiazed transition in solid-ification processing", Sci. Technol. Adv. Mater., 2, 185-191, (2001).

83. H. Yin, S. D. Felicelli, "Dendrite growth simulation during solidification in the LENS process", Acta Mater., 58, 1455-1465, (2010).

84. L. Tang, R.G. Landers, "Melt pool temperature control for laser metal depositionpro-cesses—Part I: online temperature control", J. Manuf. Sci. Eng., 132, 011010, 2010.

85. Abdalla R. Nassar, Jayme S. Keist, Edward W. Reutzel, Todd J. Spurgeon, "Intra-layer closed-loop control of build plan during directed energy additivemanufacturing of Ti-6Al-4VAbdalla", Addit. Manuf., 6, 39-52, 2015.

86. T. Purtonen, A. Kalliosaari, A. Salminen, "Monitoring and adaptive control oflaser processes", Phys. Procedia, 56, 1218-1231, 2014.

87. L. Tang, R. G. Landers, "Melt pool temperature control for laser metal deposition processes—Part I: Online temperature control", ASME J. Manuf. Sci. Eng., 132, 011010, 2010.

88. D. Hu, R. Kovacevic, Sensing, "modeling and control for laser-based additivemanu-facturing", Int. J. Mach. Tools Manuf., 43, 51-60, 2003.

89. L. Tang, J. Ruan, R.G. Landers, F. Liou, "Variable powder flow rate control inlaser metal deposition processes", J. Manuf. Sci. Eng., 130, 041016, 2008.

90. Roy Henderson, Karl Schulmeister, "Laser Safety", Institute of Physics Publishing,

2004.

91. Majumdar, J. D. and Manna, I., "Laser-Assisted Fabrication of Materials," Springer Berlin Heidelberg, 2012.

92. Witteman, W. J., "Introduction," The CO2 laser, Springer, 1-7, 2013.

93. M. Digonnet, C. Gaeta, H.Shaw, "1.064- and 1.32um Nd:YAG Single Crystal Fiber Lasers," J. Lightwave Technol., 4, 454-460, 1986.

94. R. Weber, B. Neuenschwander, H. P. Weber, "Thermal Effects in Solid-state Laser Materials," Opt. Mater., 11, 245-254, 1999.

95. B. Zhou, T. J. Kane, G. J. Dixon, R. L. Byer, "Efficient, Frequency-stable Laser-diode-pumped Nd:YAG Laser," Opt. Lett., 10, 62-64, 1985.

96. H. Hügel, "New Solid-state Lasers and Their Application Potentials," Optics and Lasers in Engineering, 34, 213-229, 2000.

97. K. Mumtaz, N. Hopkinson, "Selective Laser Melting of Inconel 625 Using Pulse Shaping", Rapid Prototyping Journal, 16, 248-257, 2010.

98. V. K. Balla, S. Bose, A. Bandyopadhyay, "Processing of Bulk Alumina Ceramics Using Laser Engineered Net Shaping," Int. J. Appl. Ceram. Technol. 5, 234-242, 2008.

99. A. Garg, J. S. L. Lam, M. M. Savalani, "Laser Power Based Surface Characteristics Models for 3-D Printing Process," Journal of Intelligent Manufacturing, 1-12, 2015.

100. A. Minassian, B. Thompson, M. J. Damzen, "Ultrahigh-Efficiency TEM00 Diode-side-pumped Nd:YVO4 Laser," Appl. Phys. B, 76, 341-343, 2003.

101. G. Gu, F. Kong, T. Hawkins, J. Parsons, M. Jones, "Ytterbium-doped Large-mode-area All-solid Photonic Bandgap Fiber Lasers", Opt. Express, 22, 13962-13968, 2014.

102. G. Gu, F. Kong, T. W. Hawkins, P. Foy, K. Wei, "Impact of Fiber Outer Boundaries on Leaky Mode Losses in Leakage Channel Fibers", Opt. Express, 21, 24039-24048, 2013.

103. D. Basting, K. D. Pippert, U. Stamm, "History and Future Prospects of Excimer Lasers", Second International Symposium on Laser Precision Micromachining. In-

ternational Society for Optics and Photonics, 25, 2002.

104. K. R. Mann, E. Eva, "Characterizing the Absorption and Aging Behavior of DUV Optical Material by High-resolution Excimer Laser Calorimetry", 23rd Annual International Symposium on Microlithography, 1055-1061, 1998.

105. H. Jaber, A. Binder, D. Ashkenasi, "High-efficiency Microstructuring of VUV Window Materials by Laser-induced Plasma-assisted Ablation (LIPAA) with a KrF Excimer Laser", Lasers and Applications in Science and Engineering, 557-567, 2004.

106. K. Lee, C. Lee, "Comparison of ITO Ablation Characteristics Using KrF Excimer Laser and Nd: YAG Laser", Second International Symposium on Laser Precision Micromachining. International Society for Optics and Photonics, 260-263, 2002.

107. E. O. Olakanmi, R. F. Cochrane, K. W. Dalgarno, "A Review on Selective Laser Sintering/melting (SLS/SLM) of Aluminium Alloy Powders: Processing, Microstructure, and Properties", Prog. Mater. Sci., 74, 401-477, 2015.

108. M. Nankali, J. Akbari, M. Moradi, Z. M. Beiranvand, "Effect of laser additive manufacturing parameters on hardness and geometry of Inconel 625 parts manufactured by direct laser metal deposition", Optik - International Journal for Light and Electron Optics, 249, 168193, 2022.

109. V. Manvatkar, A. De, T. DebRoy, "Heat transfer and material flow during laser assisted multi-layer additive manufacturing", J. Appl. Phys., 116(12), 124905, 2014.

110. K. A. Mumtaz, N. Hopkinson, "Selective laser melting of thin wall parts using pulse shaping' ', J. Mater. Process Technol., 210, 279-287, 2010.

111. J. A. Cherry, H. M. Davies, S. Mehmood, N. P. Lavery, S. G. R. Brown, J. Sienz, "Investigation into the effect of process parameters on microstructural and physical properties of 316L stainless steel parts by selective laser melting", Int. J. Adv. Manuf. Technol., 76, 869-879, 2014.

112. A. Yadollahi, N. Shamsaei, "Additive manufacturing of fatigue resistant materials: challenges and opportunities", Int. J. Fatigue, 98, 14-31, 2017.

113. W. Chen, M. C. Chaturvedi, "Dependence of creep fracture of Inconel 718 on grain

boundary precipitates", Acta Mater., 45, 2735-2746, 1997.

114. S. Pouzet, P. Peyre, C. Gorny, O. Castelnau, T. Baudin, F. Brisset, C. Colin, P. Gadaud, "Additive layer manufacturing of titanium matrix composites using the direct metal deposition laser process", Mater. Sci. Eng. A, 677, 171-181, 2016.

115. B. E. Carroll, A. Palmer, A. M. Beese, "Anisotropic tensile behavior of Ti-6Al-4V components fabricated with directed energy deposition additive manufacturing", Acta Mater., 87, 309-320, 2015.

116. C. Selcuk, "Laser metal deposition for powder metallurgy parts", Powder Metall., 54, 94-99, 2011.

117. W. Hofmeister, M. Griffith, M. Ensz, J. Smugeresky, "Melt pool imaging for control of LENS processing", In Proceedings of the Conference on Metal Powder Deposition for Rapid Manufacturing, San Antonio, TX, USA, 188-194, 8-10 April 2002.

118. W. Hofmeister, M. Wert, J. Smugeresky, J. A. Philliber, M. Griffith, M. Ensz, "Investigation of solidification in the laser engineered net shaping (LENS) process", JOM, 51, 1-6, 1999.

119. P. A. Kobryn, S. L. Semiatin, "Mechanical properties of laser-deposited Ti-6Al-4V", In Proceedings of the Solid Freeform Fabrication, Austin, TX, USA, 6-8 August 2001.

120. X. J. Tian, S. Q. Zhang, A. Li, H. M. Wang, "Effect of annealing temperature on the notch impact toughness of a laser melting deposited titanium alloy Ti-4Al-1.5Mn", Mater. Sci. Eng. A, 527, 1821-1827, 2010.

121. B. Baufeld, "Effect of deposition parameters on mechanical properties of shaped metal deposition parts", Proc. Inst. Mech. Eng. Part B J. Eng. Manuf., 226, 126-136, 2012.

122. F. Wang, S. Williams, P. Colegrove, A. A. Antonysamy, "Microstructure and Mechanical Properties of Wire and Arc Additive Manufactured Ti-6Al-4V", Metall. Mater. Trans. A, 44, 968-997, 2013.

123. C. M. Liu, X. J. Tian, H. B. Tang, H. M. Wang, "Microstructural characterization of

laser melting deposited Ti-5Al-5Mo-5V-1Cr-1Fe near β titanium alloy", J. Alloys Compd., 572, 17-24, 2013.

124. T. Wang, Y. Y. Zhu, S. Q. Zhang, H. B. Tang, H. M. Wang, "Grain morphology evolution behavior of titanium alloy components during laser melting deposition additive manufacturing", J. Alloys Compd., 632, 505-513, 2015.

125. P. Rangaswamy, M. L. Griffith, M. B. Prime, T. M. Holden, R. B. Rogge, J. M. Edwards, R. J. Sebring, "Residual stresses in LENS components using neutron diffraction and contour method", Mater. Sci. Eng. A, 399, 72-83, 2005.

126. F. Liu, X. Lin, G. Yang, M. Song, J. Chen, W. Huang, "Microstructure and residual stress of laser rapid formed Inconel 718 nickel-base superalloy", Opt. Laser Technol., 43, 208-213, 2011.

127. Z. Shuangyin, L. Xin, C. Jing, H. Weidong, "Influence of heat treatment on residual stress of Ti-6Al-4V alloy by laser solid forming", Rare Met. Mater. Eng., 38, 2009.

128. T. E. Abioye, J. Folkes, A. T. Clare, "A parametric study of Inconel 625 wire laser deposition", J. Mater. Process Technol., 213, 2145-2151, 2013.

129. J. Karlsson, A. Snis, H. Engqvist, J. Lausmaa, "Characterization and comparison of materials produced by Electron Beam Melting (EBM) of two different Ti-6Al-4V powder fractions", J. Mater. Process Technol., 213, 2109-2118, 2013.

130. X. M. Zhao, J. Chen, X. Lin, W. D. Huang, "Study on microstructure and mechanical properties of laser rapid forming Inconel 718", Mater. Sci. Eng. A, 478, 119-124, 2008.

131. J. A. Slotwinski, E. J. Garboczi, P. E. Stutzman, C. F. Ferraris, S. S. Watson, M. A. Peltz, "Characterization of metal powders used for additive manufacturing", J. Res. Natl. Inst. Stan., 119, 460-493, 2014.

132. A. Santomaso, P. Lazzaro, P. Canu, "Powder flowability and density ratios: the impact of granules packing", Chem. Eng. Sci., 58(13), 2857-2874, 2003.

133. M. J. Donachie, S. J. Donachie, "Superalloys: a technical guide", Materials Park

(OH): ASM International, 2002.

134. P. Shayanfar, H. Daneshmanesh, K. Janghorban, “Parameters Optimization for Laser Cladding of Inconel 625 on ASTM A592 Steel”, J. Mater. Res. Technol., 9, 8258-8265, 2020.

135. X. Xu, G. Mi, L. Xiong, P. Jiang, X. Shao, C. Wang , “Morphologies, microstructures and properties of TiC particle reinforced Inconel 625 coatings obtained by laser cladding with wire”, J. Alloys Compd., 740, 16-27, 2018.

136. K. Kempen, L. Thijs, J. Van Humbeeck, J. -P. Kruth, “Mechanical properties of AlSi10Mg produced by selective laser melting”, Phys. Proc., 39, 439-446, 2012.

137. M. Tang, P. C. Pistorius, “Oxides, porosity and fatigue performance of AlSi10Mg parts produced by selective laser melting”, Int. J. Fatigue, 94, 192-201, 2017.

138. N. Read, W. Wang, K. Essa, M. M. Attallah, “Selective laser melting of AlSi10Mg alloy: process optimisation and mechanical properties development”, Mater. Des. 65, 417-424, 2015.

139. H. Galarraga, D. A. Lados, R. R. Dehoff, M. M. Kirka, P. Nandwana, “Effects of the microstructure and porosity on properties of Ti-6Al-4V ELI alloy fabricated by electron beam melting (EBM)”, Addit. Manuf., 10, 47-57, 2016.

140. Z. Wang, T. A. Palmer, A. M. Beese, “Effect of processing parameters on microstructure and tensile properties of austenitic stainless steel 304L made by directed energy deposition additive manufacturing”, Acta Mater., 110, 226-235, 2016.

141. Z. Sun, X. Tan, S. B. Tor, W. Y. Yeong, “Selective laser melting of stainless steel 316L with low porosity and high build rates”, Mater. Des., 104, 197-204, 2016.

142. K. Zhang, S. Wang, W. Liu, X. Shang, “Characterization of stainless steel parts by laser metal deposition shaping”, Mater. Des., 55, 104-119, 2014.

143. M. Zi tala, T. Durejko, M. Pola ski, I. Kunce, T. P oci ski, W. Zieli ski, M. azi ska, W. St pniowski, T. Czujko, K. J. Kurzyd owski, Z. Bojar, “The microstructure, mechanical properties and corrosion resistance of 316L stainless steel fabricated using laser engineered net shaping”, Mater. Sci. Eng. A, 677, 1-10, 2016.

144. M. Ma, Z. Wang, D. Wang, X. Zeng, "Control of shape and performance for direct laser fabrication of precision large-scale metal parts with 316L stainless steel", Opt. Laser Technol. 45, 209-216, 2013.

145. A. Mertens, S. Reginster, H. Paydas, Q. Contrepois, T. Dormal, O. Lemaire, "Mechanical properties of alloy Ti-6Al-4V and of stainless steel 316L processed by selective laser melting: influence of out-of-equilibrium microstructures", Powder Metall., 57, 184-189, 2014.

146. A. Mertens, S. Reginster, Q. Contrepois, T. Dormal, O. Lemaire, J. Lecomte-Beckers, "Microstructures and mechanical properties of stainless steel AISI 316L processed by selective laser melting", Mater. Sci. Forum, 898-903, 2014.

147. M. Modest, J. Ready, D. Farson, "Handbook of laser materials processing", Orlando, USA: Magnolia Publishing Inc, 2001.

148. A. Rottger, K. Geenen, M. Windmann, F. Binner, W. Theisen, "Comparison of microstructure and mechanical properties of 316 L austenitic steel processed by selective laser melting with hot-isostatic pressed and cast material", Mater. Sci. Eng. A., 678, 365-376, 2016.

149. F. D. Ning, W. L. Cong, "Microstructures and mechanical properties of Fe-Cr stainless steel parts fabricated by ultrasonic vibration-assisted laser engineered net shaping process", Mater. Lett., 179, 61-64, 2016.

150. T. LeBrun, T. Nakamoto, K. Horikawa, H. Kobayashi, "Effect of retained austenite on subsequent thermal processing and resultant mechanical properties of selective laser melted 17-4 PH stainless steel", Mater. Des., 81, 44-53, 2015.

151. W. Schedler, "Hard Metals for Practical Users (original title: Hartmetall fur den Praktiker)", VDI-Verlag, Dusseldorf, German, 5-29, 1988.

152. H. Baker, H. Okamoto, "Alloy Phase Diagrams", ASM Handbook, ASM International, 3, 2-115, 1992.

153. C. J. Li, A. Ohmori, Y. Harada, "Formation of an amorphous phase in thermally sprayed WC-Co", J. Therm. Spray Technol., 5, 69-73, 1996.

154. R. V. Sara, "Phase equilibriain the system tungsten carbon", J. Am. Ceram. Soc., 8, 251-602, 1965.

155. F. Cooper, "Sintering and additive manufacturing: the new paradigm for the jewellery manufacturer", Johnson Matthey. Technol. Rev., 59 (3), 233-242, 2015.

156. D. C. Hofmann, J. Kolodziejska, S. Roberts, R. Otis, R. P. Dillon, J. O. Suh, "Compositionally graded metals: a new frontier of additive manufacturing", J. Mater. Res., 29, 1899-1910, 2014.

157. Y. Gao, T. Tsumura, K. Nakata, "Dissimilar welding of titanium alloys to steels", Trans JWRI, 41, 7-12, 2012.

158. S. Kundu, S. Sam, S. Chatterjee, "Evaluation of interface microstructure and mechanical properties of the diffusion bonded joints of Ti-6Al-4V alloy to microduplex stainless steel", Mater. Sci. Eng. A, 528, 4910-4916, 2011.

159. H. C. Dey, M. Ashfaq, A. K. Bhaduri, K. P. Rao, "Joining of titanium to 304L stainless steel by friction welding", J. Mater. Process Technol., 209, 5862-5870, 2009.

160. T. Mukherjee, J. S. Zuback, A. De, T. DebRoy, "Printability of alloys for additive manufacturing", Sci. Rep., 6, 9717, 2016.

161. A. Reichardt, R. P. Dillon, J. P. Borgonia, A. A. Shapiro, B. W. McEnerney, T. Momose, "Development and characterization of Ti-6Al-4V to 304L stainless steel gradient components fabricated with laser deposition additive manufacturing", Mater. Des., 104, 404-413, 2016.

162. U. Articek, M. Milfelner, I. Anzel, "Synthesis of functionally graded material H13/Cu by LENS technology", Adv. Product. Eng. Manage., 8, 169-176, 2013.

163. T. Mukherjee, V. Manvatkar, A. De, T. DebRoy, "Mitigation of thermal distortion during additive manufacturing", Scripta Mater., 127, 79-83, 2017.

164. S. Kapil, F. Legesse, P. Kulkarni, P. Joshi, A. Desai, K.P. Karunakaran, "Hybridlayered manufacturing using tungsten inert gas cladding", Prog. Addit. Manuf., 1, 79-91, 2016.

165. S. Kapil, P.M. Kulkarni, K.P. Karunakaran, P. Joshi, "Development and Character-

ization of Functionally Graded Materials Using Hybrid Layered Manufacturing", 5th int. 26th all India manuf. Technol. Des. Res. Conf., 1-6, 2014.

166. D. Gu, Y. Shen, S. Fang, J. Xiao, "Metallurgical mechanisms in direct laser sintering of Cu-CuSn-CuP mixed powder", J. Alloys. Compd., 438, 184-189, 2007.

167. E. Louvis, P. Fox, C. J. Sutcliffe, "Selective laser melting of aluminium components", J. Mater. Process. Technol., 211, 275-284, 2011.

168. H. Dobbelstein, M. Thiele, E. L. Gurevich, E. P. George, A. Ostendorf, "Direct metal deposition of refractory high entropy alloy MoNbTaW", Phys. Procedia, 83, 624-633, 2016.

169. J. C. Haley, J. M. Schoenung, E. J. Lavernia, "Observations of particle-melt pool impact events in directed energy deposition", Addit. Manuf., 22, 368-374, 2018.

170. K. L. Terrassa, J. C. Haley, B. E. MacDonald, J. M. Schoenung, "Reuse of powder feedstock for directed energy deposition", Powder Technol., 338, 819-829, 2018.

171. J. Bridgwater, "Mixing of powders and granular materials by mechanical means - A perspective", Particuology, 10, 397-427, 2012.

172. P. Dunst, P. Bornmann, T. Hemsel, W. Sextro, "Vibration-assisted handling of dry-fine powders", Actuators, 7, 18, 1-11, 2018.

173. V. Thayalan, R.G. Landers, "Regulation of powder mass flow rate in gravity-fed powder feeder systems", J. Manuf. Process., 8, 121-132, 2006.

174. H. Pan, T. Sparks, Y. D. Thakar, F. Liou, "The investigation of gravity-driven metal powder flow in coaxial nozzle for laser-aided direct metal deposition process", J. Manuf. Sci. Eng., 128, 541-553, 2006.

175. C. A. Alvarez, E. de Moraes Franklin, "Intermittent gravity-driven flow of grains through narrow pipes", Phys. A Stat. Mech. Its Appl., 465, 725-741, 2017.

176. F. P. Jeantette, D. M. Keicher, J. A. Romera, L. P. Schanwald, "Method and System for Producing Complex Shape Objects", US006046426, 2000.

177. J. -P. Douche, J. -C. Coulon, P. Bouttier, "Device for metering pulverulent materials", US Pat. 5104230, 1992.

178. N. B. Koebler, "Characterization and optimization of a powder feed nozzle for high deposition laser cladding", Penn. State McNair. J., 17, 175-187, 2010.
179. P. R. Castro, M. O. Edesa, A. A. Gurrutxaga, A. L. Mentxaka, "Optimization of the Efficiency of the Laser Metal Deposition Process Applied to High Hardness Coatings by the Analysis of Different Types of Coaxial Nozzles", Dyna. Ing. E Ind. Spain, 1-10, 2018.
180. J. W. F. John, H. K. Parker, S. W. Brookshier, "Powder-Delivery Apparatus for Laser- Cladding", US Pat. 20120199564 A1, 2012.
181. Y. Hu, "Coaxial nozzle design for laser cladding welding process", US Pat. 20050056628 A1, 2005.
182. S. Akio, I. Yoshinori, N. Steffen, S. Siegfried, "Powder Metal Cladding Nozzle", US Pat. 7626136 B2, 2009.
183. W. P. Ronald, H. L. Omer, "Laser cladding device with an improved nozzle", US Pat 20130319325A1, 2017.
184. J. Wu, P. Zhao, H. Wei, Q. Lin, Y. Zhang, "Development of powder distribution model of discontinuous coaxial powder stream in laser direct metal deposition", Powder Technol., 340, 449-458, 2018.
185. V. Kovalenko, J. Yao, Q. Zhang, M. Anyakin, X. Hu, R. Zhuk, "Development of multichannel gas-powder feeding system coaxial with laser beam", Procedia Cirp, 42, 96-100, 2016.
186. S. Zekovic, R. Dwivedi, R. Kovacevic, "Numerical simulation and experimental investigation of gas-powder flow from radially symmetrical nozzles in laser-based direct metal deposition", Int. J. Mach. Tools Manuf., 47, 112-123, 2007.
187. D. M. Goodarzi, J. Pekkarinen, A. Salminen, "Effect of process parameters in laser cladding on substrate melted areas and the substrate melted shape", J. Laser Appl., 27, 2015.
188. Y. Kakinuma, M. Mori, Y. Oda, T. Mori, M. Kashihara, A. Hansel, M. Fujishima, "Influence of metal powder characteristics on product quality with directed energy

deposition of Inconel 625", CIRP Ann. Manuf. Technol., 65, 209-212, 2016.

189. Z. Wang, T. A. Palmer, A. M. Beese, "Effect of processing parameters on microstructure and tensile properties of austenitic stainless steel 304L made by directed energy deposition additive manufacturing", Acta Mater., 110, 226-235, 2016.

190. U. de Oliveira, V. Ocelik, J. T. M. De Hosson, "Analysis of coaxial laser cladding processing conditions", Surf. Coatings Technol., 197 127-136, 2005.

191. C. Zhong, N. Pirch, A. Gasser, R. Poprawe, J. Schleifenbaum, "The influence of the powder stream on high-deposition-Rate laser metal deposition with inconel 718", Metals, 7, 443, 2017.

192. H. Tan, F. Zhang, R. Wen, J. Chen, W. Huang, "Experiment study of powder flow feed behavior of laser solid forming", Opt. Lasers Eng., 50, 391-398, 2012.

193. S. J. Wolff, H. Wu, N. Parab, C. Zhao, K. F. Ehmann, T. Sun, J. Cao, "In-situ high-speed X-ray imaging of piezo-driven directed energy deposition additive manufacturing", Sci. Rep., 9, 1-14, 2019.

194. H. K. Lee, Effects of the cladding parameters on the deposition efficiency in pulsed Nd:YAG laser cladding", J. Mater. Process. Technol., 202, 321-327, 2008.

195. D. Bourell, J. P. Kruth, M. Leu, G. Levy, D. Rosen, A. M. Beese, A. Clare, "Materials for additive manufacturing", CIRP Ann. Manuf. Technol., 66, 659-681, 2017.

196. S. Engler, R. Ramsayer, R. Poprawe, "Process studies on laser welding of copper with brilliant green and infrared lasers", Phys. Procedia, 12, 339-346, 2011.

197. H. Siva Prasad, F. Brueckner, J. Volpp, A. F. H. Kaplan, "Laser metal deposition of copper on diverse metals using green laser sources", Int. J. Adv. Manuf. Technol., 107, 1559-1568, 2020.

198. I. Tabernero, A. Lamikiz, E. Ukar, L.N. Lopez De Lacalle, C. Angulo, G. Urbikain, "Numerical simulation and experimental validation of powder flux distribution in coaxial laser cladding", J. Mater. Process. Technol., 210, 2125-2134, 2010.

199. F. Mazzucato, S. Tusacciu, M. Lai, S. Biamino, M. Lombardi, A. Valente, "Monitoring approach to evaluate the performances of a new deposition nozzle solution

for DED systems", Technologies., 5, 2017.

200. M. Cortina, J. I. Arrizubieta, J. E. Ruiz, A. Lamikiz, E. Ukar, "Design and manufacturing of a protective nozzle for highly reactive materials processing via laser material deposition", Procedia Cirp, 68, 387-392, 2018.

201. B. Valsecchi, B. Previtali, "Design and realisation of a triple gas cladding head for high-power active fibre lasers", Procedia Cirp, 12, 187-192, 2013.

202. J. E. Ruiz, M. Cortina, J. I. Arrizubieta, A. Lamikiz, "Study of the influence of shielding gases on Laser Metal Deposition of Inconel 718 superalloy", Materials, 11, 2018.

203. P. A. Carroll, P. Brown, G. Ng, R. Scudamore, W. Way, A. J. Pinkerton, W. Syed, H. Sezer, L. Li, J. Allen, "The Effect of Powder Recycling in Direct Metal Laser Deposition on Powder and Manufactured Part Characteristics", Proceedings of AVT-139 Specialists Meeting on Cost Effective Manufacture via Net Shape Processing. NATO Research and Technology Organisation, 1-10, 2006.

204. H. Choo, K. L. Sham, J. Bohling, A. Ngo, X. Xiao, Y. Ren, P. J. Depond, M. J. Matthews , E. Garlea, "Effect of laser power on defect, texture, and microstructure of a laser powder bed fusion processed 316L stainless steel", Materials and Design, 164, 107534, 2019.

205. Y. Fu, A. Loredo, B. Martin, A. B. Vannes, "Theoretical Model for Laser and Powder Particles Interaction During Laser Cladding", J. Mater. Process. Technol., 128, 106-112, 2002.

206. G. K. L. Ng, A. E. W. Jarfors, G. Bi, H.Y. Zheng, "Porosity Formation and Gas Bubble Retention in Laser Metal Deposition", Appl. Phys. A, 97, 641-649, 2009.

207. H. Kang, Z. Dong, W. Zhang, Y. Xie, X. Peng, "Laser melting deposition of a porosity-free alloy steel by application of high oxygen-containing powders mixed with Cr particles", Vacuum, 159, 319-323, 2019.

208. L. Li, "Repair of Directionally Solidified Superalloy GTD-111 by Laser-Engineered Net Shaping", J. Mater. Sci., 41, 7886-7893, 2006.

209. D. S. Wang, E. J. Liang, M. J. Chao, B. Yuan, "Investigation on the Microstructure and Cracking Susceptibility of Laser-Clad V2O5 /NiCrBSiC Alloy Coatings", Surf. Coat. Technol., 202, 1371-1378, 2008.

210. M. Cloots, P. J. Uggowitzer, K. Wegener, "Investigations on the Microstructure and Crack Formation of IN738LC Samples Processed by Selective Laser Melting Using Gaussian and Doughnut Profiles", Materials and Design, 89, 770-784, 2016.

211. G. Bidrona, A. Doghrib, T. Malota , F. Fournier-dit-Chabertb , M. Thomasb , P. Peyrea, "Reduction of the Hot Cracking Sensitivity of CM-247LC Superalloy Processed by Laser Cladding Using Induction Preheating", J. Mater. Process. Technol., 277, 116461, 2020.

212. I. Todd, "Metallurgy: No more tears for metal 3D printing", Nature, 549, 342-343, 2017.

213. W. S. W. Harun, M. S. I. N. Kamariah, N. Muhamadc, S. A. C. Ghani, F. Ahmadd, Z. Mohamed, "A review of powder additive manufacturing processes for metallic biomaterials", Powder Technol. , 327, 128-151, 2018.

214. M. Grasso, F. Gallina, B. M. Colosimo, "Data fusion methods for statistical process monitoring and quality characterization in metal additive manufacturing", Procedia CIRP, 75, 103-107, 2018.

215. A. Saboori, D. Gallo, S. Biamino, P. Fino, M. Lombardi, "An Overview of Additive Manufacturing of Titanium Components by Directed Energy Deposition: Microstructure and Mechanical Properties", Applied Sciences, 7, 883, 2017.

216. C. Villamil, J. Nylander, S. I. Hallstedt, J. Schulte, M. Watz, "Additive manufacturing from a strategic sustainability perspective", International Design Conference - DESIGN 2018, 1381-1392, 2018.

217. P. W. Liu, Y. Z. Jic, Z. Wang, C. L. Qiud, A. A. Antonysamye, L. Q. Chenc, X. Y. Cuia, L. Chen, "Investigation on evolution mechanisms of site-specific grain structures during metal additive manufacturing", J. Mater. Process. Technol., 257, 191-202, 2018.

218. L. E. Murr, W. L. Johnson, “3D metal droplet printing development and advanced materials additive manufacturing”, J. Mater. Res. Technol., 6, 77-89, 2017.
219. M. Javidani, J. Arreguin-Zavala, J. Danovitch, Y. Tian, M. Brochu, “Additive Manufacturing of AlSi10Mg Alloy Using Direct Energy Deposition: Microstructure and Hardness Characterization”, J. Therm. Spray Technol., 26, 587-597, 2017.
220. C. Li, Z. Y. Liu, X. Y. Fang, Y. B. Guo, “Residual Stress in Metal Additive Manufacturing”, Procedia CIRP, 71, 348-353, 2018.
221. S. K. Everton, M. Hirsch, P. Stravroulakis, R. K. Leach, A. T. Clare, “Review of in-situ process monitoring and in-situ metrology for metal additive manufacturing”, Materials and Design, 95, 431-445, 2016.
222. J. L. Prado-Cerqueira, J. L. Diéguez, A. M. Camacho, “Preliminary development of a Wire and Arc Additive Manufacturing system (WAAM)”, Procedia Manufacturing, 13, 895-902, 2017.
223. P. D. Enrique, Y. Mahmoodkhani, E. Marzbanrad, E. Toyserkani, N. Y. Zhou, “In situ formation of metal matrix composites using binder jet additive manufacturing (3D printing)”, Materials Letters 232, 179-182, 2018.
224. M. Annoni, H. Giberti, M. Strano, “Feasibility Study of an Extrusion-based Direct MetalAdditive Manufacturing Technique”, Procedia Manufacturing, 5, 916-927, 2016.
225. X. Fang, J. Dub, Z. Wei, P. He, H. Bai, X. Wang, B. Lu, “An investigation on effects of process parameters in fused-coatingbased metal additive manufacturing”, Journal of Manufacturing Processes, 28, 383-389, 2017.
226. A. Saboori, A. Aversa , G. Marchese, S. Biamino, M. Lombardi, P. Fino, “Application of Directed Energy Deposition-Based Additive Manufacturing in Repair”, Appl. Sci., 9, 3316, 2019.
227. J. D. Majumdar and I. Manna, “Laser-assisted fabrication of materials”, Berlin, D: Springer-Verlag., 2013.
228. J. M. Drezet, S. Pellerin, C. Bezencon, S. Mokadem, “Modelling the Marangoni

convection in laser heat treatment", Journal de Physique IV, 120, 299-306, 2004.

229. E. Toyserkani, A. Khajepour and S. Corbin, "Laser cladding", Boca Raton, Florida, USA, CRC Press LLC, 2005.

230. T. Li, L. Zhang, G. G. P. Bultel, T. Schopphoven, A. Gasser, J. H. S., R. Poprawe, "Extreme High-Speed Laser Material Deposition (EHLA) of AISI 4340 Steel", Coatings 9, 778, 1-16, 2019.

231. J. Suutala, J. Tuominen, P. Vuoristo, "Laser-assisted spraying and laser treatment of thermally sprayed coatings", Surf. Coat. Technol., 201, 1981-1987, 2006.

232. L. Dubourg, R.S. Lima, C. Moreau, "Properties of alumina-titania coatings prepared by laser-assisted air plasma spraying", Surf. Coat. Technol., 201, 6278-6284, 2007.

233. M. Renderos, F. Girot, A. Lamikiz, A. Torregaray, N..Saintier, "Ni based powder reconditioning and reuse for LMD process", Physics Procedia, 83, 769-777, 2016.

234. A. Saboori, D. Gallo, S. Biamino, P. Fino, M. Lombardi, "An overview of additive manufacturing of titanium components by directed energy deposition: Microstructure and mechanical properties", Applied Sciences, 7, 883-906, 2017.

235. A. Kumar, S. Roy, "Effect of three-dimensional melt pool convection on process characteristics during laser cladding", Comput. Mater. Sci., 46, 495-506, 2009.

236. "Laser Safety Guide", Laser Institute of America, 10 Edition, 2000.

237. L. Matthews, G. Garcia, "Laser and Eye Safety in the Laboratory", IEEE Press, 1995.

238. "Industrial Laser Safety Reference Guide", Laser Institute of America, 1998.

239. D. Sliney, M. Wolbarsht, "Safety with lasers and other optical sources : a comprehensive handbook", New York Plenum Press, 1980.

240. K. Barat, "Laser Safety IN THE LAB", Society of Photo-Optical Instrumentation Engineers (SPIE), 2013.

國家圖書館出版品預行編目資料

直接雷射沉積技術／蕭威典作．——初版．——臺北市：五南圖書出版股份有限公司，2023.09
面；　公分
ISBN 978-626-366-573-6(平裝)

1.CST：雷射光學　2.CST：雷射科技

448.89　　112014660

5DM9

# 直接雷射沉積技術

作　　者— 蕭威典（389.6）
發 行 人— 楊榮川
總 經 理— 楊士清
總 編 輯— 楊秀麗
副總編輯— 王正華
責任編輯— 張維文
封面設計— 陳亭瑋
出 版 者— 五南圖書出版股份有限公司
地　　址：106台北市大安區和平東路二段339號4樓
電　　話：(02)2705-5066　　傳　　真：(02)2706-6100
網　　址：https://www.wunan.com.tw
電子郵件：wunan@wunan.com.tw
劃撥帳號：01068953
戶　　名：五南圖書出版股份有限公司

法律顧問　林勝安律師

出版日期　2023年9月初版一刷
定　　價　新臺幣400元